U0882074

高职高专系列教材

机床夹具与自动控制系统毕业设计指导

主　编　孙永华　张利新
副主编　胡德文　米　刚
　　　　郑德荣　张华英
主　审　温云岚

山东大学出版社

图书在版编目(CIP)数据

机床夹具与自动控制系统毕业设计指导/孙永华,张利新主编.
—济南:山东大学出版社,2012.8(2019.8 重印)
ISBN 978—7—5607—4629—6

Ⅰ.①机…
Ⅱ.①孙… ②张…
Ⅲ.①自动控制系统—应用—机床夹具—设计—高等学校—教学参考资料
Ⅳ.①TG750.2-39

中国版本图书馆 CIP 数据核字(2012)第 193102 号

山东大学出版社出版发行
(山东省济南市山大南路 20 号 邮政编码:250100)
新 华 书 店 经 销
泰安金彩印务有限公司印刷
787 毫米×1092 毫米 1/16 17.75 印张 406 千字
2012 年 8 月第 1 版 2019 年 8 月第 2 次印刷

定价:33.00 元

《高职高专系列教材》编委会

出版说明

职业教育作为我国教育事业的一个重要的组成部分，改革开放以来，尤其是近年来获得了长足发展。据不完全统计，目前全国各类高等职业学校有2101所，仅山东省就有74所，为国家和地方培养了一大批高素质的劳动者和专门人才。与此相适应，教材建设也硕果累累，各出版社先后推出了多部具有高职特色的高职高专教材。但总体上看，与迅猛发展的高职教育相比，教材的出版相对滞后，这不仅表现在教材品种相对较少，更表现在内容的针对性不强，某些方面与高职的专业设置、培养目标相去甚远。同时，地方性、区域性的高职教材也稍嫌不足。以山东省为例，作为一个经济强省、人口大省、教育大省，迄今为止，居然没有一套统编的，与山东省社会、经济、文化发展相适应的高职教材，严重地制约了我省高职高专教育的发展。

有鉴于此，我们在山东省教育厅的领导与支持下，依据教育部《高职高专教育基础课程教学基本要求》和《高职高专教育专业人才培养目标及规格》，并结合我省高职院校及专业设置的特点，组织省内二十余所高职院校长期从事高职高专教学和研究的专家、教授，编写了这套《高职高专系列教材》。该教材充分借鉴近年来国内高职高专院校教材建设的最新成果，认真总结和汲取省内高职院校和成人高校在教育、培养新时期技术应用性专门人才方面所取得的成功经验，以适应高职院校教学改革的需要为目标，重点突出实用性、针对性，力求从内容到形式都有一定的突破和创新。本系列教材拟分批出版，约一百余种，出齐后，将涵盖山东省高职高专教育的基础课程和主干课程。

编写这套教材，是我们一次粗浅的尝试，也是我们一次学习、探索和提高的机会。由于我们水平有限，加之编写时间仓促，本教材无论在内容还是形式上都难免会存在这样那样的缺憾或不足，敬请专家和读者批评指正。

《高职高专系列教材》编写委员会
2012年8月

前　言

高职教育是以学生能力培养为中心，以重能力又重素质，重知识更要重技能的人才培养理念为指导，在教学过程中不仅注重学生的能力培养，而且注重学生的素质教育，不仅重视传授知识，而且重视传授技能。本书以典型工作任务的工艺特点和机械类学生从事的工装设计工作为依据，突出了企业工装设计人员工作过程的具体特性，规划了每一个工作任务的有关知识点以及工作范例，使得学生在毕业设计过程中具有可操作性和知识的迁移性。

本书以典型机床夹具设计过程与步骤为主线，将专用车床夹具、专用钻床夹具、专用铣床夹具及其他专用夹具等以设计实例的形式分章节进行介绍，并将相应夹具的有关定位元件、夹紧元件、对刀导向元件、夹具体、连接元件和其他元件等标准件及非标准件以图表的形式表示出来。此外，本书还以实例的形式简要介绍了液压传动装置、气压传动装置和 PLC 应用系统的设计。同时，本书在编写过程中选用最新的技术规范和当前国家最新颁布实施的机床夹具零件及部件标准，提供了机床夹具选用的方法和思路，内容翔实，语言通俗易懂，图例结构清晰，查阅方便快捷，可为不同类型的读者从事机床夹具设计提供有益的帮助。本书可作为高职高专机械设计与制造、机械制造与自动化、机电一体化及数控技术等机械类专业毕业设计指导书或教学用书，亦可作为相近专业的师生和从事相关工作的工程技术人员的参考书。

本书由山东劳动职业技术学院孙永华、张利新任主编，胡德文、米刚、郑德荣、张华英任副主编，李绍华、赵晓林、卢秋霞、付长景、段晶莹参编。任务 1 由米刚(1.1～1.4)、张利新(1.5)、段晶莹(1.6、1.7)编写；任务 2 由李绍华(2.1～2.3)、赵晓林(2.4)、张华英(2.5)编写；任务 3 由孙永华编写；任务 4 由郑德荣编写；任务 5 由胡德文编写；任务 6 由张利新编写；任务 7 由卢秋霞编写。全书由孙永华统稿，由济南第一机床厂高级工程师温云岚主审。

本书在编写过程中得到了所在单位有关领导和广大教师的大力支持与帮助，在此表示衷心的感谢。

由于编者水平有限，疏漏和不妥之处在所难免，敬请广大读者和专家批评指正。

编　者

2012 年 6 月

前　言

目　录

任务1　车床专用夹具的设计

任务导入:在机床上用以装夹工件的装置,称为机床夹具。专为某一工件车工序的加工要求而设计和制造的夹具,称为车床专用夹具,简称车夹具。使用机床专用夹具,可保证工件加工精度、提高劳动生产率。车床夹具的基本组成部分有:定位元件、夹紧装置、夹具体以及其他元件和机构。本次设计任务如图1-1所示,在车床上加工液压泵上体的三个阶梯孔,采用中批生产,设计所需的车床专用夹具。

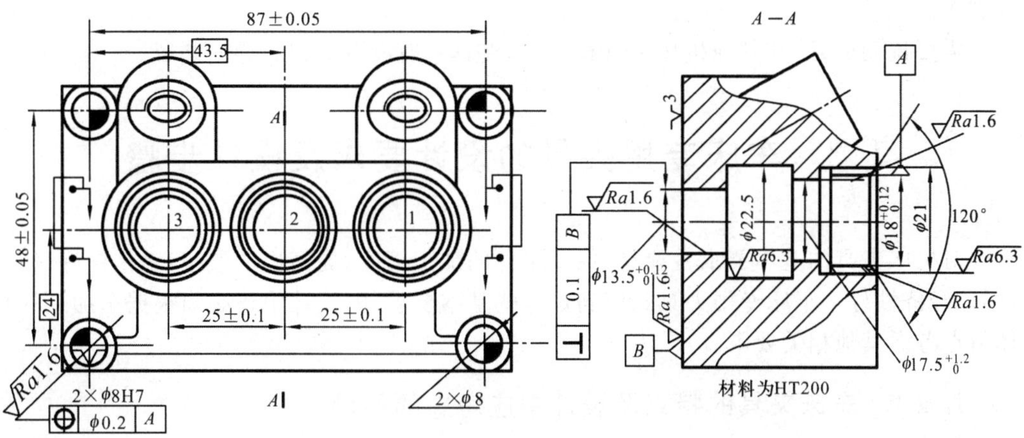

图1-1　液压泵上体镗三孔工序图

1.1　车床专用夹具的基本类型及组成

1.1.1　车床专用夹具的类型

车床专用夹具按其在机床上的安装形式及其结构的不同可分成两类:一类是安装在主轴上的车床专用夹具,加工时夹具随机床主轴一起旋转,切削刀具做进给运动,这类车床夹具很多,通常分为心轴式、角铁式、卡盘式、花盘式、可调式等;另一类是安装在床身或拖板上的车床专用夹具。

1.1.2 车床专用夹具的组成

1.1.2.1 定位装置

为了保证加工精度,必须使工件相对于刀具和机床处于正确的加工位置。确定工件在夹具中占有正确位置的过程,称为工件的定位。用来保证工件在夹具中占据正确位置的元件、装置,称为定位装置。

1.1.2.2 夹紧装置

工件在夹具中定位后,必须用相应的装置将其固定,使工件在加工过程中保持位置不变,这种装置称为夹紧装置。夹紧装置的作用是将工件压紧夹牢,保证工件在加工过程中受到外力作用时不离开已占据的正确位置。

1.1.2.3 夹具体

夹具体是夹具的基础件,将夹具所有元件连接成一个整体。

1.1.2.4 其他装置

根据需要设置的一些其他元件或装置,如起平衡作用的平衡块,需要分度时要有分度装置等。

需要说明的是,与其他机床夹具相比,车夹具一般没有对刀或导向装置。

1.2 车床专用夹具的设计要求及设计步骤

对机床夹具的基本要求主要是:保证工件的加工精度,提高生产效率,工艺性好,使用性好,经济性好。车床专用夹具除应满足这些基本要求外,设计中还必须根据车加工的具体特点考虑其他相关要求。

1.2.1 车床夹具的特点及设计中应考虑的问题

车床夹具在工作时夹具和工件随机床主轴一起高速旋转,具有离心力和不平衡惯量。车床夹具的主要特点是工件加工表面的中心线与车床主轴的回转轴线同轴。这类夹具多数是悬臂结构的,因此设计夹具时,除了保证工件达到工序的精度要求外,还应考虑以下问题:

(1)结构力求紧凑、简单,重量尽可能轻。

(2)夹具与机床主轴、花盘连接要安全可靠。

(3)夹具工作时应保持平衡,以免主轴轴承过早磨损而失去精度。因此夹具元件的重心应尽量接近回转中心,而平衡块的位置应远离回转中心并可做径向调整。

(4)夹具在径向无凸出和可能松脱的零件。

(5)夹紧机构应迅速可靠,尽可能在离中心最远处压紧工件。夹紧元件在夹具回转时的惯性和离心力作用下不应松脱。

(6)在加工过程中,工件在夹具上能用万能量具进行测量。

(7)切屑能顺利地从夹具中排出和清除。

(8)夹具经调整(如换过渡法兰盘)后即可在另一种型号的机床上使用。为此,通常将夹具的最大外圆设计成校准回转中心的基准,或设计校准内孔,供重新安装时校准中心。

(9)为缩短设计周期和便于制造,应尽可能选用通用夹具零件。

(10)合理确定夹具主要零件的尺寸,保证夹具具有足够的刚性。

(11)设置机构,使装卸工件方便、迅速,缩短辅助时间。

(12)提高加工和装配的结构工艺性。

(13)选择夹具与机床主轴的连接方式时,要依据夹具径向尺寸的大小和机床主轴前端的结构形式。

1.2.2 车床专用夹具的设计要求

1.2.2.1 车床夹具的总体结构

车床夹具大都安装在机床主轴上,并与主轴一起做回转运动。为保证夹具工作平稳,夹具的结构应尽量紧凑,重心应尽量靠近主轴端,悬伸长度应不大于夹具轮廓外径。对于直角(弯板)式车床夹具和偏重的车床夹具,应很好地进行平衡,设计恰当的平衡重量和位置。平衡的方法有两种:设置平衡块和加工减重孔,其平衡重量可采用近似估算。为弥补估算法的不准确性,平衡块上可设置径向槽,以便调整至最佳平衡位置后用螺钉固定。为保证工作安全,夹具上所有元件或机构不应超出夹具体的外部轮廓,必要时应加防护罩。此外,车床夹具的夹紧机构要能提供足够的夹紧力,具有较好的自锁性,以确保工件在切削过程中不会松动。

车床夹具的悬伸长度过大,会加剧主轴轴承的磨损,同时引起振动,影响加工质量。因此,夹具的悬伸长度 L 与轮廓直径 D 的比值应满足:①直径小于 150mm 的夹具,$L/D \leqslant 1.25$;②直径为 150~300mm 的夹具,$L/D \leqslant 0.9$;③直径大于 300mm 的夹具,$L/D \leqslant 0.6$。

1.2.2.2 工件在车床夹具中的定位

夹具的定位支承系统用以确定被加工零件与刀具的相对位置,直接影响被加工零件的精度,应遵循工件定位的六点原则,防止出现欠定位、重复定位的原则性错误。常用的定位方式有:完全定位、不完全定位和允许使用的重复定位。主要的定位基准面应尽量和工件装配使用的基准面相一致,这样有利于达到装配和配合的要求,符合基准重合原则。避免主要定位基准面的变动和装夹次数,可防止增大加工误差。工件上作为主要定位基准的面,其尺寸应尽量大,并接近将要加工的部位。若以毛坯面作为主要定位基准面,则支承点的距离应尽量大些,以增加装夹时的稳定性。此外,选择工件上最长的表面作为导向定位基准面,选择工件上较小的表面作为止推定位基准面,可获得稳定可靠的定位。

车床夹具的定位元件或装置必须保证工件加工面的轴线与机床主轴的回转轴线重合。当被加工的回转表面与工序基准之间有尺寸联系时,则应以夹具轴线为基准来确定限位表面的位置。

为了获得定位元件相对于机床主轴轴线的准确位置,有时采用“临床加工”的方法,即限位面的最终加工就在使用该夹具的机床上进行,加工完之后夹具的位置不再变动,避免了很多中间环节对夹具位置精度的影响。

1.2.2.3　工件在车床夹具中的装夹

在车削过程中，由于工件和夹具随主轴旋转，工件除受切削扭矩的作用外，整个夹具还受到离心力的作用。此外，工件定位基准的位置相对于切削力和重力的方向是变化的。因此，夹紧机构必须产生足够的夹紧力，以防止发生设备及人员事故。

夹紧力的作用位置应尽量指向主要定位基准面，并尽可能与支承部分的接触面相对应，以保证夹紧牢靠，避免因夹紧不当而造成工件变形。对于大型工件及某些形状特殊的工件，还应采用辅助支承，以增加装夹的稳定性，但辅助支承的使用，不允许破坏原来的定位状况。

夹紧装置的基本要求是：

(1)夹紧既不应破坏工件的定位，又要有足够的夹紧力，同时又不应产生过大的夹紧变形，不允许损伤工件表面。

(2)夹紧应保证工件在切削力、重力、离心力共同作用下不至松脱。

(3)夹紧动作要迅速，操作要方便、安全、省力。

(4)手动夹紧机构要有可靠的自锁性，机动夹紧装置要统筹考虑其自锁性和稳定的源动力。

(5)结构应尽量简单紧凑，工艺性好。

1.2.2.4　夹具体的设计

(1)夹具体设计的基本要求

①夹具与主轴的连接方式选择要恰当。

②夹具体上的重要表面，如定位面、与机床的连接面，应有适当的尺寸和形位精度。

③为保证夹具不产生不允许的变形和振动，夹具体应有足够的强度和刚度。

④夹具体的结构工艺性要好，要便于制造、装配、检验。夹具体毛坯面与工件之间的间隙，一般为4～15mm。

⑤排屑要方便。过多的切屑，可采用排屑槽、斜面流出。

⑥在机床上安装要稳定可靠。

(2)夹具体毛坯的类型

①铸造夹具体：工艺性好，可铸出各种复杂的形状，具有较好的抗压强度、刚度和抗振动性，但生产周期长，需进行时效处理，以消除内应力。常用材料为灰铸铁，其中HT200应用较广。

②焊接夹具体：容易制造、生产周期短、成本低、重量轻，但焊接后需经退火处理，且难获得复杂形状。

③锻造夹具体：适用于形状简单、尺寸不大、要求强度和刚度大的场合，锻造后需经退火处理。

④装配夹具体：由一组零件连接组装而成，其优点是制造成本低、周期短、精度稳定。

1.2.3　车床夹具总装配图上的尺寸标注

夹具总装配图上应标注的必要的、最基本的尺寸，一般包括如下几项：

(1)夹具的轮廓尺寸。如夹具最大回转直径或半径、总长度等。这可表明夹具的轮廓尺寸大小和运动范围,以便于检查夹具与机床、刀具等的相对位置有无干涉现象,以及夹具在机床上安装的可能性。

(2)夹具与机床的联系尺寸。该尺寸主要是指夹具与车床主轴的配合尺寸及紧固螺钉用孔的相关尺寸和公差等。

(3)配合尺寸。工件与夹具定位元件间,以及夹具各组成元件间的配合类别、精度等级和尺寸大小。

(4)装配尺寸。在夹具装配后,某些元件需保持相关尺寸的正确性,夹具才能正确使用。如影响工件装夹的尺寸,影响工件在加工过程中测量的尺寸等。

(5)其他重要尺寸。

1.2.4　车床专用夹具的设计步骤

1.2.4.1　明确设计任务,收集设计资料

夹具设计首先应根据被加工零件的零件图、工艺规程、工序图以及技术条件,对工件进行工艺分析,了解工件的结构特点、材料以及本工序的加工表面、加工要求、加工余量、定位基准和夹紧表面,明确在本夹具上要完成的工序内容、所用的机床以及其与夹具的连接方式、刀具、量具及使用环境、生产纲领、设计进度等。

其次是根据设计任务收集有关资料,如车床的规格、主要技术参数、精度、夹具零部件的国家标准、各类夹具图册、夹具设计手册等,还可收集一些同类夹具的设计图样,以供参考。

1.2.4.2　确定夹具结构方案,绘制夹具草图

(1)根据工艺的定位原理,确定工件的定位方式,选择定位元件(必要时分析计算)。

(2)选定工件的夹紧方案,设计夹紧机构。

(3)确定其他装置及元件的结构形式,如平衡块、分度装置等。

(4)选择夹具体的结构形式及夹具在机床上的安装方式。

在确定夹具结构方案的过程中,会有各种方案供选择。当有几种方案时,应从保证精度和降低成本的角度出发,进行经济分析,选用经济效益较好的、与生产纲领相适应的最佳方案。

(5)确定视图表达方案,绘制夹具的装配草图。

夹具装配草图的表达方案应考虑夹具的摆放、主视图以及其他视图的数量和表达形式的选择、比例、图幅及图纸方向等。

需要明确的是,草图绘制应尽量规范、标准,考虑问题应全面,这样才能减轻绘制正式图样的难度。

(6)确定并标注尺寸及技术要求。

1.2.4.3　审查方案并改进设计

将绘制的夹具草图送交指导教师审查,征求意见,然后根据老师所提出的问题和改进建议对夹具方案作进一步的修改,最后综合分析,调整、改进、完善设计,确定方案。

1.2.4.4　绘制正式的夹具总装配图

由于绘制夹具草图时，对夹具整体情况把握不准确、理解不全面透彻，会出现很多问题，因此绘制正式图样时需作综合性调整。如绘图布局问题、零件结构问题、尺寸标注问题、技术要求问题等，需要在绘制正式图样时给予考虑改进。

夹具的总装配图必须按国家制图标准绘制，绘图比例尽量采用 1∶1。主视图按夹具面对操作者的方向绘制，一般为剖视。总装配图应把夹具的工作原理、装配关系、各种装置的结构及相互关系表达清楚。

(1)夹具总装配图的绘制顺序

①根据夹具草图已确定的表达方案，首先选择绘图比例、图幅，剪裁并固定图纸，然后画出图框及标题栏、明细表的范围线，布局各个视图的基线。

②开始绘制底稿，用双点画线将工件的外形轮廓、定位基准面、夹紧表面及加工表面绘制在各个视图的合适位置上，工件的其余结构简化绘出。在夹具图中工件可看作透明体，不遮挡后面的线条。

③围绕工件的几个视图依次绘出夹具的定位元件、夹紧装置、其他装置及夹具体。

④描深，标注必要的尺寸、公差和技术要求(可参照前面夹具装配图上的尺寸标注)。

⑤编写零件序号，绘制填写标题栏和明细表，编写技术要求。

(2)设计和绘制夹具装配图时的注意事项

①绘制装配图时，夹具上各个元件和装置都应按工作状态(即工件被夹紧时)画出。

②所设计的夹具，不但选择的装置机构要合理，结构也应合理，使工件在定位、夹紧、切削和装卸过程中，夹具都能正常而顺利地工作。

③应保证夹具与机床、刀具具有正确的相对位置关系，不能产生干涉现象。

④定位、夹紧等元件和装置，以及紧固件、连接件，应尽量选用标准件(参阅《机床夹具设计手册》)。

⑤夹具中的运动零部件，应运动灵活自如，不能产生卡死、阻滞现象；若切屑等污物能落入运动部件时，应加保护装置，夹具的转位机械、回转机械等，应有锁紧装置。

⑥各零件和部件应具有良好的结构工艺性；多尺寸累积的部位，应有调整环节；夹具结构应考虑切削过程中的排屑及冷却液的排放问题。

⑦零件的材料、尺寸公差及总装配的技术要求，要合理确定。

⑧对于用特殊方法加工和装配的夹具，或者对操作使用需要说明的夹具，应用文字在技术要求中注明。

1.2.4.5　进行必要的分析计算

工件的加工精度较高时，应进行工件的加工精度分析。如定位误差分析、加工误差分析及定位基准选择的合理性分析。工件的形状较大、较复杂时，需进行切削力、夹紧力的综合平衡计算，以保证夹紧可靠。必要时还应考虑切削力、夹紧力、惯性力使工件产生的弹性变形和热变形，最终造成的加工误差是否在允许的范围之内，可用下式核算。

$$\sum \Delta = \sqrt{\Delta_D^2 + \Delta_A^2 + \Delta_J^2 + \Delta_G^2} \leqslant \delta_K - J_C$$

式中各符号的含义参见表 1-6。

1.2.4.6　拆画夹具零件图

夹具中的非标准件零件均应拆画出零件图，毕业设计中一般只要求画出夹具体零件图。夹具体零件主视图的摆放位置、投射方向可与夹具装配图上相同。零件的结构、尺寸、技术要求、数量、图号、序号等都要相应地与装配图保持一致，并且相关内容要更加全面、完整。

1.3　车床专用夹具的主要技术条件

夹具总装的技术要求主要由被加工零件的加工精度、夹具的结构形式、制造水平和经济效果等诸因素决定。

夹具装配图画好之后，不仅要标注必要的尺寸，还应标注相应的技术要求，才能满足使用要求。夹具的技术要求可以用数据、代号标注，也可以用文字逐条阐述。

1.3.1　夹具尺寸公差的制定

1.3.1.1　公差制定的原则

(1)应保证夹具的定位、制造和调整误差的总和满足误差计算不等式，一般不超过工件工序公差的1/3。

(2)综合考虑工厂现有设备条件和技术水平，在不增加制造技术难度的情况下，尽量将夹具公差定得小一些，以保证工件的加工精度，增大夹具的磨损公差，延长夹具的使用寿命。

(3)夹具中与工件尺寸有关的尺寸公差，不论其是单向还是双向的，都应改写成对称分布的双向公差，并以此尺寸作为夹具的基本尺寸，制定该尺寸的制造公差(即夹具公差)。

(4)凡注有公差的部位，在夹具中必须设置相应的检验基准。

(5)为了减小夹具制造中的技术难度，同时又要保证夹具的精度，一些环节可采用调整、修配或就地加工等方法。这时，夹具零件的制造公差可以适当放宽。

1.3.1.2　与工件被加工部位尺寸公差有直接关系的夹具公差

(1)定位元件与定位元件之间的尺寸公差。

(2)按工件公差选取的夹具公差的参考值，如表1-1所示。

表1-1　　按工件公差选取的夹具公差

夹具形式	工件被加工尺寸的公差(mm)				
	0.03～0.10	0.10～0.20	0.20～0.30	0.30～0.50	一般公差
车床夹具	1/4	1/4	1/5	1/5	1/5

1.3.2　夹具的尺寸公差与配合

夹具的公差按国家标准，一般按基孔制规定，与一般机械制造相同。夹具常用的精度等级和配合类别如表1-2所示。

表1-2　　夹具常用的精度等级和配合类别

基准孔	配合类别
6	H6/g5、H6/h5
7	H7/f6、H7/g6、H7/h6、H7/js6、H7/k6、H7/m6、H7/n6
8	H8/e7、H8/f7、H8/h7
9	H9/d9、H9/e9、H9/f9、H9/h9

夹具各组成元件间的配合类别和精度等级的标注，一般有以下几种情况：

(1)夹具的定位元件之间的配合，常用H7/g6、H8/e7。

(2)有引导作用并有相对运动的配合，一般取H7/h6、H7/g6、H8/f7。

(3)无引导作用的相对运动部分的配合，可取H9/d9、H9/e9、H9/f9等类别或更低级的配合。

(4)没有相对运动的配合

①无紧固件连接的配合，一般取过渡配合H9/k8；过盈配合H9/p8、H7/s6、H8/r7、H8/s7。

②有紧固件连接的配合，可取过渡配合H7/m6、H7/k6、H7/js6。

上述内容仅供设计时参考，也可根据夹具要求采用其他精度等级的各种配合类别。

1.3.3　夹具形位公差的制定

夹具技术条件一般用文字逐条阐述，或以形位公差符号标注在图形的有关部位。通常标注的有：

(1)定位元件之间或定位元件对夹具体定位基准之间的相互位置精度要求。

(2)定位元件与连接元件(或找正基面)之间的相互位置精度要求。

(3)其他要求，如需要特殊说明的装配要求。

(4)凡与工件加工要求有直接关系的元件之间的相互位置(如同轴度、垂直度、平行度等)公差，一般可按相应工件工序加工技术要求所规定的数值的1/5～1/2选取，通常选取1/3。与工件加工要求无直接关系的元件形位公差可按表1-3选取。

表 1-3　与工件加工要求无直接关系的元件形位公差参考数值

技术条件	参考数值(mm)
同一平面上的支承钉或支承板的等高公差	≤0.02
定位元件工作表面对定位键槽侧面的平行度或垂直度公差	≤0.02/100
定位元件工作表面对夹具体底面的平行度或垂直度公差	≤0.02/100
找正基面对其回转中心的径向圆跳动	≤0.02

1.3.4　夹具其他技术要求的制定

在装配图中，一般用文字或符号准确、简练地说明对夹具的性能、装配、检验、调整、安装、运输、使用、维护、保养等方面的要求和条件，这些统称为装配图中的技术要求。以上内容在装配图中不一定样样俱全，应根据具体情况而定。

1.3.5　夹具零件的公差和技术要求

夹具的一般组成元件都已标准化，可从有关手册上查得这些元件的材料、外形尺寸和精度、粗糙度及热处理要求等。

设计专用夹具元件时，夹具元件的公差和技术要求可依据夹具总装图上的配合公差和技术要求，并参考同类元件综合考虑决定。一般需要包括以下各项内容：

1.3.5.1　夹具零件毛坯的技术要求

这些技术要求包括毛坯的质量、硬度、热处理以及精度要求等。

1.3.5.2　夹具零件热处理的技术要求

热处理的技术要求应与零件的材料和零件在夹具中的作用相适应，还应包括改善机械加工性能和为达到要求的机械性能而提出的热处理要求。

常用夹具零件的材料及热处理要求可参考表 1-4。

表 1-4　机床夹具主要零件常采用的材料与热处理要求

元件种类	零件名称	材料	说明
壳体零件	夹具壳体及复杂壳体	HT200	时效
	焊接壳体	Q235	退火
	花盘和车床夹具体	HT300	时效
定位元件	定位心轴($D \leqslant 35$mm)	T8A	淬火:55～60HRC
	定位心轴($D > 35$mm)	45	淬火:43～48HRC

续表

夹紧零件	斜楔	20	渗碳（$t=0.8\sim1.2$mm），淬火—回火：54～60HRC
	各种形状的压板	45	淬火—回火：45～50HRC
	卡爪	20	渗碳（$t=0.8\sim1.2$mm），淬火—回火：54～60HRC
	钳口	20	渗碳（$t=0.8\sim1.2$mm），淬火—回火：54～60HRC
	虎钳丝杠	45	淬火—回火：35～40HRC
	切向夹紧用螺栓和衬套	45	调质：225～255HB
	弹簧夹头心轴用螺母	45	淬火—回火：35～40HRC
	弹簧夹头	65Mn	夹持部分淬火—回火：56～61HRC 弹性部分淬火—回火：43～48HRC
其他零件	活动零件用导板	45	淬火—回火：35～40HRC
	靠模、凸轮	20	渗碳（$t=0.8\sim1.2$mm），淬火—回火：54～60HRC
	分度盘	20	渗碳（$t=0.8\sim1.2$mm），淬火—回火：54～60HRC
	低速运转轴承衬套和轴瓦	ZQSn6-6-3	
	高速运转轴承衬套和轴瓦	ZQPb12-8	

1.3.5.3 夹具零件的尺寸公差和技术要求

(1)对应于工件一般公差的直线尺寸的夹具零件的尺寸公差可取±0.1mm。

(2)对应于工件未注公差的角度尺寸的夹具零件的角度公差可取±10′。

(3)对于工件上有公差的尺寸，夹具零件相应尺寸应取工件公差的1/5～1/2。

(4)对于紧固件用孔的中心距公差，当中心距小于150mm时，应取±0.1mm；大于150mm时，应取±0.15mm。

(5)对于夹具零件与工件之间的间隙：当夹具零件表面未加工过时，应大于6～8mm；当夹具零件表面加工过时，应大于3～4mm。

(6)夹具体上的找正基面，本身形状公差应小于0.02～0.05mm，表面粗糙度Ra应达到1.6～0.8μm。

(7)夹具零件的表面粗糙度。零件上要求加工的部位，必须有相应的表面粗糙度要求。设计时可参考表1-5。

表 1-5　　夹具主要零件的表面粗糙度

表面形状	表面名称	精度等级	外圆和外表面（μm）	内孔和内侧面（μm）	举例
平面	有相对运动的一般配合表面	7	0.4～0.8	0.4～0.8	T 形槽
		8,9	0.8～1.6	0.8～1.6	活动 V 形块、铰链两侧面
		11	1.6～3.2	1.6～3.2	叉头零件
	有相对运动的特殊配合表面	精确	0.4～0.8	0.4～0.8	燕尾导轨
		一般	1.6～3.2	1.6～3.2	燕尾导轨
	无相对运动的表面	8,9	0.8～1.6	1.6～3.2	定位键两侧面
		特殊	0.8～1.6	1.6～3.2	键两侧面
	有相对运动的导轨面	精确	0.4～0.8	0.4～0.8	导轨面
		一般	1.6～3.2	1.6～3.2	导轨面
	无相对运动的夹具体基面	精确	0.4～0.8	0.4～0.8	夹具体安装面
		中等	0.8～1.6	0.8～1.6	夹具体安装面
		一般	1.6～3.2	1.6～3.2	夹具体安装面
	无相对运动安装夹具零件的基面	精确	0.4～0.8	0.4～0.8	安装元件的表面
		中等	1.6～3.2	1.6～3.2	安装元件的表面
		一般	3.2～6.3	3.2～6.3	安装元件的表面
圆柱面	有相对运动的配合表面	6	0.2～0.4	0.2～0.4	快换钻套、手动定位销
		7	0.2～0.4	0.4～0.8	导向销
		8,9	0.4～0.8	0.4～0.8	衬套定位销
		11	1.6～3.2	1.6～3.2	转动轴颈
	无相对运动的配合表面	7	0.4～0.8	0.8～1.6	圆柱销
		8,9	0.8～1.6	1.6～3.2	手柄
		自由	3.2	3.2	活动手柄、压板
锥形表面	顶尖孔	精确	0.4～0.8	0.4～0.8	顶尖、顶尖孔、铰链侧面
		一般	1.6～3.2	1.6～3.2	导向定位元件导向部分
	无相对运动安装锥柄刀具	精确	0.2～0.4	0.4～0.8	工具圆锥
		一般	0.4～0.8	0.8～1.6	弹簧夹头、圆锥销、轴
	固定紧固用		0.4～0.8	0.8～1.6	锥面锁紧表面
紧固表面	螺钉头部		3.2～6.3	3.2～6.3	螺栓、螺钉
	插件的内孔面		6.3	6.3	压板孔
密封性配合	有相对运动		0.1～0.2	0.1～0.2	缸体内表面
	软垫圈		1.6～3.2	1.6～3.2	缸盖端面
	金属垫圈		0.8～1.6	0.8～1.6	缸盖端面
定位平面		精确	0.4～0.8	0.4～0.8	定位件工作表面
		一般	1.6～3.2	1.6～3.2	定位件工作表面
孔面	径向轴承	D、E	0.4～0.8	0.4～0.8	安装轴承内孔
			0.8～1.6	0.8～1.6	安装轴承内孔
	滚针轴承		0.4～0.8	0.4～0.8	安装轴承内孔
端面	推力轴承		1.6～3.2	1.6～3.2	安装推力轴承端面
刮研	20～25 点/(25mm×25mm)		0.8～1.6	0.8～1.6	结合面

另外，根据实践经验，夹具定位元件工作表面应比工件定位基准面的表面粗糙度公差值小 1～2 级（即精度更高一些），目的是减少工件定位基准面的擦伤。

1.4 车床专用夹具的设计实例

1.4.1 液压泵上体镗孔夹具

本次设计工作任务如图 1-1 所示，在车床上加工液压泵上体的三个阶梯孔，采用中批生产，设计所需的车床专用夹具。

1.4.1.1 加工工艺分析

根据工艺规程，在加工阶梯孔之前，工件的顶面与底面、两个ϕ8H7 和两个ϕ8mm 孔均已加工好。本工序车削加工要求有：三个阶梯孔的孔距（25±0.1）mm、三孔轴线与底面的垂直度 0.1mm、两个ϕ8H7 孔对中间阶梯孔 2 的位置度ϕ0.2mm。

根据加工要求，可设计成如图 1-3 所示的花盘式车床夹具。这类夹具的夹具体是一个大圆盘（俗称花盘），在花盘的端面上固定着定位、夹紧元件及其他辅助元件，夹具的结构不对称，需要考虑平衡问题。

1.4.1.2 定位装置的设计

根据加工要求和基准重合原则，应以底面 B 和两个ϕ8H7 孔定位，定位元件采用“一面两销”，定位孔与定位销的主要尺寸如图 1-2 所示。

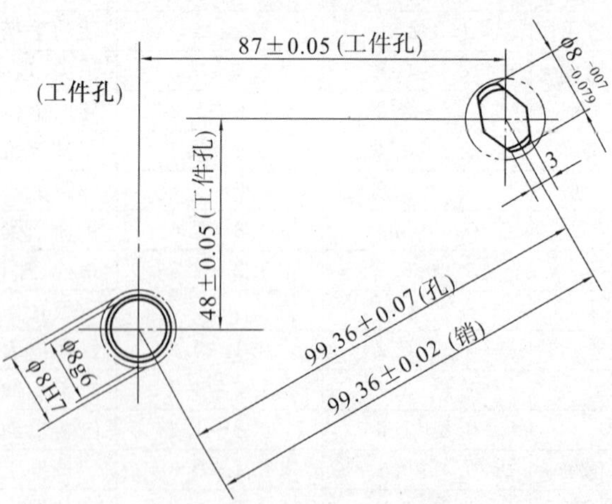

图 1-2 定位孔与定位销的尺寸

（1）两定位孔中心距 L_D 及两定位销中心距 L_d 的计算

因孔中心距：

$$L_D=\sqrt{87^2+48^2}\text{mm}=99.36\text{mm}$$

$$L_{D\max}=\sqrt{87.05^2+48.05^2}\text{mm}=99.43\text{mm}$$

$$L_{D\min}=\sqrt{86.95^2+47.95^2}\text{mm}=99.29\text{mm}$$

即 $L_D=(99.36\pm0.07)$mm。

又由于定位销中心距公差 $\delta_{L_d}=(1/5\sim1/3)\delta_{L_D}$，则销中心距 $L_d=(99.36\pm0.02)$mm。

(2)菱形销直径的计算

取圆柱销直径为$\phi8g6=\phi8_{-0.014}^{-0.005}$mm，查表 1-8 得菱形销尺寸 $b=3$mm。

则补偿值：

$$a=\frac{\delta_{L_D}+\delta_{L_d}}{2}=\frac{0.14+0.04}{2}\text{mm}=0.09\text{mm}$$

第二定位孔的最小间隙(菱形销孔)：

$$X_{2\min}=\frac{2ab}{D_{2\min}}=\frac{2\times0.09\times3}{8}\text{mm}\approx0.07\text{mm}$$

菱形销的最大直径：

$$d_{2\max}=D_{2\min}-X_{2\min}=(8-0.07)\text{mm}=7.93\text{mm}$$

菱形销直径的公差取 IT6 为 0.009mm，得菱形销的直径为$\phi8_{-0.079}^{-0.070}$mm。

1.4.1.3　夹紧装置的设计

因为是中批生产，故不必采用复杂的动力装置。为使夹紧可靠，采用两副移动式螺旋压板 6 夹压在工件顶面两端，如图 1-3 所示。

1.4.1.4　分度装置的设计

液压泵上体三孔呈直线分布，要在一次装夹中加工完成，需要设计直线分度装置。直线分度装置是指不必松开工件而能沿直线移动一定距离，从而完成每工位加工任务的分度装置。本工序镗三孔即属于加工有一定距离要求的平行孔系。在图 1-3 中，夹具体 7 与钩形压板 4 为固定部分，移动部分为分度滑块 9。分度滑块 9 与夹具体 7 之间用导向键 10 连接，用两对 T 形螺钉 3 和螺母锁紧。由于孔距公差为(25±0.1)mm，分度精度要求不高，故采用手拉式圆柱对定销 8 即可。为了不妨碍工人操作和观察，对定机构不宜轴向布置，而应径向安装在一侧，另一侧以配重块平衡。

1.4.1.5　夹具在车床主轴上的安装

由于本工序在 CA6140 型车床上进行，故过渡盘应以短圆锥面和端面在主轴上定位，用螺钉紧固，有关尺寸可查阅表 1-27。夹具体的止口与过渡盘凸缘的配合为 H7/h6。在夹具体的外圆上设置找正圆 B，夹具安装时，找正此外圆保证同轴度$\phi0.01$mm。

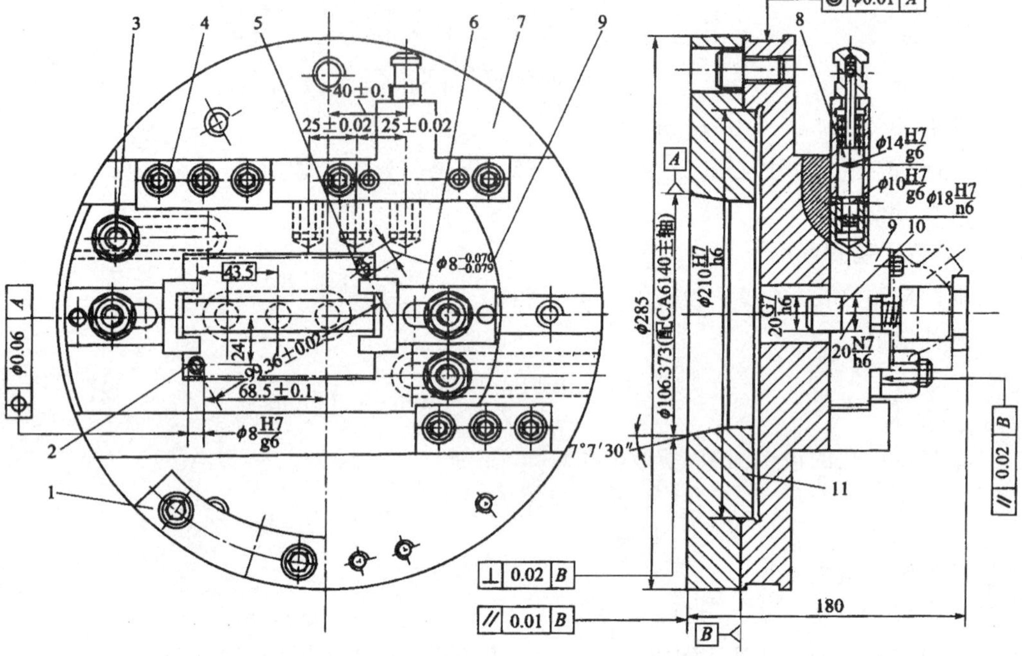

图 1-3　液压泵上体镗三孔夹具

1—平衡块(配重块)　2—圆柱限位销　3—T 形螺钉　4—钩形压板　5—削边销(菱形销)

6—移动式螺旋压板　7—夹具体　8—对定销　9—分度滑块　10—导向键　11—过渡盘

1.4.1.6　夹具装配图上的尺寸、公差和技术要求

(1)最大外轮廓尺寸:ϕ285mm 和长度 180mm。

(2)影响工件定位精度的尺寸和公差:两定位销孔的中心距(99.36±0.02)mm、圆柱销 2 与工件定位孔的配合尺寸ϕ8H7/g6、圆柱销 2 至待加工孔的位置尺寸(68.5±0.1)mm、圆柱销 2 对夹具定位锥孔的位置度ϕ0.06mm、菱形销 5 的直径$\phi 8_{-0.079}^{-0.070}$mm、主要限位面对 B 面的平行度 0.02mm。

(3)影响夹具精度的尺寸和公差:相邻两对定套的距离(25±0.02)mm、对定套与对定销 8 的配合尺寸ϕ10H7/g6、对定销与导向孔的配合尺寸ϕ14H7/g6、导向键 10 与夹具体 7 的配合尺寸 20G7/h6、圆柱销 2 到加工孔轴线的尺寸(68.5±0.1)mm。

(4)影响夹具在机床上安装精度的尺寸和公差:夹具体 7 的止口与过渡盘的配合尺寸ϕ210H7/h6、夹具找正基圆与过渡盘定位锥孔轴线的同轴度ϕ0.01mm。

(5)其他重要配合尺寸:对定套与分度滑块的配合尺寸ϕ18H7/n6、导向键与分度滑块的配合尺寸 20N7/h6。

1.4.1.7　加工精度分析

加工误差的大小受工件在夹具上的定位误差 Δ_D、夹具误差 Δ_J、夹具的安装误差 Δ_A 和加工方法误差 Δ_G 的影响。最后总误差小于相应公差,并有一定的精度储备时,才能可行。

本工序的主要加工要求是三孔的孔距尺寸(25±0.1)mm,此尺寸主要受轴线移动分度误差和加工方法误差的影响,故只要计算这两部分的误差即可。

(1)分度误差 Δ_F

直线分度的分度误差可按下式计算:

$$\Delta_F = 2\sqrt{\delta^2 + X_1^2 + X_2^2 + e^2}$$

式中:δ——两相邻对定套的距离尺寸公差,因两对定套的距离为(25±0.02)mm,所以δ=0.04mm;

X_1——对定销与对定套的最大配合间隙,因两者的配合尺寸是ϕ10H7/g6,ϕ10H7为$\phi 10^{+0.015}_{0}$mm,ϕ10g6为$\phi 10^{-0.005}_{-0.014}$mm,所以$X_1$=0.015mm+0.014mm=0.029mm;

X_2——对定销与导向孔的最大配合间隙,因两者的配合尺寸是ϕ14H7/g6,ϕ14H7为$\phi 14^{+0.018}_{0}$mm,ϕ14g6为$\phi 14^{-0.006}_{-0.017}$mm,所以$X_2$=0.018mm+0.017mm=0.035mm;

e——对定销的对定部分与导向部分的同轴度,设为0.01mm,

因此 $\Delta_F = 2\sqrt{0.04^2 + 0.029^2 + 0.035^2 + 0.01^2}$ mm=0.123mm。

(2)加工方法误差 Δ_G

加工方法误差 Δ_G 取加工尺寸公差 δ_K 的1/3,因加工尺寸公差 δ_K=0.2mm,所以 Δ_G=0.2/3mm=0.066mm。

总加工误差和精度储备的计算如表1-6所示。

表1-6　液压泵上体镗三孔夹具的加工误差　　单位:mm

代号 \ 加工要求	25±0.1
定位误差 Δ_D	0
安装误差 Δ_A	0
分度误差 Δ_F 或 Δ_J	0.123
加工方法误差 Δ_G	0.2/3=0.066
总加工误差 $\Sigma\Delta$	$\sqrt{0.123^2+0.066^2}$=0.14
精度储备 J_C	0.2−0.14= 0.06

由计算结果可知,该夹具能保证加工精度,并有一定的精度储备。

1.4.2　弯头零件车端面夹具

弯头零件工序图如图1-4所示,车加工弯头零件底面及盲孔,中批生产,试设计所需的车床夹具。

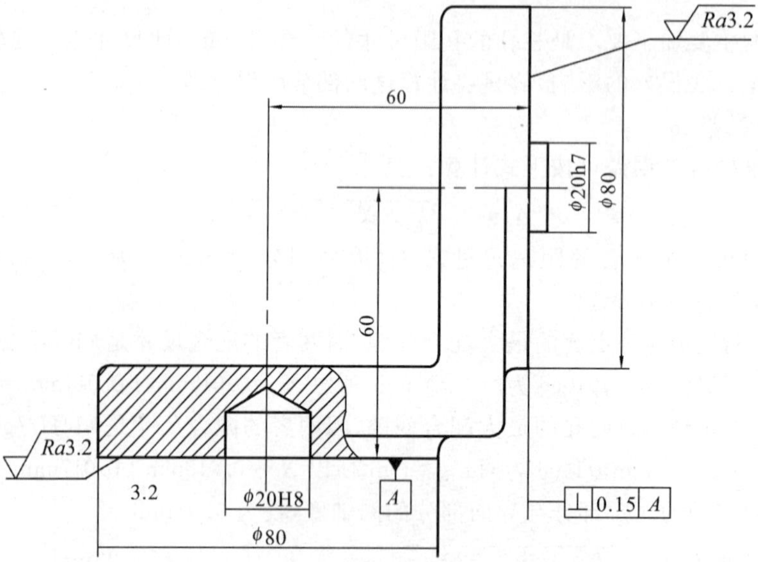

图 1-4　弯头零件工序图

1.4.2.1　明确设计任务,收集设计资料

零件分析:工件材料为灰铸铁,两个ϕ80 端面为重要加工面。加工过程为:时效处理、毛坯划线、粗刨底面加工留量、以夹具装夹找正定位车右端面、用本次设计的夹具以已车成的右端面定位、装夹并找正后车底面、刮削两端面。零件年产量为 500 件,批量生产。

本次设计的任务为:设计在车床上车底面用的专用车夹具(第二次车)。工件以右端面为定位基准,需按划线找正后,再夹紧工件。在车端面时按划线确定尺寸,无须对刀装置。

1.4.2.2　拟定夹具结构方案,绘制夹具草图

(1)选择确定工件的定位方案,设计定位装置

夹具上设计平面结构,以工件已经车成的右端面定位,限制工件三个自由度。夹具上设计孔结构,工件以短圆柱定位,限制两个自由度。这样共限制工件的五个自由度,因为是批量生产,且铸铁零件周围为毛坯面,无须设置复杂装置限制最后一个自由度,故实际采用的是不完全定位方式。然后再根据已经划出的线找正。最后使工件达到正确定位,定位方案如图 1-5 所示。

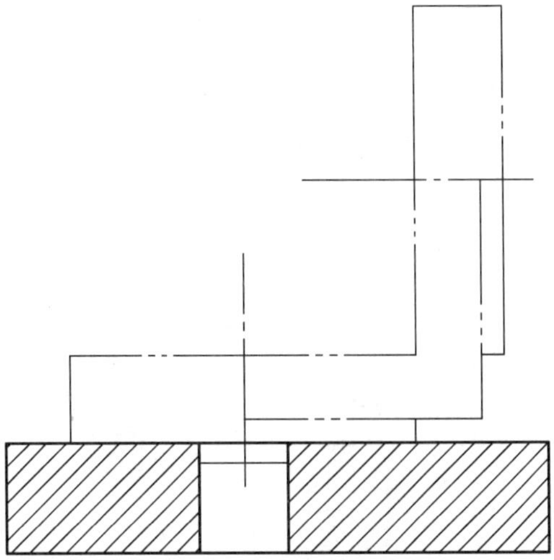

图 1-5　定位方案

(2)选择确定工件的夹紧方案,设计夹紧装置

因工件产量不大,故可采用简单的手动双压板夹紧装置,方便、迅速、经济实用。夹紧力作用方向应指向工件主要定位基准面,这样工件夹紧牢靠,不破坏工件定位的准确性,且工件不产生变形。夹紧方案如图 1-6 所示。查夹具设计手册,确定标准压板结构及尺寸,确定所用螺栓的规格和型号。

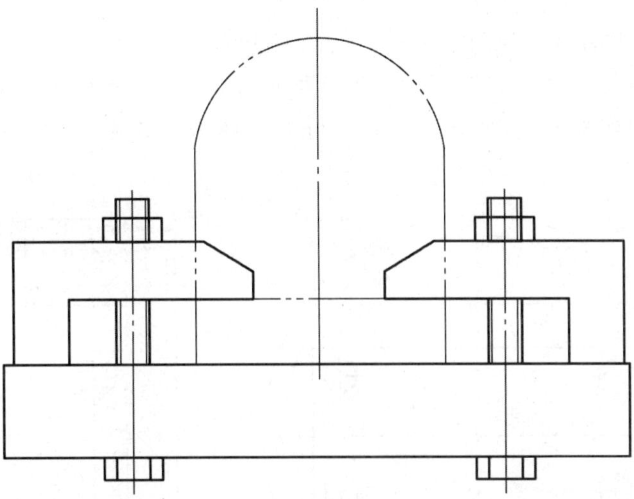

图 1-6　夹紧方案

(3)确定夹具体的结构形式及夹具在机床上的安装方式

夹具体采用铸造分体装配形式,这样便于加工,并可调整适应同类工件加工。外圆设有凹陷的校正基准,以保证安装后校准夹具与车床主轴的同轴度。夹具弯板定位面要保证与主轴平行,并有准确的中心高度。夹具与主轴采用过渡盘连接,这样可以在不同型号

的车床上使用，如图 1-7 所示。

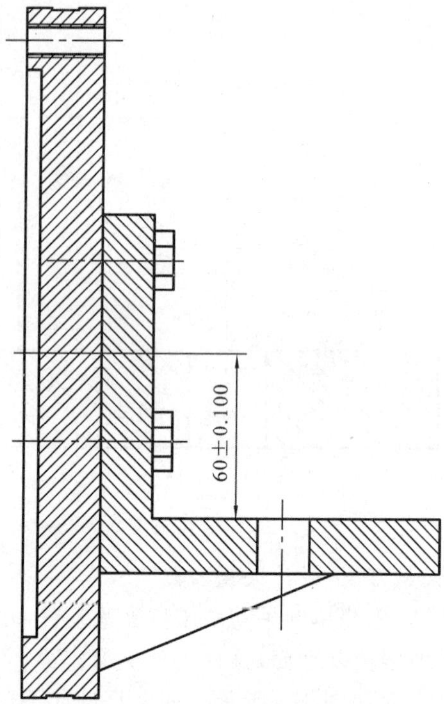

图 1-7　夹具体结构

(4)确定其他装置及元件的结构形式(如平衡块等)

因有不平衡力矩，主轴运转不稳定，所以要增加平衡块。平衡块的大小和位置选择要力求恰当，一般按经验估计确定。平衡块与夹具体采用螺栓连接，平衡方案如图 1-8 所示。

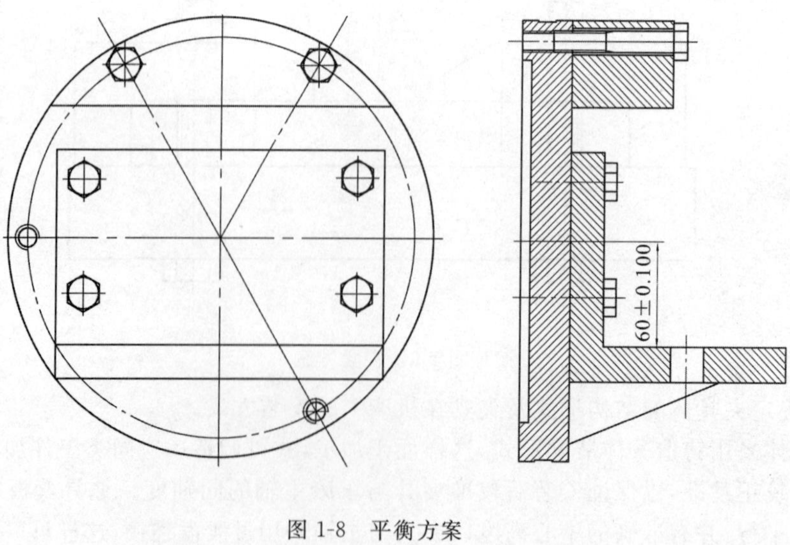

图 1-8　平衡方案

(5)确定视图表达方案,绘制夹具的草图

图 1-9 所示为夹具的草图,它采用两个视图表达夹具的结构。主视图采用全剖形式,表达夹具的总体结构、定位原理,符合工作状态。右视图表达夹具的夹紧装置及夹紧原理。

夹具体的结构尺寸查阅相关手册,尽量采用标准件、标准结构,也可参阅同类产品,借鉴相应结构、尺寸及标准,如压板的选用等。

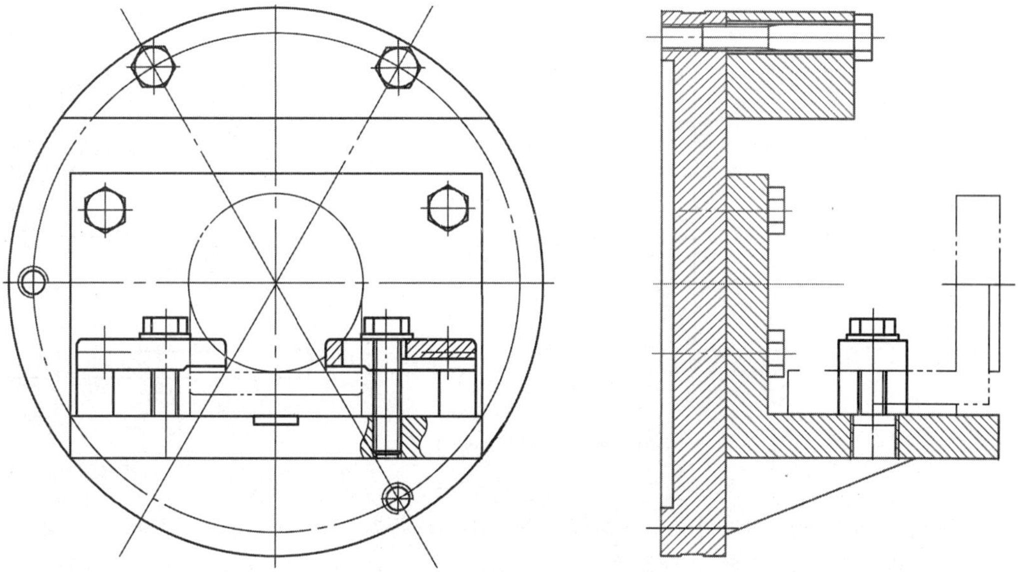

图 1-9　夹具的草图

1.4.2.3　审查方案并改进设计

审查的主要内容有:方案的正确性,结构的正确性,结构尺寸的合理性,尺寸及技术要求是否满足零件要求,以及绘图的标准性。

主要改进内容有:减少多余总长度,弯板改用 45 钢并去掉肋板(当然也可考虑采用整体夹具体),压板采用标准件。

1.4.2.4　绘制正式的夹具总装配图

最终绘制的夹具装配图如图 1-10 所示。

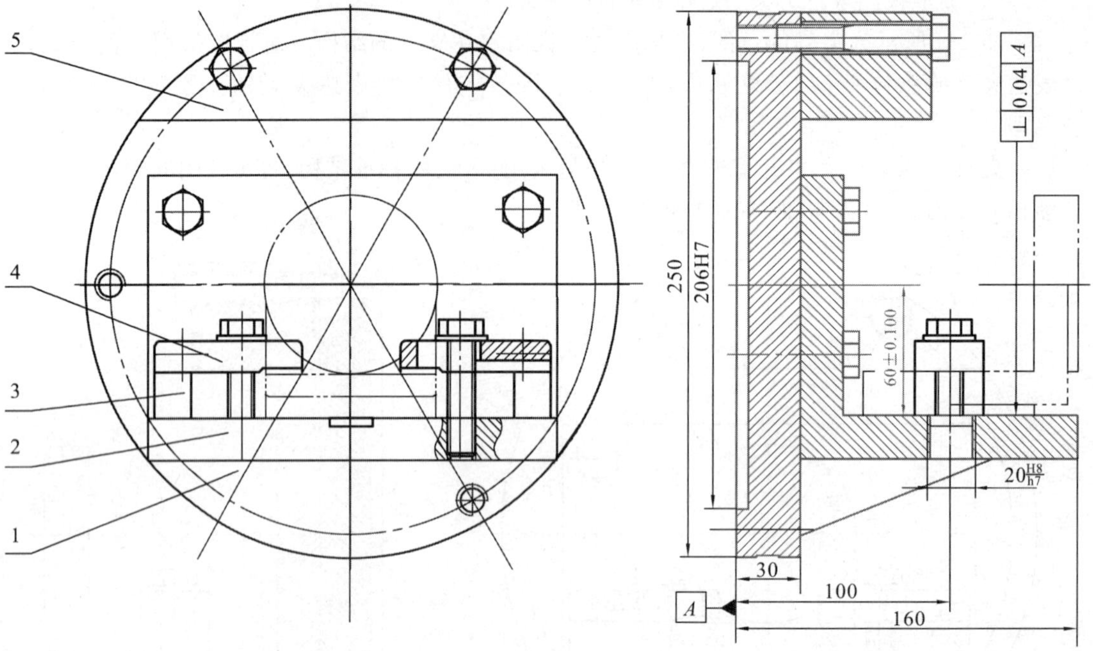

图 1-10　弯头车床夹具

1—夹具体　2—弯板(角铁)　3—垫铁　4—压板　5—平衡块

夹具总图上标注的尺寸、公差和技术要求有：①最大外轮廓尺寸：ϕ250mm×140mm；②影响工件定位精度的尺寸和公差：配合尺寸ϕ20H8/h7；③影响夹具精度的尺寸和公差：限位平面对对定端面的垂直度 0.05mm；④影响夹具在机床上安装精度的尺寸和公差：与过渡盘的配合尺寸ϕ206H7；⑤其他重要的尺寸和公差：限位基面与回转轴线的距离(60±0.1)mm。

1.4.2.5　进行必要的分析计算

由于本工件加工精度要求不高，夹具设计时其相关公差取工件公差的 1/3。如中心高度尺寸 60mm，零件为一般公差，查表为(60±0.3)mm，夹具取(60±0.1)mm；两面垂直度零件要求0.15mm，夹具取 0.05mm。这样足以保证零件的加工精度符合要求，故加工精度分析可省略。

1.4.2.6　拆画夹具零件图

图 1-11 所示为花盘夹具体零件图。

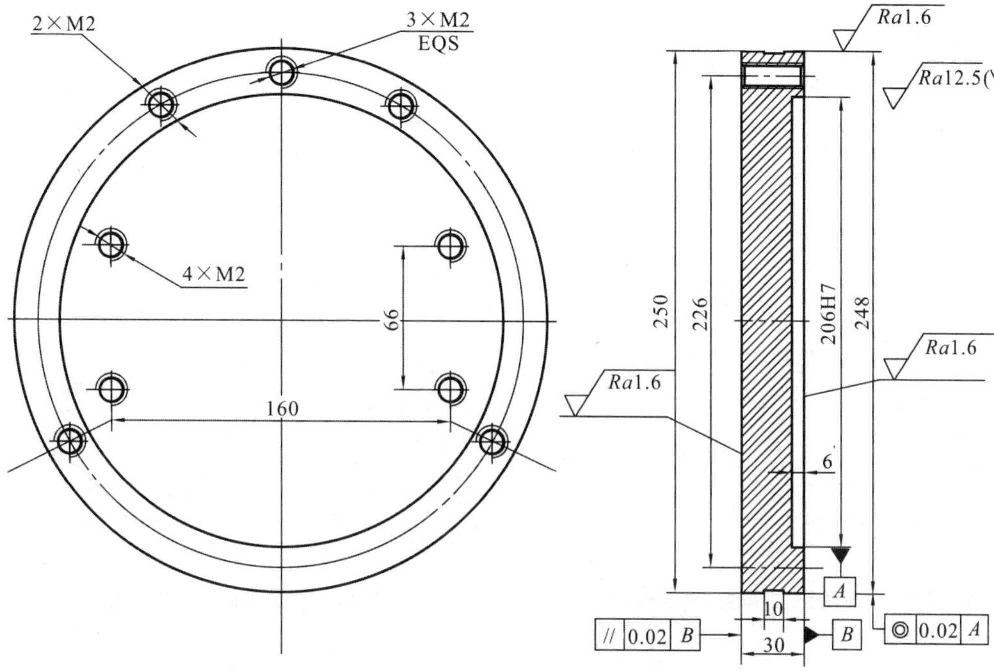

图 1-11　花盘夹具体

1.5　定位原理与定位元件

1.5.1　六点定位原理

任何一个物体在三维空间中均有六个自由度，如图 1-12 所示，即沿 x、y、z 轴的移动，以$\vec{x}$、$\vec{y}$、$\vec{z}$表示，及绕着 x、y、z 轴的转动，用$\overset{\frown}{x}$、$\overset{\frown}{y}$、$\overset{\frown}{z}$表示。其中$\vec{x}$、$\vec{y}$、$\vec{z}$称为沿 x、y、z 轴线方向的移动自由度；$\overset{\frown}{x}$、$\overset{\frown}{y}$、$\overset{\frown}{z}$称为绕 x、y、z 轴的转动自由度。

工件在夹具中有六个自由度，用合理分布的六个支承点限制工件的六个自由度，使工件在夹具中占有一个确定的位置，这就是“六点定位规则”，简称“六点定则”。工件的形状及加工要求不同，六个支承点的分布形式就不同。

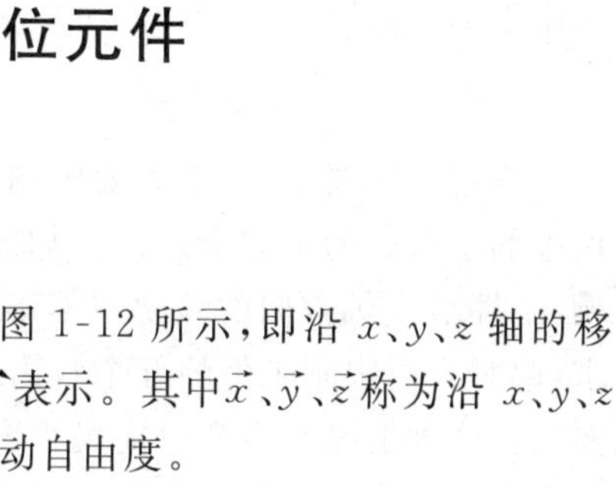

图 1-12　工件的六个自由度

图 1-13 所示为六面体类工件的六点定位情况。工件底面 A 安放在不处于同一直线上的三个支承点上，限制了工件的$\vec{z}$、$\overset{\frown}{x}$、$\overset{\frown}{y}$三个自由度；侧面 B 靠在两个支承点上，两点沿与 A 面平行方向布置，限制了工件的$\vec{x}$、$\overset{\frown}{z}$两个自由度；侧面 C 用一个支承点，限制

了工件的$\vec{y}$一个自由度，这样工件的六个自由度均被限制。工件在夹具中的位置就完全确定了。

图 1-14 所示为盘类工件的六点定位。底面用三个支承点限制$\vec{z}$、$\widehat{x}$、$\widehat{y}$三个自由度；圆周表面用两个支承点限制$\vec{x}$、$\vec{y}$两个自由度；槽的侧面用一个支承点限制$\widehat{z}$一个自由度。这样工件的位置已完全确定。

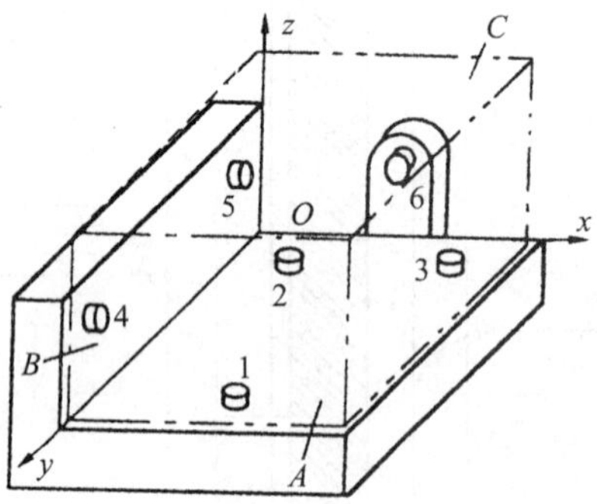

图 1-13　六面体类工件的六点定位

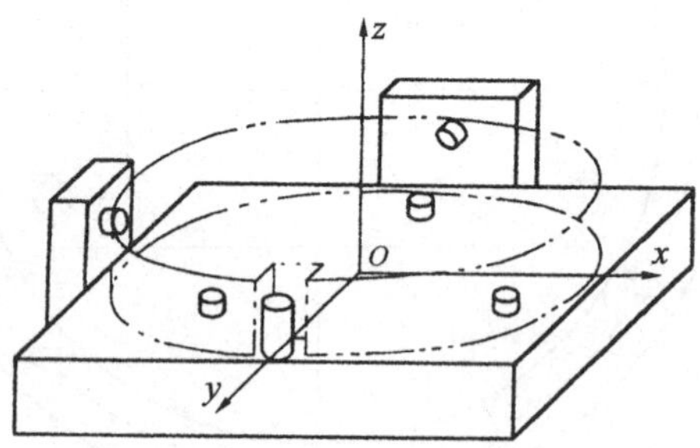

图 1-14　盘类零件的六点定位

1.5.2　定位方式

1.5.2.1　完全定位

用六个支承点限制工件的全部自由度，称为完全定位。图 1-13、图 1-14 所示都是完全定位的情况。

1.5.2.2　不完全定位

根据加工要求，并不需要限制工件全部六个自由度的定位称为不完全定位。如图 1-15 所示的通槽，工件沿 y 轴方向的移动并不影响通槽的加工要求，此时只需限制工件的五个自由度就可满足加工要求。这种情况在生产中应用很多，如工件装夹在电磁吸盘上磨削平面只需限制三个自由度，又如用三爪卡盘装夹工件车外圆，沿 y 轴的移动和绕 x 轴的转动不需要限制，只需要限制四个自由度。

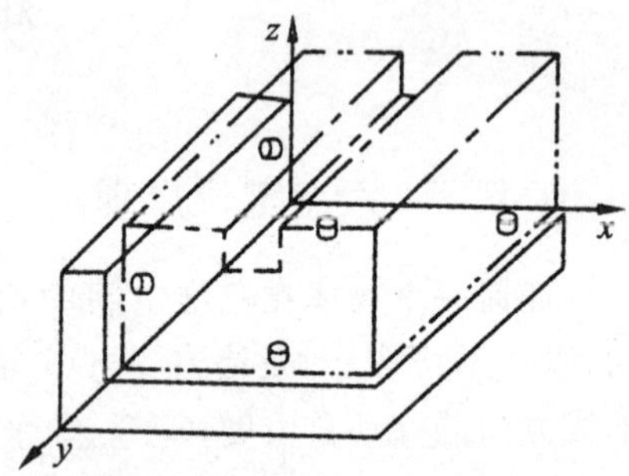

图 1-15　铣槽时的不完全定位

1.5.2.3　欠定位

按照加工要求应限制的自由度没有被限制的定位称为欠定位。在满足加工要求的前提下，采用不完全定位是允许的，但是欠定位是决不允许的。如图 1-16 所示，在工件上铣槽时，若 y 轴方向自由度不进行限制，则键槽沿工件轴线方向的尺寸 A 就无法保证。

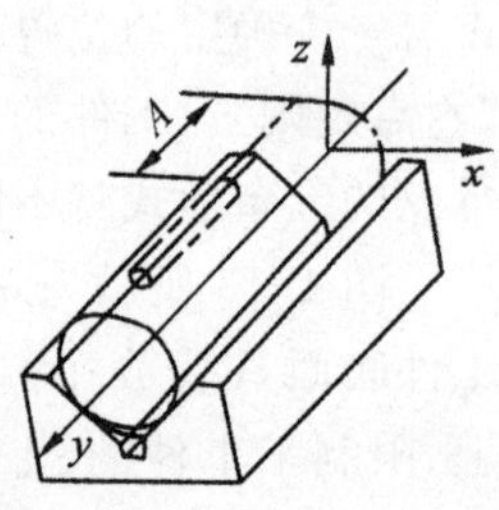

图 1-16　工件的欠定位

1.5.2.4　重复定位

工件上某一个自由度或某几个自由度被重复限制的定位称为重复定位。如图 1-17 所示，加工连杆大孔时在夹具中定位的情况为：连杆以长销 2、支承板 1 及挡销 3 进行定位，其中长销限制了$\vec{x}$、$\vec{y}$、$\overset{\frown}{x}$、$\overset{\frown}{y}$四个自由度；支承板限制了$\vec{z}$、$\overset{\frown}{x}$、$\overset{\frown}{y}$三个自由度；挡销 3 限制了$\overset{\frown}{z}$一个自由度，其中$\overset{\frown}{x}$、$\overset{\frown}{y}$被重复限定了。由于工件的端面和小头孔不可能绝对垂直，定位销 2 也不可能和支承板 1 绝对垂直，这样在夹紧工件时夹具的定位元件就可能产生变形，影响工件的加工精度。因此，为减少或消除重复定位造成的不良后果可采取以下措施：一是提高工件和夹具有关表面的位置精度；二是改变定位装置结构等。

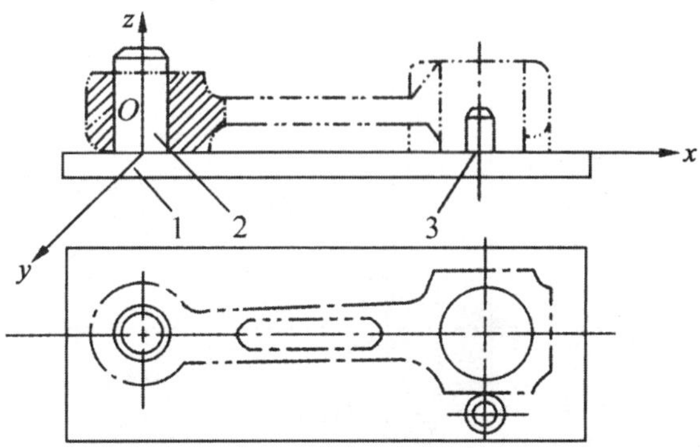

图 1-17　工件的重复定位

1—支承板　2—长销　3—挡销

1.5.3　定位元件

常用定位元件所能限制的工件自由度如表 1-7 所示。

表 1-7　　常用定位元件所能限制的自由度

工件的定位面	定位元件	图例	限制的自由度	定位元件	图例	限制的自由度
平面	一个支承钉	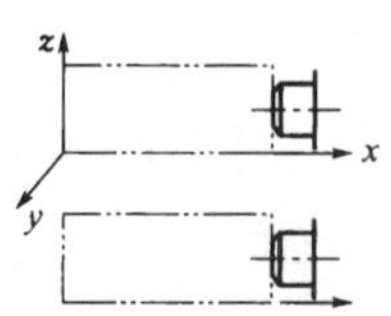	$\vec{x}$	三个支承钉	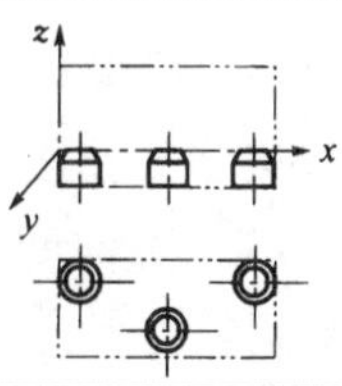	$\overset{\frown}{x}$、$\overset{\frown}{y}$、$\vec{z}$
	一块窄支承板(同两个支承钉)	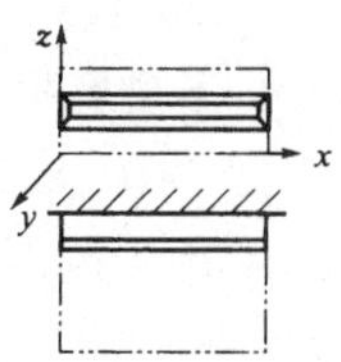	$\overset{\frown}{y}$、$\vec{z}$	两块窄支承板(同一块宽矩形板)	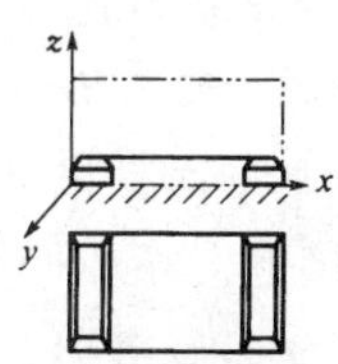	$\overset{\frown}{x}$、$\overset{\frown}{y}$、$\vec{z}$

续表

圆柱孔	短圆柱销	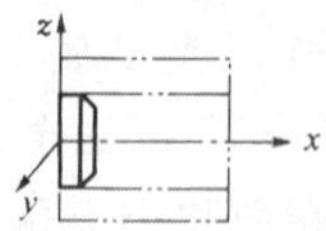	$\vec{y}$、$\vec{z}$	长圆柱销	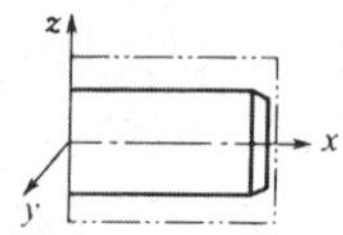	$\overset{\frown}{y}$、$\overset{\frown}{z}$、$\vec{y}$、$\vec{z}$
	圆锥销	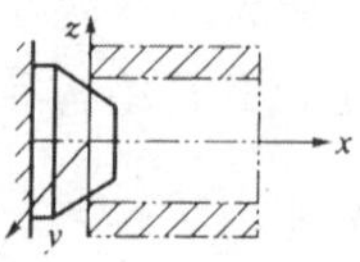	$\vec{x}$、$\vec{y}$、$\vec{z}$	固定锥销和活动锥销组合	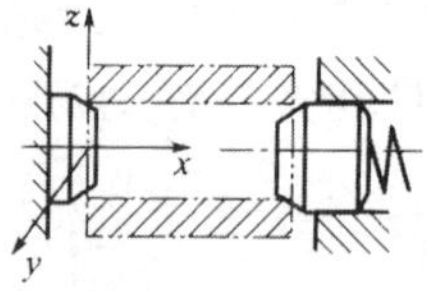	$\vec{x}$、$\vec{y}$、$\vec{z}$、$\overset{\frown}{y}$、$\overset{\frown}{z}$
	圆柱心轴	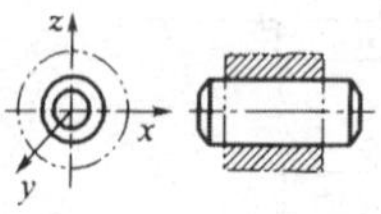	$\vec{x}$、$\vec{z}$、$\overset{\frown}{x}$、$\overset{\frown}{z}$	锥度心轴	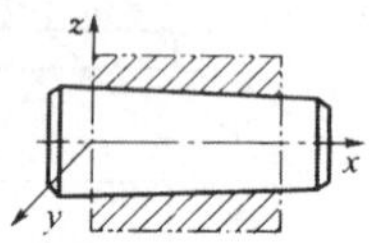	$\vec{x}$、$\vec{y}$、$\vec{z}$、$\overset{\frown}{y}$、$\overset{\frown}{z}$
外圆柱面	短V形块	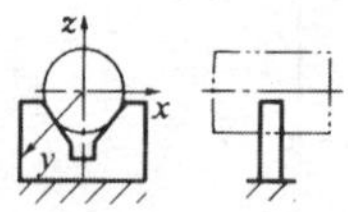	$\vec{x}$、$\vec{z}$	长V形块（同两个）短V形块	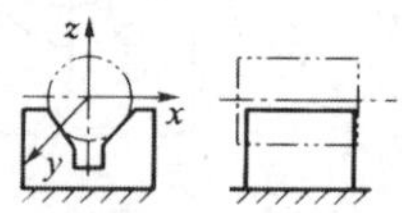	$\vec{x}$、$\vec{z}$、$\overset{\frown}{x}$、$\overset{\frown}{z}$
	短定位套	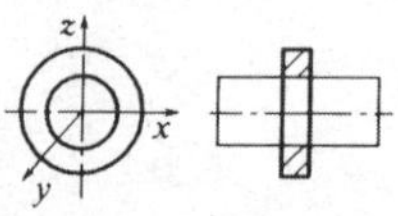	$\vec{x}$、$\vec{z}$	长定位套	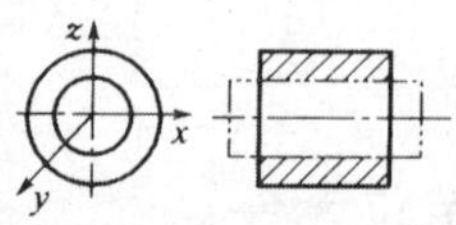	$\vec{x}$、$\vec{z}$、$\overset{\frown}{x}$、$\overset{\frown}{z}$
组合定位	小端面长心轴	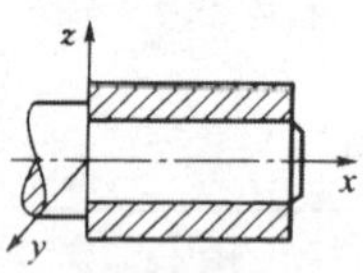	$\vec{x}$、$\vec{y}$、$\vec{z}$、$\overset{\frown}{y}$、$\overset{\frown}{z}$	一面两销	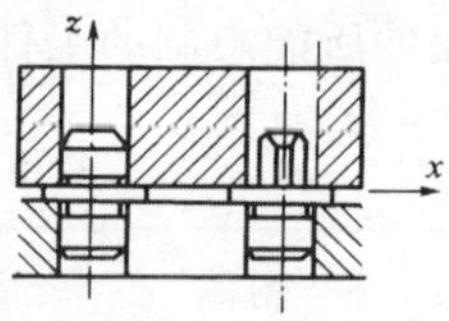	$\vec{x}$、$\vec{y}$、$\vec{z}$、$\overset{\frown}{x}$、$\overset{\frown}{y}$、$\overset{\frown}{z}$

1.5.3.1　工件以平面定位及其定位元件

平面定位的主要形式是支承定位。夹具上常用的定位元件有固定支承、调节支承、浮动支承和辅助支承等。除辅助支承外，其余均对工件起定位作用。

(1)固定支承

固定支承有支承钉(GB/T 2226-91)和支承板(GB/T 2236-91)。支承钉结构如图1-18所示。图1-18(a)所示为平头支承钉，与工件接触面积大，不易磨损，适用于已加工表面的定位；当定位基准面是粗糙不平的毛坯表面时，应采用图1-18(b)所示球头支承钉，因其与粗糙平面接触良好；图1-18(c)所示为齿纹头支承钉，常用于侧面定位，它能增大摩擦系数，防止工件受力后滑动。支承钉的应用如图1-19所示。

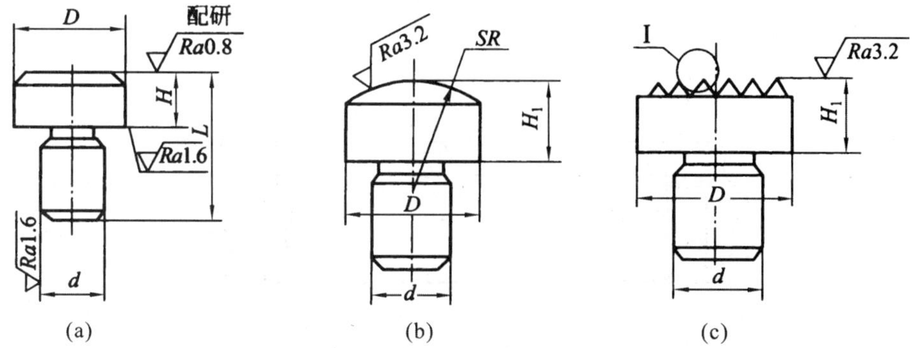

图 1-18　支承钉

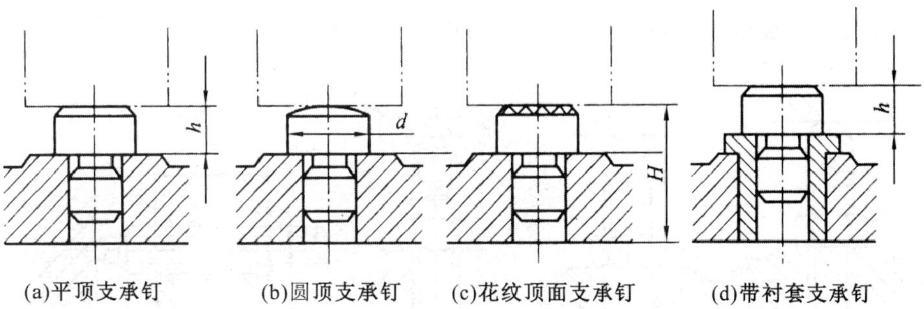

图 1-19　支承钉的应用

支承板如图 1-20 所示。图 1-20 (a)所示为 A 型光面支承板，结构简单，便于制造，但沉头螺钉处的积屑难于清除，宜作为侧面或顶面支承；图 1-20(b)所示为 B 型带有排屑槽的斜槽支承板，因易于清除切屑和容纳切屑，宜作为底面支承。

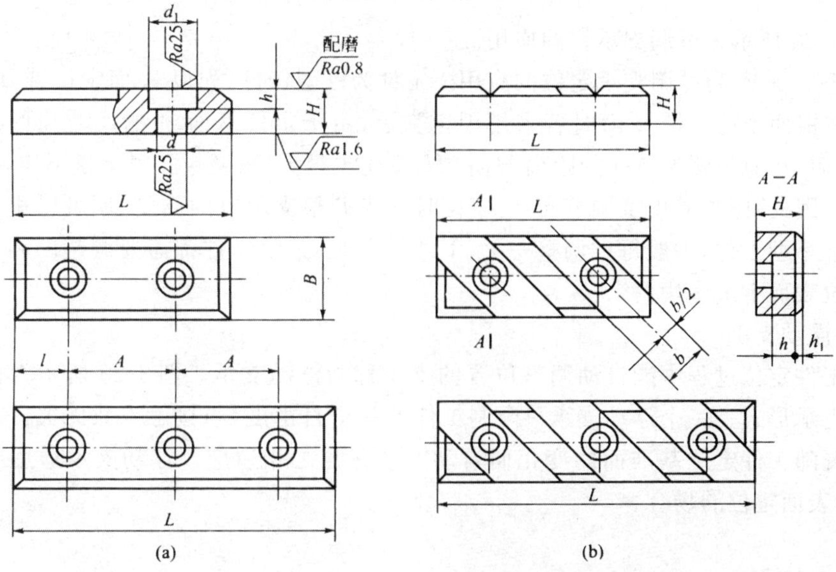

图 1-20　支承板

当几个支承钉或支承板在装配后要求等高时，可采用装配后一次磨削法，以保证它们在同一平面内，如图 1-21 所示。

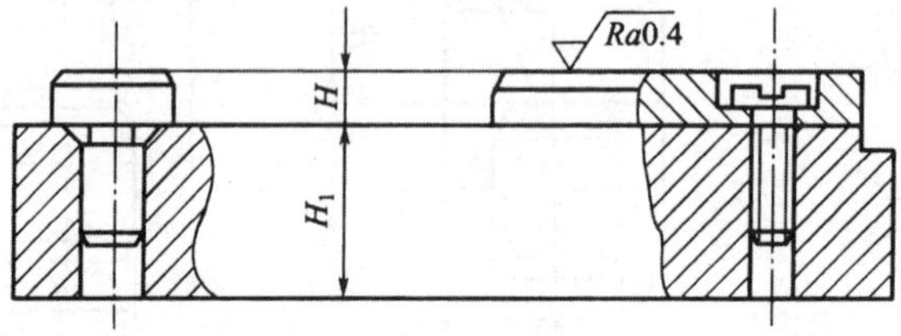

图 1-21　固定支承的等高要求

(2)可调支承(GB/T 2227-91～GB/T 2230-91)

在工件定位过程中，支承钉的高度需要调整时采用图 1-22 所示的可调支承。

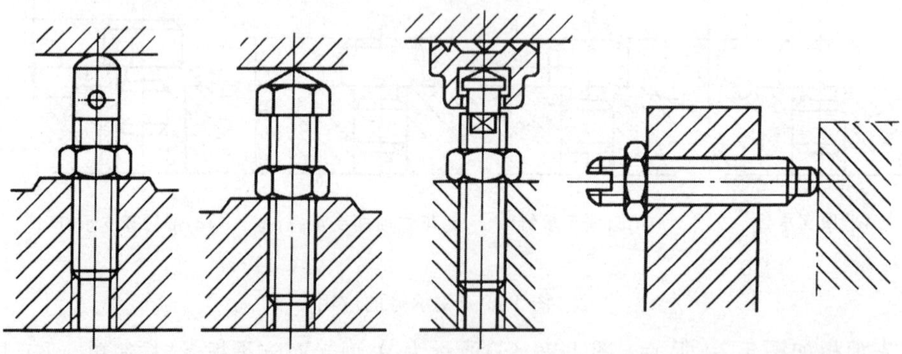

(a)球头可调支承　(b)锥头可调支承　(c)自位可调支承　(d)侧向可调支承

图 1-22　可调支承

图 1-23 所示为可调支承钉的应用。

图 1-24 所示为可调支承定位的应用。工件为砂型铸件，先以 A 面定位铣 B 面，再以 B 面定位镗两个孔。铣 B 面时若采用固定支承，由于定位基面 A 的尺寸和形状误差较大，铣完后，B 面与两毛坯孔的距离 H_1 和 H_2 变化也很大，致使镗孔时余量不均匀，甚至余量不够。因此，图中采用了调节支承，定位时适当调整支承钉的高度，便可以避免上述情况。对于小型工件，一般每批调整一次，工件较大时，常常每件都需要调整。调节支承在主要定位表面上最多用两个。

(3)浮动支承

在工件定位过程中能自动调整位置的支承称为浮动支承。图 1-25 所示为几种常见的自位支承形式。一个浮动支承只限制工件的一个自由度，与接触点数无关。浮动支承点的位置随工件定位基准面的变化而自动调节并与之相适应。浮动支承适用于毛坯表面、阶梯表面定位的场合。

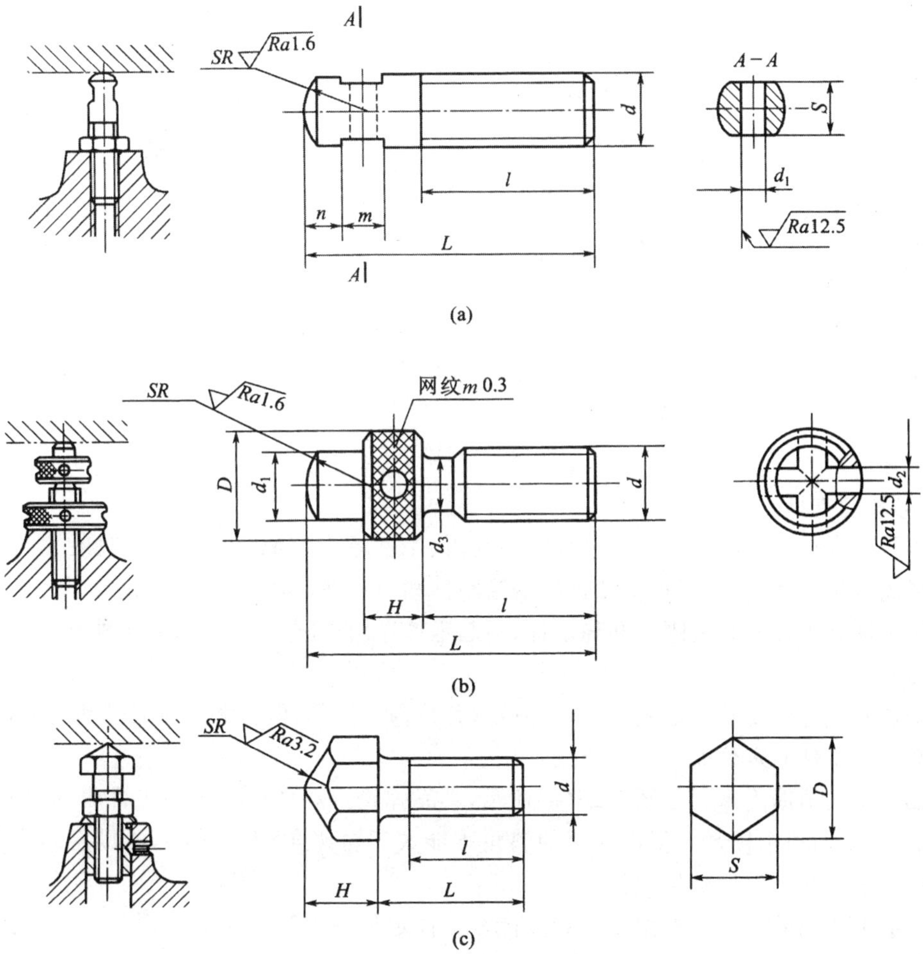

图 1-23　可调支承钉的应用

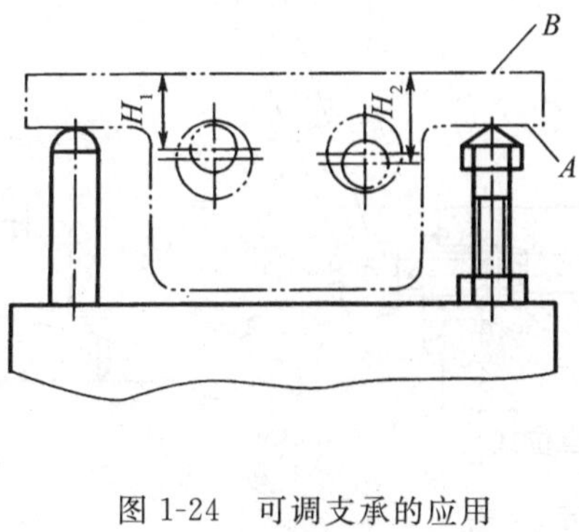

图 1-24　可调支承的应用

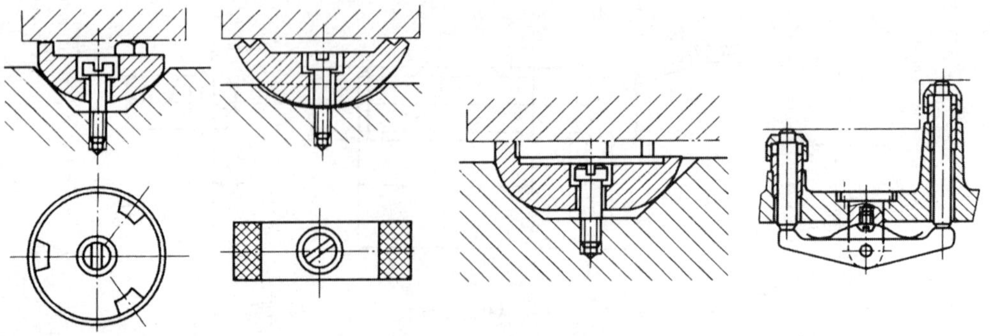

(a)球面式自位支承　(b)杠杆式自位支承　(c)三点式自位支承　(d)两点杠杆式自位支承

图 1-25　浮动支承

(4)辅助支承

生产中,由于工件形状以及夹紧力、切削力、工件重力等原因可能使工件在定位后产生变形或定位不稳定,为了提高工件的安装刚性和稳定性,常需要设置辅助支承。辅助支承是用来提高工件的装夹刚度和稳定性,不起定位作用。图 1-26 所示为几种常用的辅助支承类型。

①螺旋式辅助支承。如图 1-26(a)所示,其结构最简单,但在调节时需转动支承,这样可能会损伤工件的定位面。

②自位式辅助支承。如图 1-26(b)所示,其靠弹簧推动滑柱支承与工件表面接触,转动手柄,用斜面顶销锁紧。斜面顶销的斜角不能大于自锁角(7°～10°),否则会在锁紧时使滑柱支承顶起工件而破坏定位。

③推引式辅助支承。如图 1-26(c)所示,工件定位后,推动手柄,使滑柱与工件接触,然后转动手柄旋进螺纹使锥面将斜楔开槽锥孔胀开,而锁紧于孔内。斜楔的斜角一般可取 8°～10°,过小,则滑柱升程小;过大,则需较大的锁紧力。

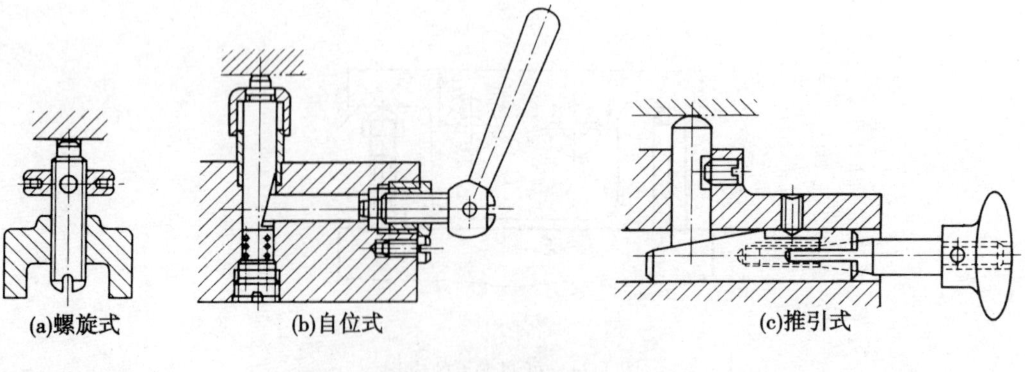

(a)螺旋式　(b)自位式　(c)推引式

图 1-26　辅助支承

1.5.3.2　工件以内孔定位及其定位元件

工件以内孔定位常用的定位元件有定位销、定位心轴、锥度心轴、圆锥销等。

(1)定位销

图 1-27 所示为固定式定位销(GB/T 2203-91),图 1-28 所示为可换式定位销(GB/T 2204-91)。A 型为圆柱销,B 型为菱形销,其尺寸如表 1-8 所示。在夹具体上应有沉孔,使定位销圆角部分沉入孔内而不影响定位。各种定位销限制的自由度如表 1-7 所示。

表 1-8　菱形销的尺寸　单位:mm

D	>3～6	>6～8	>8～20	>20～24	>24～30	>30～40	>40～50
B	$D-0.5$	$D-1$	$D-2$	$D-3$	$D-4$	$D-5$	
b_1	1	2	3			4	5
b	2	3	4	5		6	7

注:D 为用菱形销定位时孔的直径。

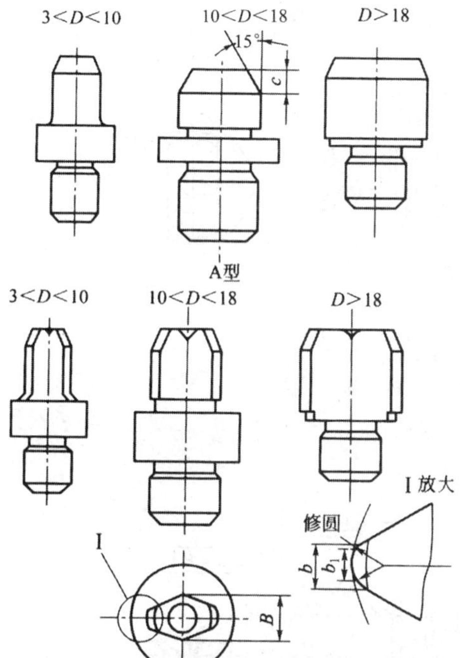

图 1-27　固定式定位销

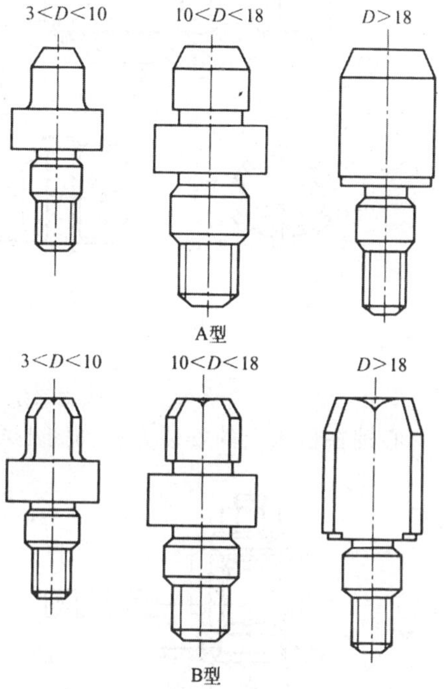

图 1-28　可换式定位销

(2)定位心轴

定位心轴是以外圆柱面定心、端面压紧来装夹工件的。图 1-29 所示为常用定位心轴的结构形式。图 1-29(a)所示为间隙配合心轴,故装卸工件方便,但定心精度低。工件常以孔与端面联合定位,因而要求工件定位孔与端面之间、心轴圆柱面与端面间都有较高的垂直度，且这种定位是重复定位，必须经过适当处理后才能使用。

图 1-29(b)所示为过盈配合心轴，由导向部分 1、工作部分 2 和传动部分 3 组成。导向部分的作用是使工件能迅速而正确地套入心轴。当工件定位孔的长径比 $L/D>1$ 时，心轴的工作部分应稍带锥度。这种心轴制造简单，定心精度高，不用另设夹紧装置，但装卸工件不便，易损伤定位孔，多用于定心精度要求高的精加工。

图 1-29(c)所示是花键心轴，用于加工以花键孔定位的工件。

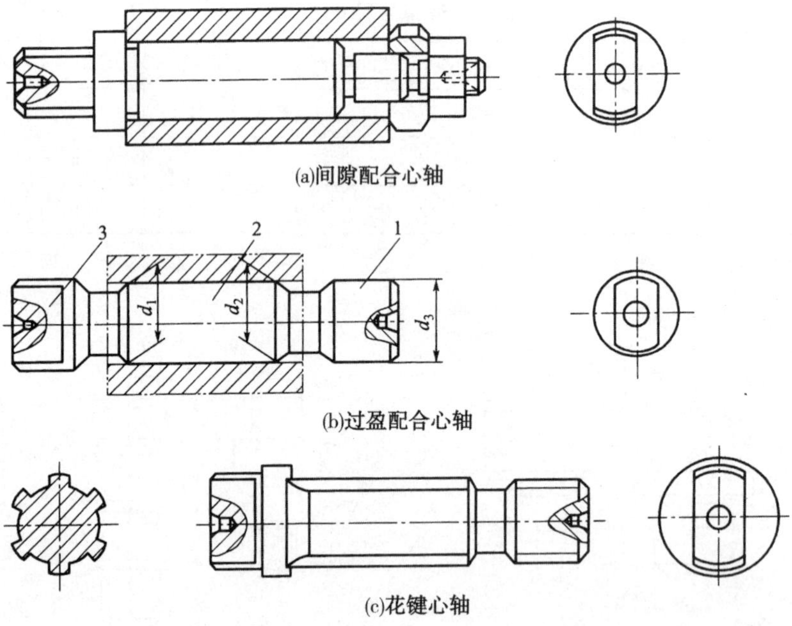

图 1-29　定位心轴

1—导向部分　2—工作部分　3—传动部分

心轴在机床上的安装方式如图 1-30 所示。

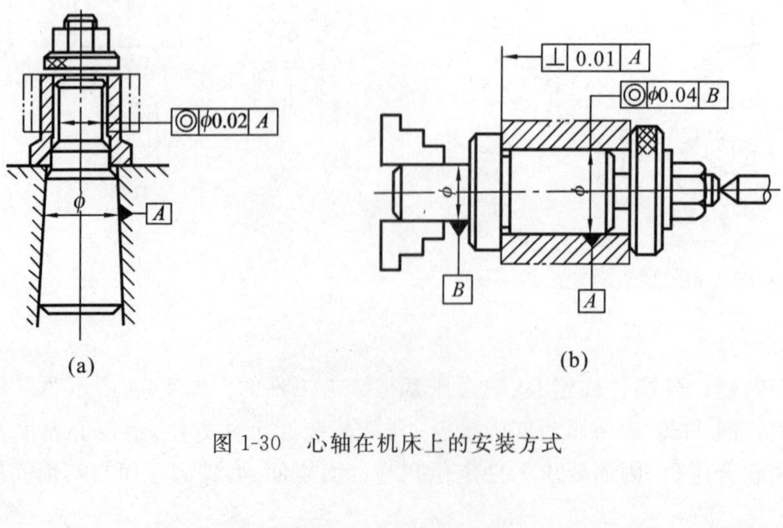

图 1-30　心轴在机床上的安装方式

(3)锥度心轴

图 1-31 所示为锥度心轴，它靠工件定位圆孔与心轴圆柱面的弹性变形夹紧工件。对定心精度要求很高的心轴，锥度可按表 1-9 选取。这种定位方式的定心精度较高，同轴度可达ϕ0.005～ϕ0.01mm，但其轴向位移量较大，适用于工件定位孔精度不低于 IT7 的精车或磨削加工，不能加工端面。一般锥度心轴能限制五个自由度，如图 1-32 所示。

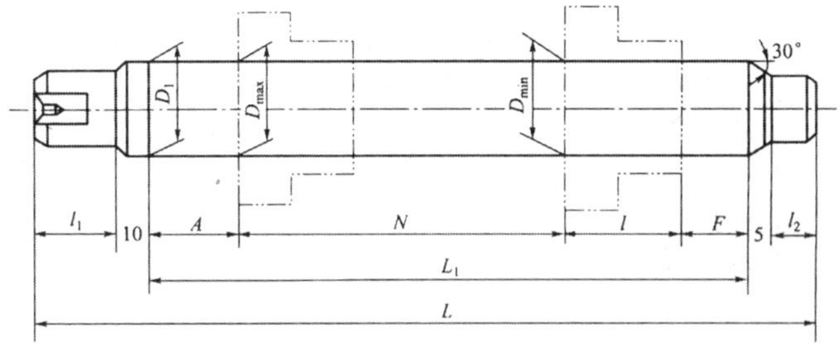

图 1-31　锥度心轴

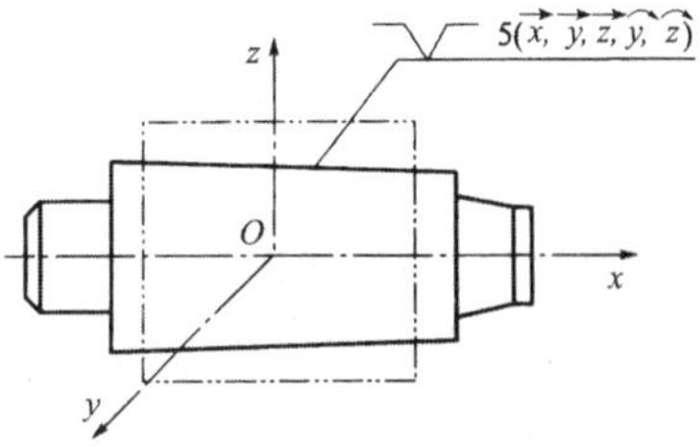

图 1-32　锥度心轴所限制的自由度

表 1-9　高精度心轴锥度推荐值

工件定位孔直径 D(mm)	8～25	25～50	50～70	70～80	80～100	>100
锥度	1∶250D	1∶200D	1∶150D	1∶125D	1∶100D	1∶10000

(4)圆锥销

图 1-33 所示为工件的孔在圆锥销上定位的方式，它限制了工件的$\vec{x}$、$\vec{y}$、$\vec{z}$三个自由度。图 1-33(a)用于粗基准，图 1-33(b)用于精基准。

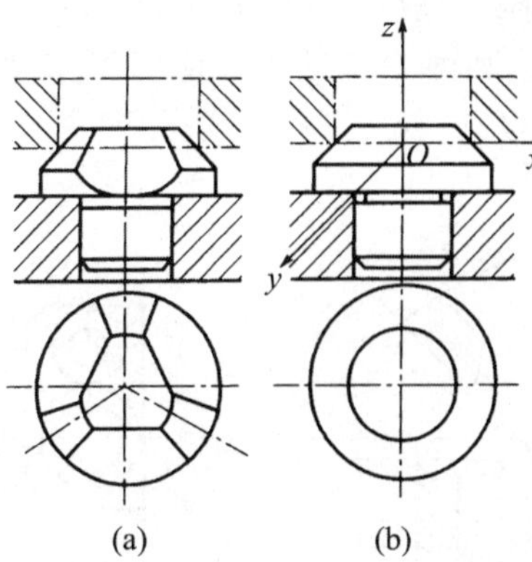

图 1-33　圆锥销定位

工件以单个圆锥销定位时容易倾斜，故应和其他定位元件组合定位，如图 1-34 所示。图 1-34(a)为圆锥—圆柱组合心轴，锥度部分使工件准确定心，由于锥度较大，故轴向位置变化不大，而较长的圆柱部分，却可减小工件的倾斜。图 1-34(b)以工件的底面为主要定位基准，定位锥体做成活动式，工件的孔径虽有变化，但不会出现倾斜。图 1-34(c)为工件在双圆锥销上定位。以上三种组合定位方式，均限制了工件的五个自由度。

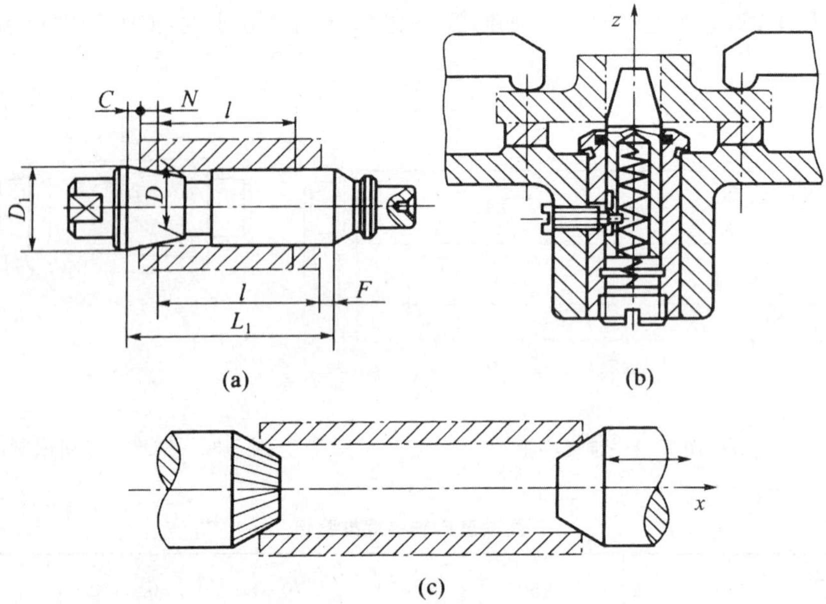

图 1-34　圆锥销组合定位

1.5.3.3　工件以外圆柱面定位及定位元件

以外圆柱面定位常用的定位元件有 V 形块、定位套、半圆套和圆锥套等。

(1) V 形块

V 形块两斜面间的夹角 α，一般选用 60°、90°和 120°，以 90°应用最广。90° V 形块的典型结构和尺寸均已标准化，如图 1-35 所示。使用 V 形块定位的特点是对中性好，可用于非完整外圆表面定位。

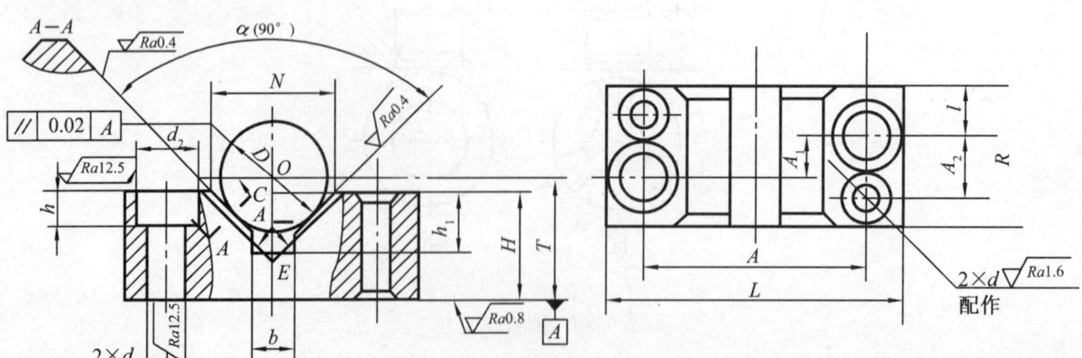

图 1-35　V 形块

V 形块有长短之分,长 V 形块(或两个短 V 形块的组合)限制工件的四个自由度,而短 V 形块一般只限制两个自由度,如图 1-36 所示。

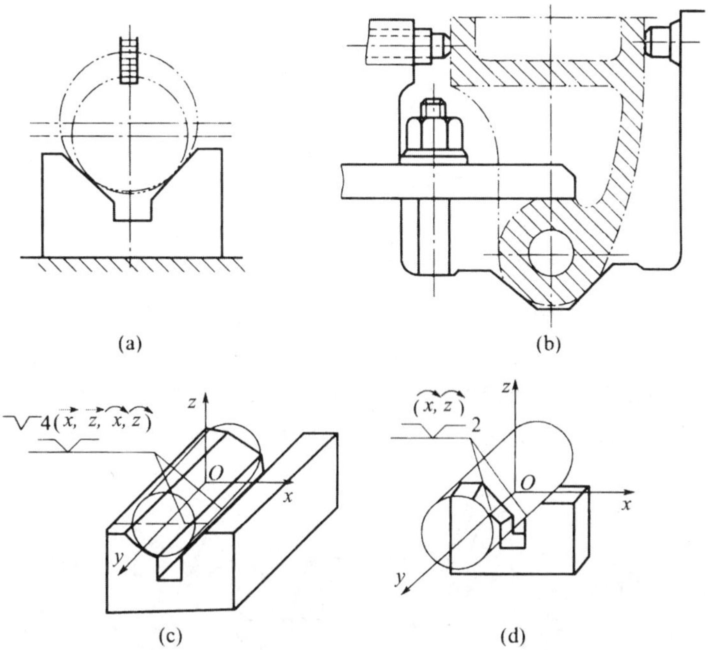

图 1-36　V 形块的定位及应用

V 形块又有固定和活动之分,活动 V 形块在可移动方向上对工件不起定位作用,如图 1-37 所示。

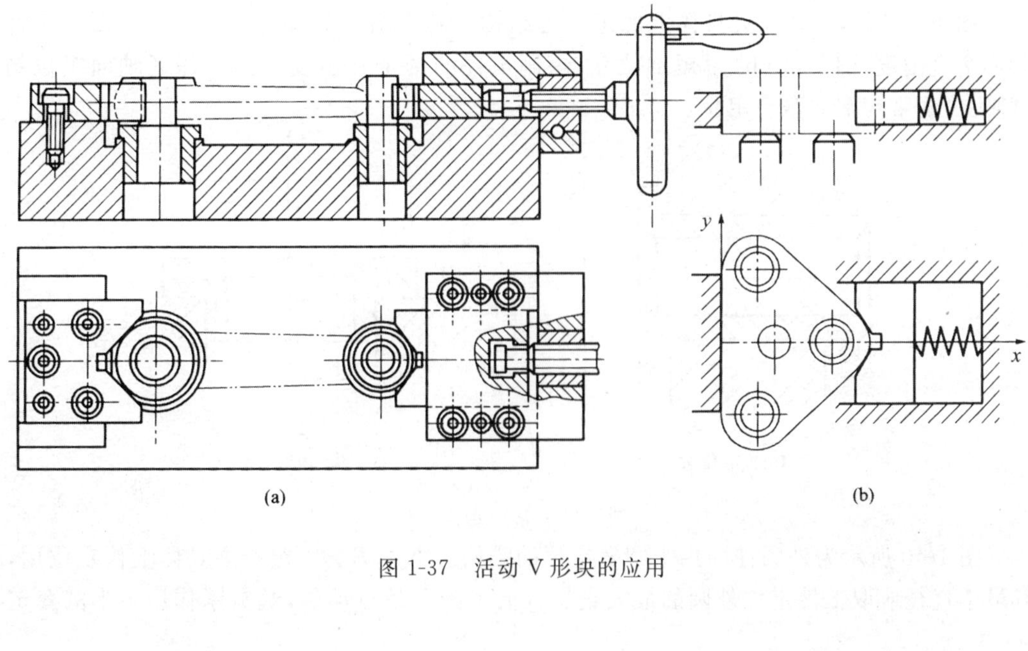

图 1-37　活动 V 形块的应用

V 形块在夹具中的安装尺寸 T 是 V 形块的主要设计参数，该尺寸常用作 V 形块检验和调整的依据，由图 1-35 可以求出：

$$T=H+\frac{1}{2}\left(\frac{D}{\sin\frac{\alpha}{2}}-\frac{N}{\tan\frac{\alpha}{2}}\right)$$

式中：D——V 形块的设计心轴直径(mm)；

N——V 形块的开口尺寸(mm)；

T——V 形块理论圆的中心高度尺寸(mm)；

H——V 形块的高度(mm)；

α——V 形块的两限位基面间的夹角(°)。

常用的 V 形块结构如图 1-38 所示。图 1-38(a)用于较短的精基面定位；图 1-38(b)适用于粗基准或阶梯轴的定位；图 1-38(c)适用于长的精基面或两段基准面相距较远的轴定位；图 1-38(d)适用于直径和长度较大的重型工件，其 V 形块采用铸铁底座镶淬硬的支承板或硬质合金的结构，以减少磨损，提高寿命和节省钢材。

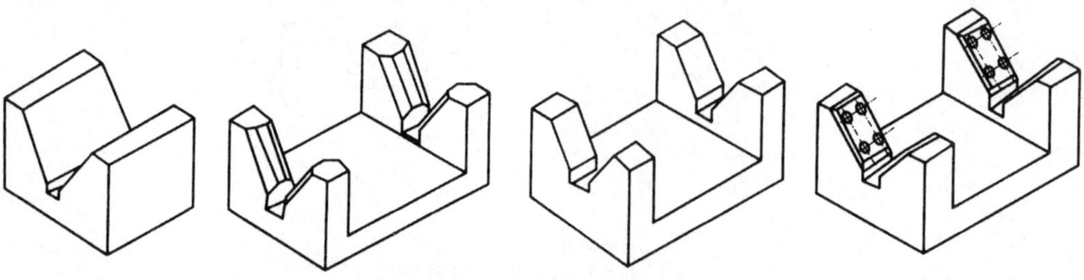

(a)　(b)　(c)　(d)

图 1-38　V 形块结构

(2)定位套

图 1-39 所示为装在夹具体上的定位套结构。其中图 1-39(a)为长定位套，限制工件的四个自由度；图 1-39(b)为短定位套，限制工件的两个自由度。为了保证轴向定位精度，定位套常与端面联合定位。

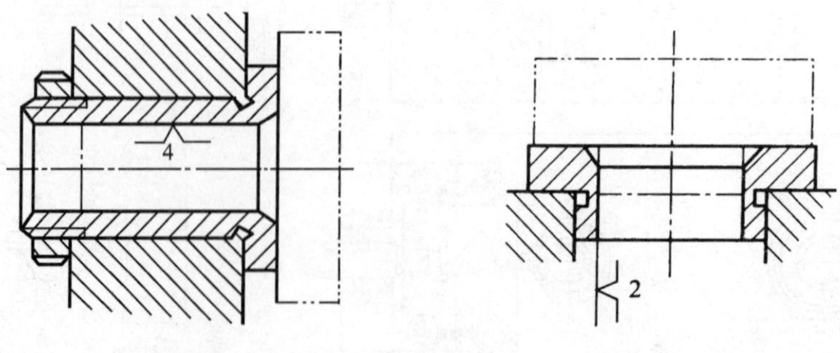

(a)长定位套　(b) 短定位套

图 1-39　常用定位套

图 1-40 所示为外圆柱面用半圆套定位的结构。下半圆套固定在夹具体上作定位用，其最小直径应取工件定位外圆的最大直径。上半圆套是可动的，起夹紧作用。半圆套定

位的优点是夹紧力均匀，装卸工件方便，故常用于曲轴等不适合以整圆定位的大型轴类零件的定位。

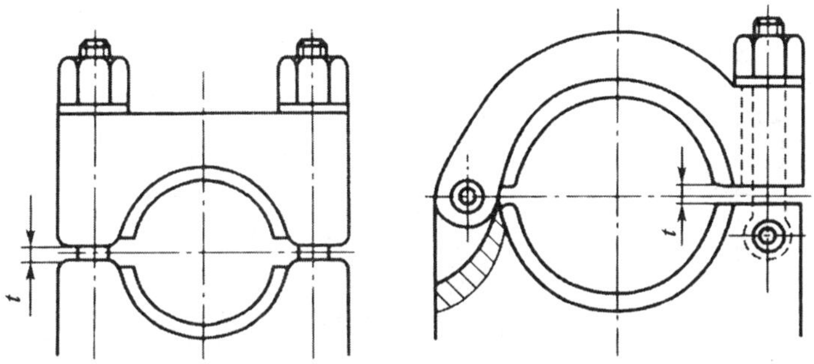

图 1-40　半圆套定位装置的结构形式

(3)圆锥套

图 1-41 所示为通用的外拔顶尖(GB/T 12880-91)，工件以圆柱面的端部在外拔顶尖的锥孔中定位，锥孔中有齿纹，以便带动工件旋转。顶尖体的锥柄部分插入机床主轴孔中。

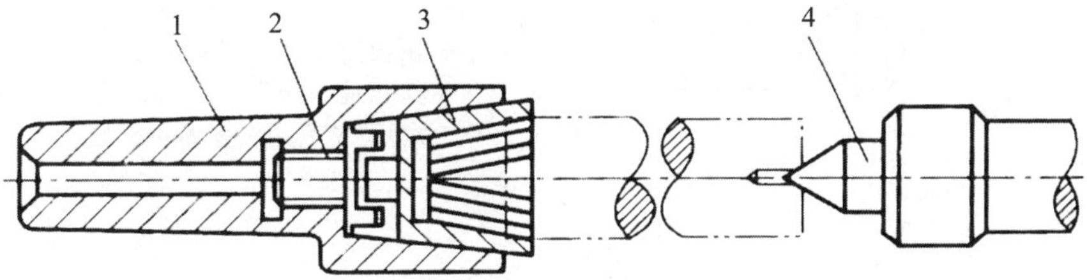

图 1-41　工件在外拔顶尖的锥孔中定位

1—顶尖体　2—螺钉　3—圆锥套　4—后顶尖

1.5.4　常用定位元件的选用

常用定位元件选用时，应按照工件的定位方法和定位元件的结构、形状、尺寸及布置形式等特点进行选择。常用定位元件的选用主要取决于工件的加工要求、工件的定位基准和外力的作用状况等因素。

工件以平面定位时定位元件的选用如表 1-10 所示。

表 1-10　　工件以平面定位时定位元件的选用表

类型	名称	简图	工作特点及使用说明
主要支承	支承钉	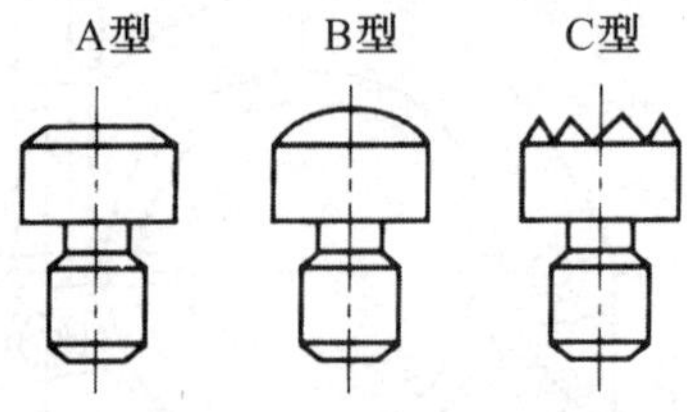	A 型用于精基准，B 型用于粗基准，C 型用于侧面定位。支承钉与夹具体孔的配合为 H7/r6 或 H7/n6。若支承钉需经常更换时可加衬套，其外径与夹具体孔的配合也为 H7/r6 或 H7/n6，内径与支承钉的配合为 H7/js6。使用几个 A 型支承钉时，装配后应磨平工作表面，以保证等高性
	支承板	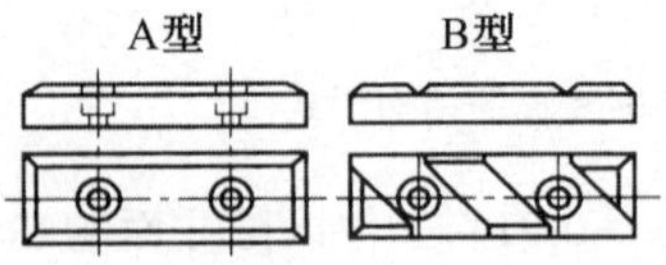	适用于精基准。A 型用于侧面和顶面定位，B 型用于底面定位。支承板用螺钉紧固在夹具体上。若受力较大或支承板有移动趋势时，应增加圆锥销或将支承板嵌入夹具体槽内。采用两个以上支承板定位时，装配后应磨平工作表面，以保证等高性
	调节支承	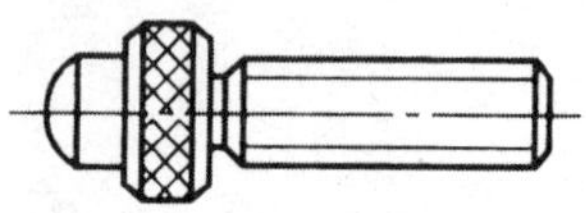	适用于毛坯（如铸件）分批制造，其形状和尺寸变化较大的粗基准定位，也可用于同一夹具加工形状相同而尺寸不同的工件，或用于专用可调夹具和成组夹具中。在一批工件加工前调整一次，调整后用锁紧螺母锁紧
	自位支承	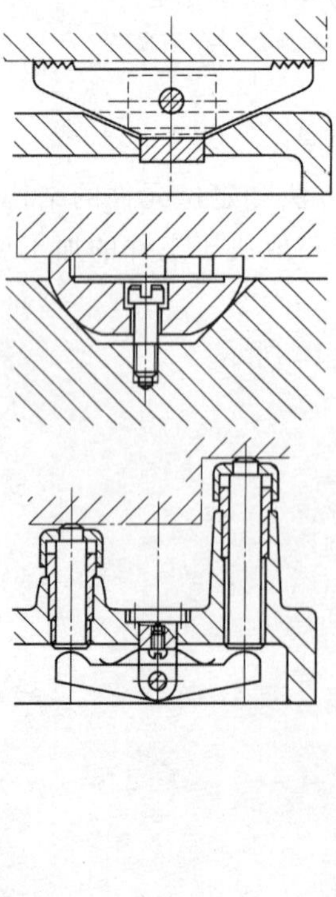	支承本身在定位过程中所处的位置，随工件定位基准面位置的变化而自动与之适应，其作用相当于一个固定支承，只限制一个自由度。由于增加了与定位基准面接触的点数，故可提高工件的安装刚性和稳定性。适用于工件以粗基准定位或刚性不足的场合

续表

辅助支承	螺旋式辅助支承	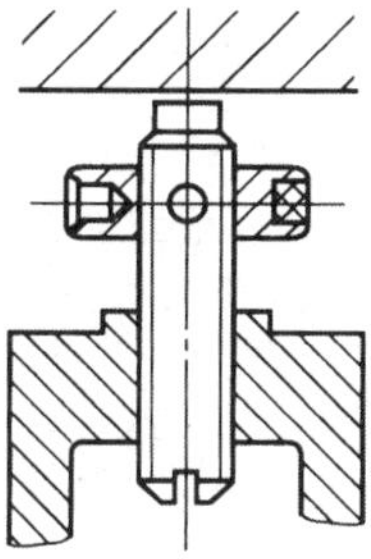	用于提高工件的安装刚性和定位的稳定性，不起约束自由度的作用。使用时必须逐个工件进行调整，以适应工件支承表面的位置变化。结构简单，但效率较低
	自位式辅助支承	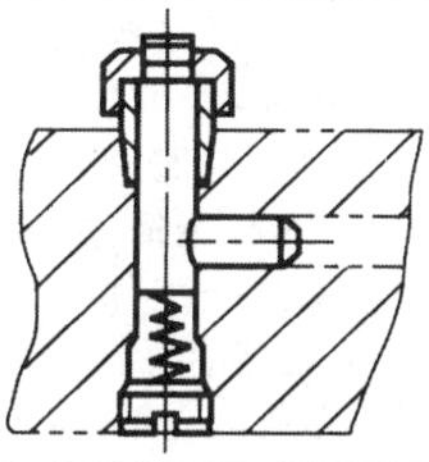	支承销的高度高于主要支承，当工件安装在主要支承上后，支承销被工件定位基准面压下，并与其他主要支承一起与工件定位基准面保持接触，然后锁紧。适用于工件重量较轻，垂直作用的切削负荷较小的场合
	推引式辅助支承	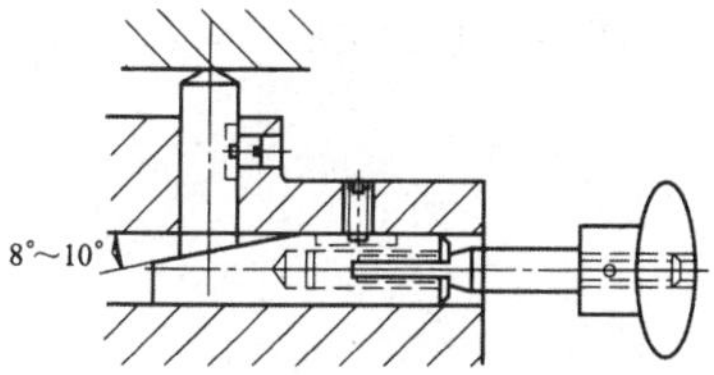	支承销的高度高于主要支承，当工件安装在主要支承上后，推动支承销与工件定位基准面接触，然后锁紧。适用于工件重量较重，垂直作用的切削负荷较大的场合。斜面角为 8°～10°

工件以圆柱孔定位时定位元件的选用如表 1-11 所示。

表 1-11　工件以圆柱孔定位时定位元件的选用表

类型	简图	工作特点及使用说明
定位销	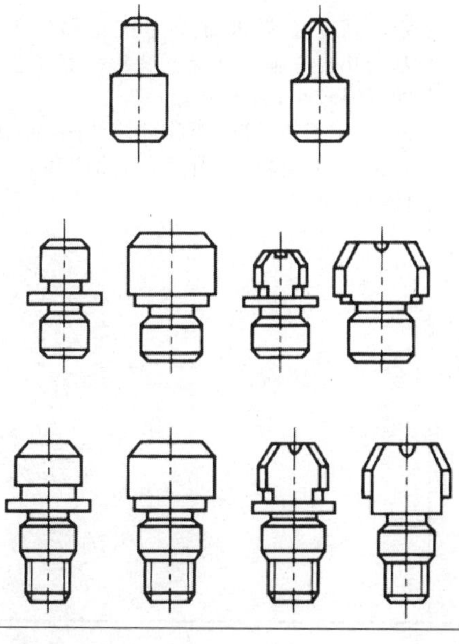	当工作部分直径 D 小于 3mm 时采用小定位销，夹具体上应有沉孔，使定位销圆角部分沉入孔内而不影响定位。大批量生产时，应采用可换定位销。工作部分的直径，可根据工件的加工要求和安装方便，按 g5、g6、f6、f7 制造，与夹具体的配合为 H7/r6 或 H7/n6，衬套外径与夹具体的配合为 H7/n6，其内径与定位销的配合为 H7/h6 或 H7/h5。当采用工件上孔与端面组合定位时，应该加上支承垫板或支承垫圈

续表

定位心轴	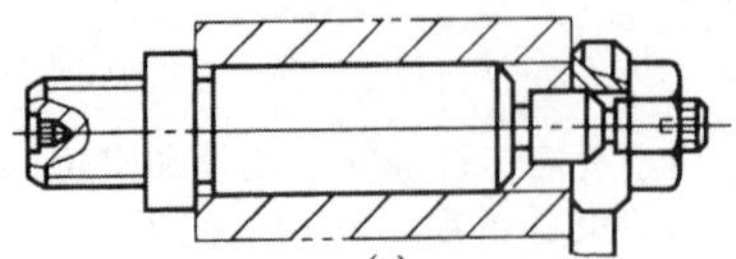 (a) 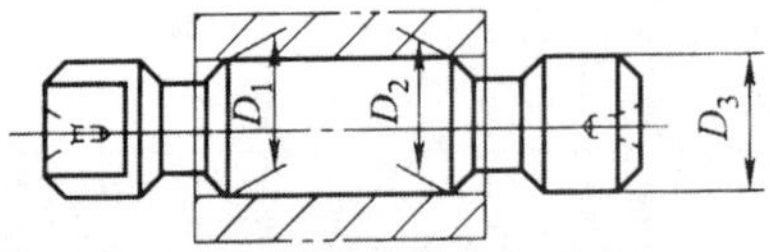 (b) 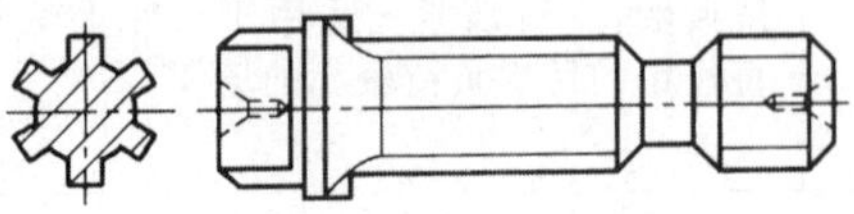 (c)	图(a)为间隙配合心轴。心轴工作部分按基轴制 h6、g6 或 f7 制造。装卸工件较方便，但定心精度不高 图(b)为过盈配合心轴。引导部分直径 D_3 按 e8 制造，其基本尺寸为基准孔的最小极限尺寸，其长度约为基准孔长度的一半。工作部分直径按 r6 制造，其基本尺寸为基准孔的最大极限尺寸。当工件基准孔的长径比 $L/D>1$ 时，心轴的工作部分应稍带锥度，直径 D_1 按 r6 制造，其基本尺寸为孔的最大极限尺寸，直径 D_2 按 r6 制造，其基本尺寸为基准孔的最小极限尺寸，心轴上的凹槽供车削工件端面时退刀用。这种心轴制造简便，定心准确，但装卸工件不便，且易损伤工件定位孔，多用于定心精度要求较高的场合 图(c)为花键心轴，用于以花键孔为定位基准的工件 根据工件的不同定心方式确定心轴的结构
锥度心轴	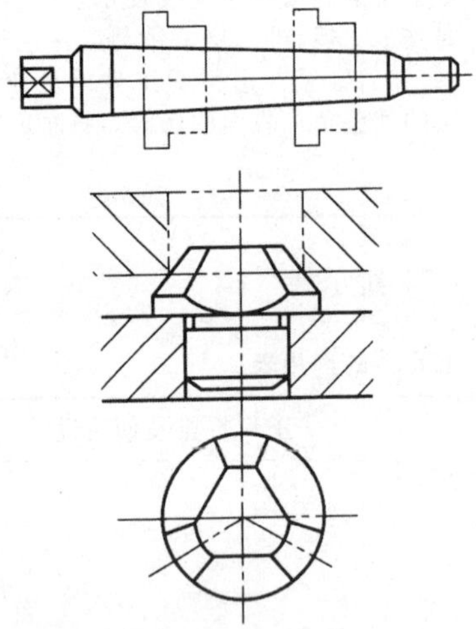 (a) 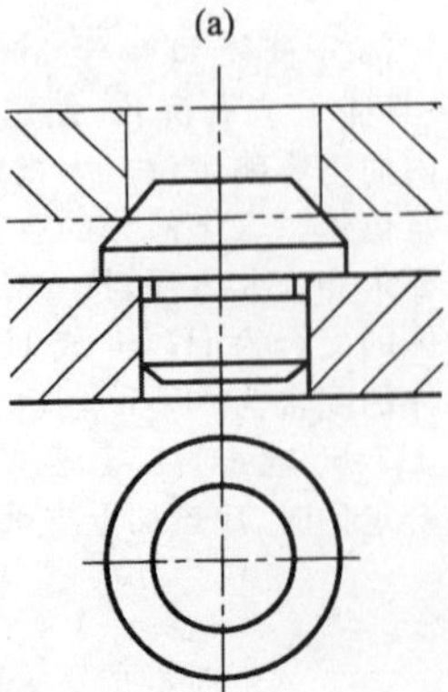 (b)	定心精度较高，但轴向基准位移较大，由于靠基准孔与心轴表面弹性变形夹紧工件，故传递的扭矩较小，适用于精加工 图(a)用于粗基准，图(b)用于精基准，工件以单个圆锥销定位时容易倾斜，故应和其他定位元件组合定位

1.5.5　定位元件的尺寸规格

定位元件的设计，应按照国家标准(GB/T)和机械行业标准(JB/T)执行。常用定位元件的标准如下：

1.5.5.1　定位销

(1)小定位销(JB/T 8014.1-1999)

小定位销的结构、技术要求和尺寸规格如表 1-12 所示。

表 1-12　　小定位销的结构、技术要求和尺寸规格　　单位：mm

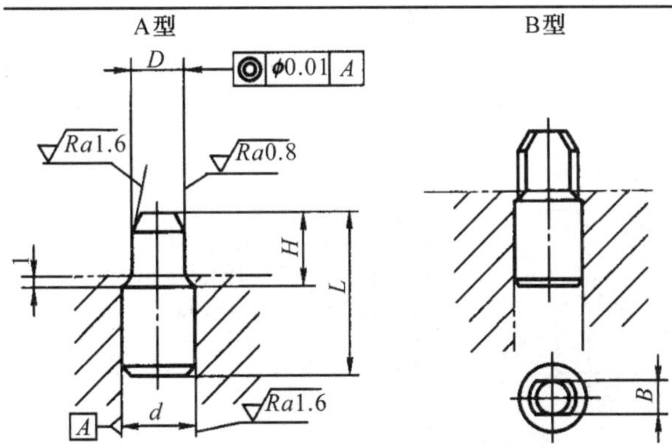

技术条件：
1.材料：T8A按GB/T 1298的规定。
2.热处理：55～60HRC。
3.其他技术条件按JB/T 8044的规定。

标记示例：
D=2.5mm、公差带为f7的A型小定位销
定位销　A2.5 f7　JB/T 8014.1-1999

Ra12.5(√)

D	*H*	*d*		*L*	*B*
		基本尺寸	极限偏差 r6		
1～2	4	3	+0.016 −0.010	10	*D*−0.3
>3～5	5	5	+0.023 −0.015	12	*D*−0.6

注：*D* 的公差带按设计要求决定。

(2)固定式定位销(JB/T 8014.2-1999)

固定式定位销的结构、技术要求和尺寸规格如表 1-13 所示。

表 1-13　　固定式定位销的结构、技术要求和尺寸规格　　单位:mm

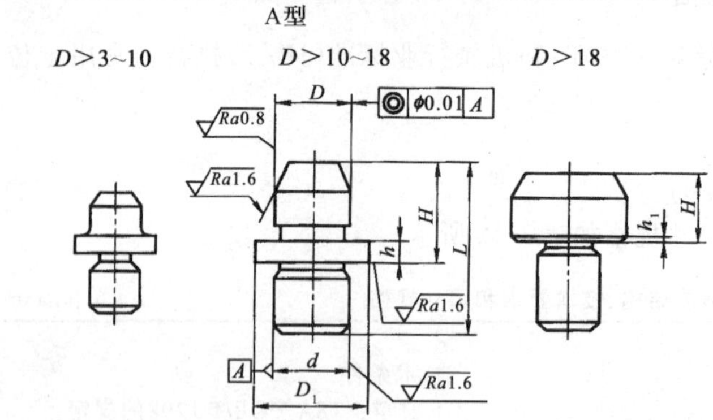

技术条件:

1.材料：D≤18mm时,T8按GB/T1298的规定;D>18mm时,20钢按GB/T 699的规定。

2.热处理：T8为55~60HRC;20钢渗碳深度为0.8~1.2mm,55~60HRC。

3.其他技术条件按JB/T 8044的规定。

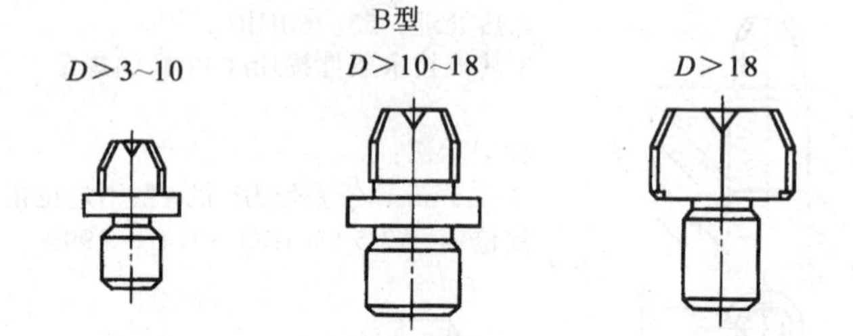

标记示例:

D=11.5mm、公差带为f7、H=14mm的A型固定式定位销:

定位销　A11.5 f7 × 14JB/T 8014.2-1999

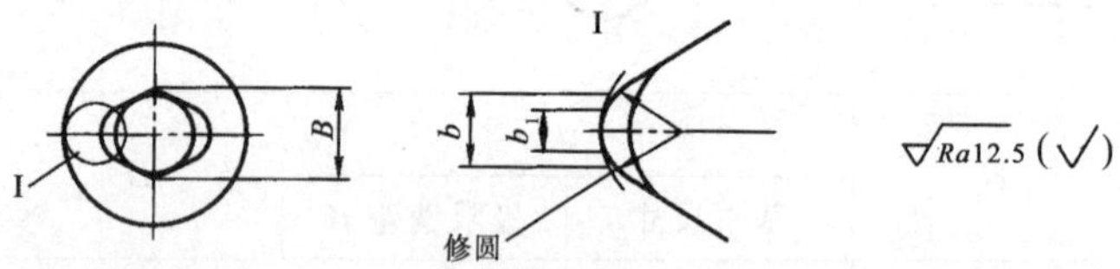

D	H	d 基本尺寸	d 极限偏差 r6	D	L	h	h_1	B	b	b_1
>3～6	8	6	+0.023 +0.015	12	16	3		D−0.5	2	1
	14				22	7				
>6～8	10	8	+0.028 +0.019	14	20	3		D−1	3	2
	18				28	7				
>8～10	12	10		16	24	4		D−2	4	3
	22				34	8				
>10～14	14	12	+0.034 +0.023	18	26	4				
	24				36	9				
>14～18	16	15		22	30	5				
	26				40	10				
>18～20	12	12			26		1			
	18				32					
	28				42					
>20～24	14	15			30		2	D−3	5	
	22				38					
	32				48					
>24～30	16				36			D−4		
	25				45					
	34				54					
>30～40	18	18	+0.041 +0.028		42		3	D−5	6	4
	30				54					
	38				62					
>40～50	20	22			50				8	5
	35				65					
	45				75					

注:D 的公差带按设计要求决定。

(3)可换定位销(JB/T 8014.3-1999)

可换定位销的结构、技术要求和尺寸规格如表1-14所示。

表1-14　可换定位销的结构、技术要求和尺寸规格　单位:mm

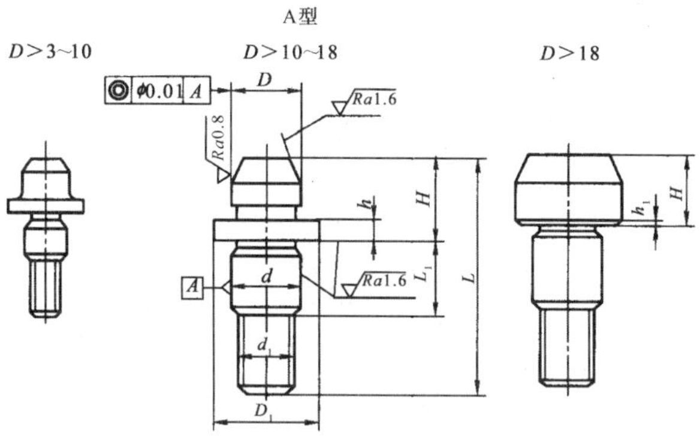

技术条件:

1.材料:$D\leqslant18$mm时,T8按GB/T 1298的规定;$D\leqslant18$mm时,20钢按GB/T 699的规定。

2.热处理:T8为55~60HRC;20钢渗碳深度为0.8~1.2mm,55~60HRC。

3.其他技术条件按JB/T 8044的规定。

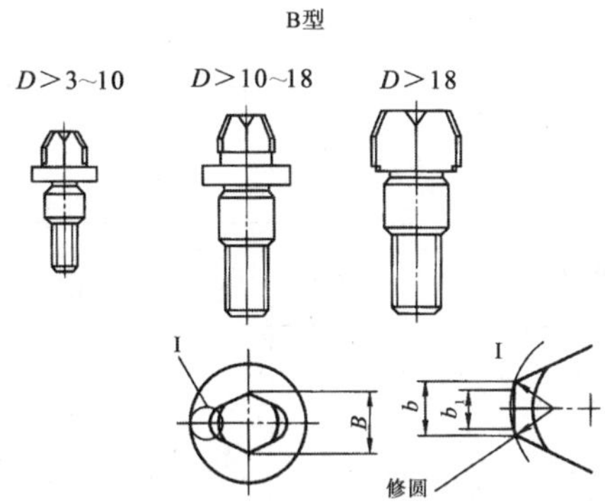

标记示例:

D=11.5mm、公差带为f7、H=14mm的A型可换定位销:

定位销　A12.5 f7×14　JB/T 8014.3-1999

$\sqrt{Ra12.5}$ (√)

D	H	d 基本尺寸	d 极限偏差 h6	d_1	D_1	L	L_1	h	h_1	B	b	b_1
>3~6	8	6	0 −0.008	M5	12	26	8	3		D−0.5	2	1
	14					32		7				
>6~8	10	8	0 −0.009	M6	14	28		3		D−1	3	2
	18					36		7				
>8~10	12	10		M8	16	35	10	4		D−2	4	3
	22					45		8				
>10~14	14	12	0 −0.011	M10	18	40	12	4				
	24					50		9				
>14~18	16	15		M12	22	46	14	5				
	26					56		10				
>18~20	12	12		M10		40	12		1			
	18					46						
	28					55						
>20~24	14	15		M12		45	14		2	D−3	5	
	22					53						
	32					63						
>24~30	16					50	16			D−4		
	25					60						
	34					68						
>30~40	18	18	0 −0.013			60	20		3	D−5	6	4
	30			M16		72						
	38					80						
>40~50	20	22				70	25				8	5
	35			M20		85						
	45					95						

注:D的公差带按设计要求决定。

(4)定位衬套

定位衬套的结构形式和尺寸规格如表 1-15 所示。

表 1-15　　　　定位衬套的结构形式和尺寸规格　　　　单位:mm

A型

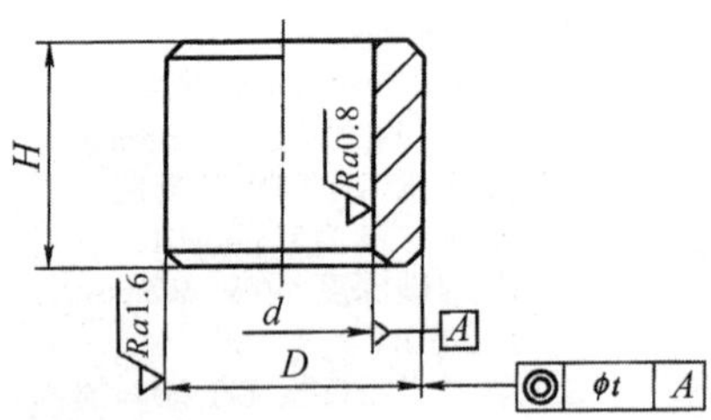

B型

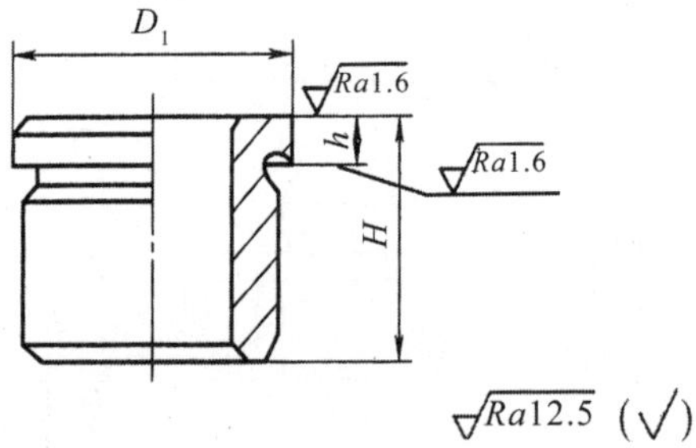

技术条件:

1.材料：d≤25mm时,T8按GB/T 1298的规定；
d>25mm时,20钢按GB/T 699的规定。

2.热处理：T8为55～60HRC;20钢渗碳深度为0.8～1.2mm，55～60HRC。

3.其他技术条件按JB/T 8044的规定。

标记示例:

d=22mm、公差带为H6、H=20mm的A型定位衬套:

定位衬套　A22 H6×20　JB/T 8013.1-1999

d			H	D		D_1	h	t	
基本尺寸	极限偏差 H6	极限偏差 H7		基本尺寸	极限偏差 n6			用于 H6	用于 H7
3	+0.006 0	+0.010 0	8	8	+0.019 +0.010	11	3	0.005	0.008
4	+0.008 0	+0.012 0	10						
6				10		13			
8	+0.009 0	+0.015 0		12	+0.023 +0.012	15			
10			12	15		18			
12	+0.011 0	+0.018 0		18		22	4		
15			16	22	+0.028 +0.015	26			
18				26		30		0.008	0.012
22	+0.013 0	+0.021 0	20	30		34			
26				35	+0.033 +0.017	39	5		
30			25 45	42		46			
35	+0.016 0	+0.025 0	25 45	48		52			
42			30 56	55	+0.039 +0.020	59			
48			30 56	62		66	6		
55	+0.019 0	+0.030 0	30 56	70		74		0.025	0.040
62			35 67	78		82			
70			35 67	85	+0.045 +0.023	90			
78			40 78	95		100			

(5)锥度心轴(JB/T 10116-1999)

锥度心轴的结构形式和尺寸规格如表 1-16 所示。

表 1-16　　锥度心轴的结构形式和尺寸规格(适用于工件孔径 8～50mm)　　单位:mm

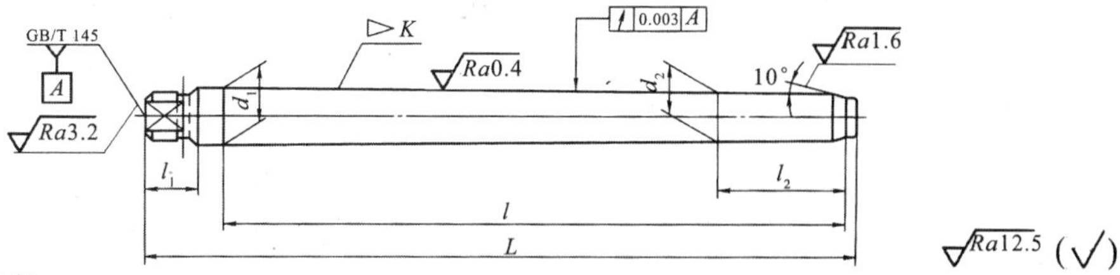

技术条件:

1.材料：公称直径≤50mm时，T10A；公称直径＞50mm时，20无缝钢管。

2.热处理：T10A为58～64HRC；20无缝钢管,渗碳深度为0.8～1.2mm,55～60HRC。

3.根据需要,心轴表面可采用镀铬处理。

公称直径	K	支号 No.	d_1	d_2	L	l	l_1	l_2
8	1∶3000	Ⅰ	8.002	7.982	95	80	10	20
		Ⅱ	8.022	8.002				
		Ⅲ	8.042	8.022				
10	1∶3000	Ⅰ	10.002	9.982	105	85	12	25
		Ⅱ	10.022	10.002				
		Ⅲ	10.042	10.022				
11	1∶3000	Ⅰ	11.002	10.978	125	99.5	14	27.4
		Ⅱ	11.026	11.002				
		Ⅲ	11.050	11.026				
	1∶5000	Ⅰ	10.996	10.978	140	117.5		
		Ⅱ	11.014	10.996				
		Ⅲ	11.032	11.014				
		Ⅳ	11.050	11.032				
12	1∶3000	Ⅰ	12.002	11.978	125	102		30
		Ⅱ	12.026	12.002				
		Ⅲ	12.050	12.026				
	1∶5000	Ⅰ	11.996	11.978	145	120		
		Ⅱ	12.014	11.996				
		Ⅲ	12.032	12.014				
		Ⅳ	12.050	12.032				
13	1∶3000	Ⅰ	13.002	12.978	130	104.5		32.5
		Ⅱ	13.026	13.002				
		Ⅲ	13.050	13.026				
	1∶5000	Ⅰ	12.996	12.978	145	122.5		
		Ⅱ	13.014	12.996				
		Ⅲ	13.032	13.014				
		Ⅳ	13.050	13.032				
14	1∶3000	Ⅰ	14.013	13.976	170	146		35
		Ⅱ	14.050	14.013				
	1∶5000	Ⅰ	13.996	13.978	150	125		
		Ⅱ	14.014	13.996				
		Ⅲ	14.032	14.014				
		Ⅳ	14.050	14.032				

1.5.5.2　固定支承

(1)支承板(JB/T 8029.1-1999)

支承板的结构形式和尺寸规格如表 1-17 所示。

表 1-17　　支承板的结构形式和尺寸规格　　单位:mm

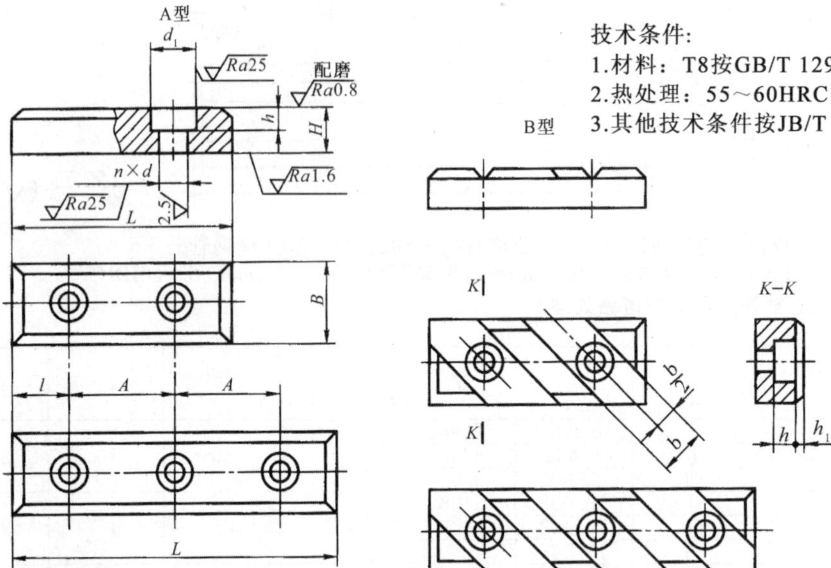

技术条件:
1.材料：T8按GB/T 1298的规定。
2.热处理：55～60HRC。
3.其他技术条件按JB/T 8044的规定。

标记示例:
H=16mm、L=100mm的A型支承板:
支承板　A　16×100 JB/T 8029.1-1999

H	L	B	b	l	A	d	d_1	h	h_1	孔数 n
6	30	12	14	7.5	15	4.5	8	3		2
	45									3
8	40	14		10	20	5.5	10	3.5		2
	60									3
10	60	16		15	40	6.6	11	4.5	1.5	2
	90									3
12	80	20	17	20	60	9	15	6		2
	120									3
16	100	25								2
	160									3
20	120	32	20	30	80	11	18	7	2.5	2
	180									3
25	140	40								2
	220									3

(2)支承钉(JB/T 8029.2-1999)

支承钉的结构形式和尺寸规格如表 1-18 所示。

表 1-18　　支承钉的结构形式和尺寸规格　　单位：mm

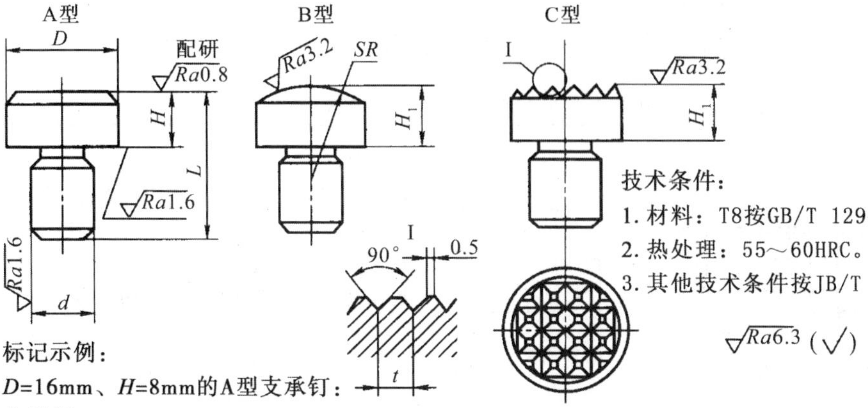

技术条件：

1. 材料：T8按GB/T 1298的规定。
2. 热处理：55～60HRC。
3. 其他技术条件按JB/T 8044的规定。

标记示例：

D=16mm、*H*=8mm的A型支承钉：

支承钉 A 16×8 JB/T 8029.2-1999

<table>
<tr><th rowspan="2">D</th><th rowspan="2">H</th><th colspan="2">H_1</th><th rowspan="2">L</th><th colspan="2">d</th><th rowspan="2">SR</th><th rowspan="2">t</th></tr>
<tr><th>基本尺寸</th><th>极限偏差 h11</th><th>基本尺寸</th><th>极限偏差 r6</th></tr>
<tr><td rowspan="2">5</td><td>2</td><td>3</td><td>0
−0.060</td><td>6</td><td rowspan="2">3</td><td rowspan="2">+0.016
+0.010</td><td rowspan="2">5</td><td rowspan="4">1</td></tr>
<tr><td>5</td><td>5</td><td rowspan="4">0
−0.075</td><td>9</td></tr>
<tr><td rowspan="2">6</td><td>3</td><td>3</td><td>8</td><td rowspan="2">4</td><td rowspan="4">+0.023
+0.015</td><td rowspan="2">6</td></tr>
<tr><td>6</td><td>6</td><td>11</td></tr>
<tr><td rowspan="2">8</td><td>4</td><td>4</td><td>12</td><td rowspan="2">6</td><td rowspan="2">8</td><td rowspan="4">1.2</td></tr>
<tr><td>8</td><td>8</td><td>0
−0.090</td><td rowspan="2">16</td></tr>
<tr><td rowspan="2">12</td><td>6</td><td>6</td><td>0
−0.075</td><td rowspan="2">8</td><td rowspan="4">+0.028
+0.019</td><td rowspan="2">12</td></tr>
<tr><td>12</td><td>12</td><td>0
−0.110</td><td>22</td></tr>
<tr><td rowspan="2">16</td><td>8</td><td>8</td><td>0
−0.090</td><td>20</td><td rowspan="2">10</td><td rowspan="2">16</td><td rowspan="4">1.5</td></tr>
<tr><td>16</td><td>16</td><td>0
−0.110</td><td>28</td></tr>
<tr><td rowspan="2">20</td><td>10</td><td>10</td><td>0
−0.090</td><td>25</td><td rowspan="2">12</td><td rowspan="4">+0.034
+0.023</td><td rowspan="2">20</td></tr>
<tr><td>20</td><td>20</td><td>0
−0.130</td><td>35</td></tr>
<tr><td rowspan="2">25</td><td>12</td><td>12</td><td>0
−0.110</td><td>32</td><td rowspan="2">16</td><td rowspan="2">25</td><td rowspan="6">2</td></tr>
<tr><td>25</td><td>25</td><td>0
−0.130</td><td>45</td></tr>
<tr><td rowspan="2">30</td><td>16</td><td>16</td><td>0
−0.110</td><td>42</td><td rowspan="2">20</td><td rowspan="4">+0.041
+0.028</td><td rowspan="2">32</td></tr>
<tr><td>30</td><td>30</td><td rowspan="2">0
−0.130</td><td>55</td></tr>
<tr><td rowspan="2">40</td><td>20</td><td>20</td><td>50</td><td rowspan="2">24</td><td rowspan="2">40</td></tr>
<tr><td>40</td><td>40</td><td>0
−0.160</td><td>70</td></tr>
</table>

1.5.5.3 调节支承

(1)六角头支承(JB/T 8026.1-1999)

六角头支承的结构形式和尺寸规格如表 1-19 所示。

表 1-19 六角头支承的结构形式和尺寸规格 单位:mm

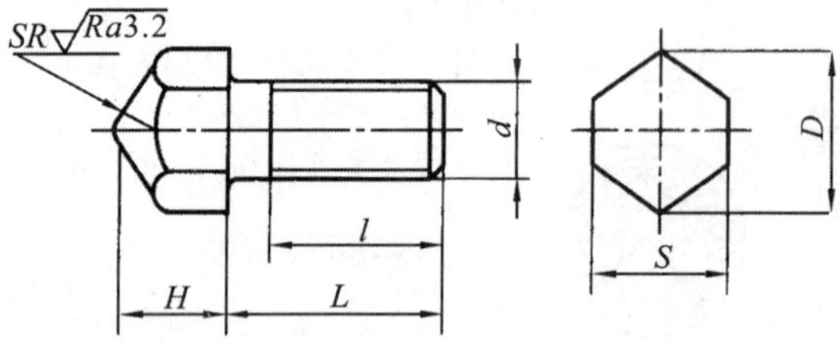

技术条件:
1. 材料:45钢按GB/T 699的规定。
2. L≤50mm时,全部40～55HRC;L>50mm时头部40～50HRC。
3. 其他技术条件按JB/T 8044的规定。

$\sqrt{Ra12.5}$($\sqrt{}$)

标记示例:
d=M10、L=25mm的六角头支承:
支承 M16×25 JB/T 8026.1-1999

d	M5	M6	M8	M10	M12	M16	M20	M24	M30	M36
D_{max}	8.63	10.89	12.7	14.2	17.59	23.35	31.2	37.29	47.3	57.7
H	6	8	10	12	14	16	20	24	30	36
SR	5						12			
S 基本尺寸	8	10	11	13	17	21	27	34	41	50
S 极限偏差	0 −0.220		0 −0.270			0 −0.330		0 −0.620		
L	l									
15	12	12								
20	15	15	15							
25	20	20	20	20						
30		25	25	25	25					
35			30	30	30	30				
40			35	35	35	35	30			
45							35	30		
50				40	40	40		35		
60					45	45	40	40	35	
70						50	50	50	45	45
80						60	60	55	50	50
90								60	60	
100							70	70		60
120								80	70	
140									100	90
160										100

(2)顶压支承(JB/T 8026.2-1999)

顶压支承的结构形式和尺寸规格如表 1-20 所示。

表 1-20　　**顶压支承的结构形式和尺寸规格**　　单位:mm

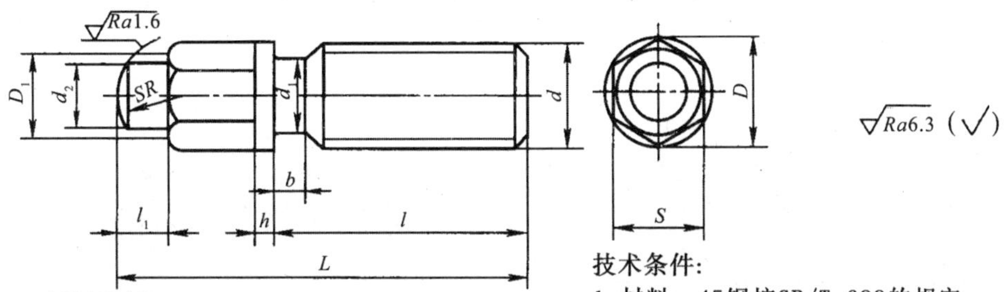

标记示例:

***d*=Tr16×4左、*L*=65mm的顶压支承:**

支承　Tr16×4左×65 JB/T 8026.2-1999

技术条件:

1. 材料:45钢按GB/T 699的规定。
2. 热处理:40～45HRC。
3. 其他技术条件按JB/T 8044的规定。

d	$D\approx$	L	S		l	l_1	$D_1\approx$	d_1	d_2	b	h	SR
			基本尺寸	极限偏差								
Tr16×4 左	16.2	55	13	0 −0.270	30	8	13.5	10.9	10	5	3	10
		65			40							
		80			55							
Tr20×4 左	19.6	70	17		40	10	16.5	14.9	15			12
		85			55							
		100			70							
Tr24×5 左	25.4	85	21	0 −0.330	50	12	21	17.4	16	6.5	4	16
		100			65							
		120			85							
Tr30×6 左	31.2	100	27		65	15	26	22.2	20	7.5	5	20
		120			75							
		140			95							
Tr36×6 左	36.9	120	34	0 −0.620	65	18	31	28.2	24			24
		140			85							
		160			105							

1.5.5.4 V形块

(1)V形块(JB/T 8018.1-1999)

V形块的结构形式和尺寸规格如表1-21所示。

表 1-21 V形块的结构形式和尺寸规格 单位:mm

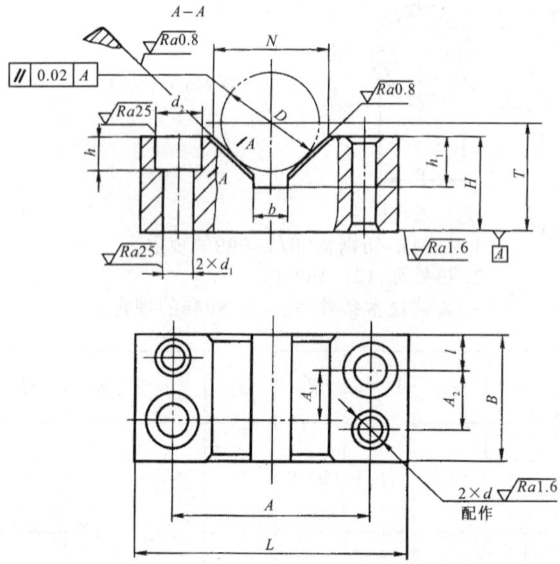

技术条件:
1. 材料:20钢按GB/T 699的规定。
2. 热处理:渗碳深度为0.8~1.2mm。
3. 其他技术条件按JB/T 8044的规定。

标记示例:
N=24mm的V形块:
V形块 24 JB/T 8018.1-1999

Ra12.5(√)

N	D	L	B	H	A	A_1	A_2	b	l	d 基本尺寸	d 极限偏差 H7	d_1	d_2	h	h_1
9	>5~10	32	16	10	20	5	7	2	5.5	4	+0.012 0	4.5	8	4	5
14	>10~15	38	20	12	26	6	9	4	7			5.5	10	5	7
18	>15~20	46	25	16	32	9	12	6	8	5		6.6	11	6	9
24	>20~25	55		20	40			8							11
32	>25~35	70	32	25	50	12	15	12	10	6		9	15	8	14
42	>35~45	85	40	32	64	16	19	16	12	8	+0.015 0	11	18	10	18
55	>45~60	100		35	76			20							22
70	>60~80	125	50	42	96	20	25	30	15	10		13.5	20	12	25
85	>80~100	140		50	110			40							30

注:尺寸 T 按公式 $T=H+0.707-0.5N$ 计算。

(2)固定 V 形块(JB/T 8018.2-1999)

固定 V 形块的结构形式和尺寸规格如表 1-22 所示。

表 1-22　　**固定 V 形块的结构形式和尺寸规格**　　单位:mm

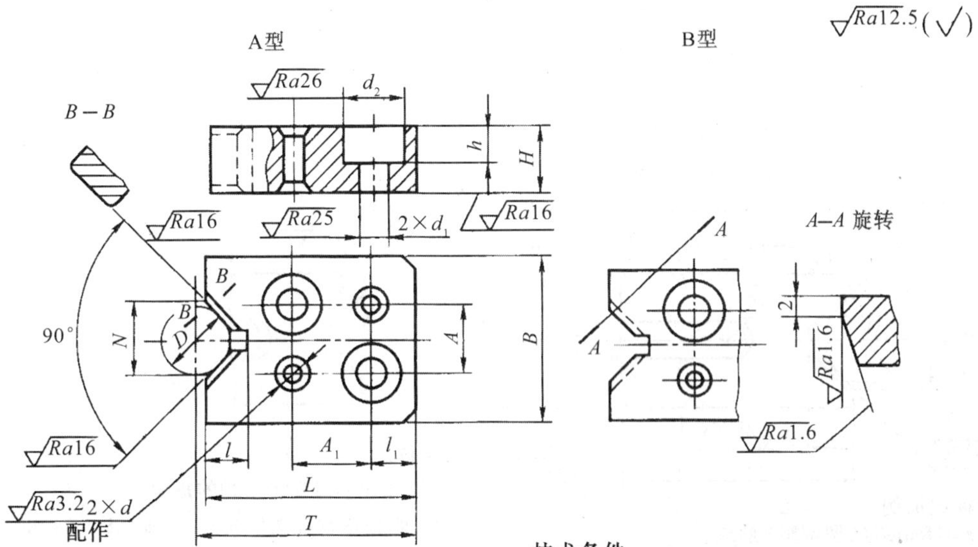

技术条件:

1. 材料:20钢按GB/T 699的规定。
2. 热处理:渗碳深度为0.8~1.2mm,58~64HRC。
3. 其他技术条件按JB/T 8044的规定。

标记示例:

***N*=18mm的A型固定V形块:**

V形块　A18　JB/T 8018.2-1999

N	D	B	H	L	l	l_1	A	A_1	d 基本尺寸	d 极限偏差 H7	d_1	d_2	h
9	>5~10	22	10	32	5	6	10	13	4	$^{+0.012}_{0}$	4.5	8	4
14	>10~15	24	12	35	7	7		14	5		5.5	10	5
18	>15~20	28	14	40	10	8	12				6.6	11	6
24	>20~25	34	16	45	12	10	15	15	6				
32	>25~35	42		55	16	12	20	18	8	$^{+0.015}_{0}$	9	15	8
42	>35~45	52	20	68	20	14	26	22	10		11	18	10
55	>45~60	65		80	25	15	35	28					
70	>60~80	80	25	90	32	18	45	35	12	$^{+0.018}_{0}$	13.5	20	12

注:尺寸 T 按公式 $T=H+0.707-0.5N$ 计算。

(3)调整 V 形块

调整 V 形块的结构形式和尺寸规格如表 1-23 所示。

表 1-23　调整 V 形块的结构形式和尺寸规格　单位:mm

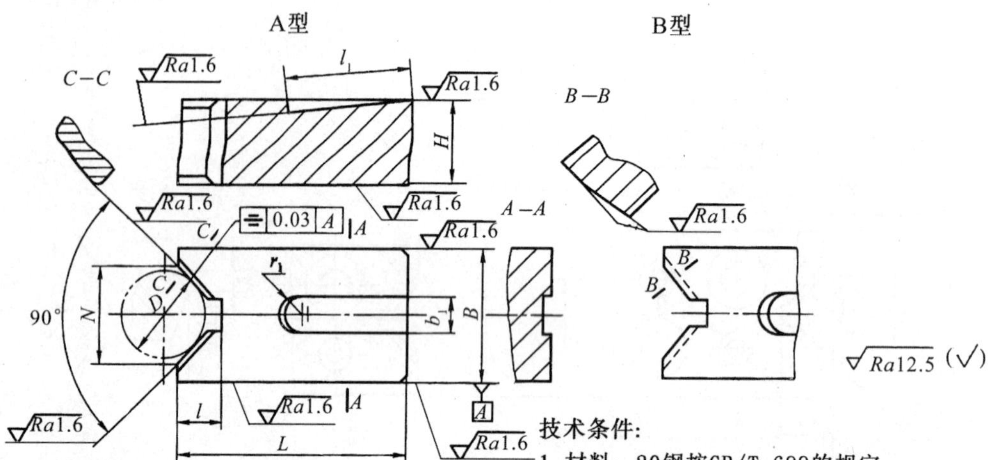

标记示例:
N=18mm的A型调整V形块:
V形块　A18　JB/T 8018.3-1999

技术条件:
1. 材料:20钢按GB/T 699的规定。
2. 热处理:渗碳深度为0.8～1.2mm,58～64HRC。
3. 其他技术条件按JB/T 8044的规定。

<table>
<tr><th rowspan="2">N</th><th rowspan="2">D</th><th colspan="2">B</th><th colspan="2">H</th><th rowspan="2">L</th><th rowspan="2">l</th><th rowspan="2">l₁</th><th rowspan="2">r₁</th></tr>
<tr><th>基本尺寸</th><th>极限偏差 f7</th><th>基本尺寸</th><th>极限偏差 f9</th></tr>
<tr><td>9</td><td>>5～10</td><td>18</td><td>−0.016
−0.034</td><td>10</td><td>−0.013
−0.049</td><td>32</td><td>5</td><td rowspan="2">22</td><td rowspan="3">4.5</td></tr>
<tr><td>14</td><td>>10～15</td><td>20</td><td rowspan="2">−0.020
−0.041</td><td>12</td><td rowspan="4">−0.016
−0.059</td><td>35</td><td>7</td></tr>
<tr><td>18</td><td>>15～20</td><td>25</td><td>14</td><td>40</td><td>10</td><td>26</td></tr>
<tr><td>24</td><td>>20～25</td><td>34</td><td rowspan="2">−0.025
−0.050</td><td rowspan="2">16</td><td>45</td><td>12</td><td>28</td><td rowspan="2">5.5</td></tr>
<tr><td>32</td><td>>25～35</td><td>42</td><td>55</td><td>16</td><td>32</td></tr>
<tr><td>42</td><td>>35～45</td><td>52</td><td rowspan="3">−0.030
−0.060</td><td rowspan="2">20</td><td rowspan="3">−0.020
−0.072</td><td>70</td><td>20</td><td>40</td><td rowspan="3">6.5</td></tr>
<tr><td>55</td><td>>45～60</td><td>65</td><td>85</td><td>25</td><td>46</td></tr>
<tr><td>70</td><td>>60～80</td><td>80</td><td>25</td><td>105</td><td>32</td><td>60</td></tr>
</table>

(4) 活动 V 形块

活动 V 形块的结构形式和尺寸规格如表 1-24 所示。

表 1-24　活动 V 形块的结构形式和尺寸规格　单位:mm

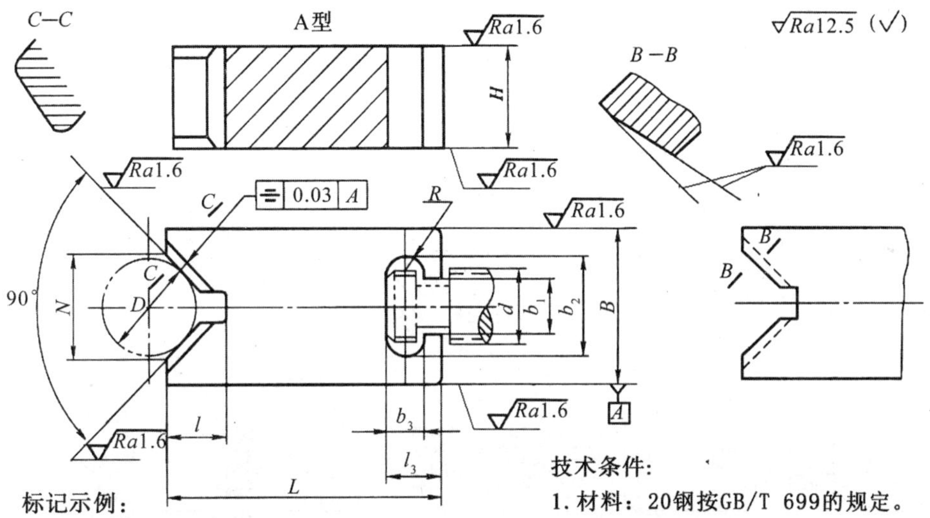

标记示例:

N=18mm的A型活动V形块:

V形块　A18　JB/T 8018.4-1999

技术条件:

1. 材料:20钢按GB/T 699的规定。
2. 热处理:渗碳深度为0.8～1.2mm, 58～64HRC。
3. 其他技术条件按JB/T 8044的规定。

N	D	B		H		L	l	l_1	b_1	b_2	b_3	相配件 d
		基本尺寸	极限偏差 f7	基本尺寸	极限偏差 f9							
9	>5～10	18	−0.016 −0.034	10	−0.013 −0.049	32	5	6	5	10	4	M6
14	>10～15	20	−0.020 −0.041	12	−0.016 −0.059	35	7	8	6.5	12	5	M8
18	>15～20	25		14		40	10	10	8	15	6	M10
24	>20～25	34	−0.025 0.050	16		45	12	12	10	18	8	M12
32	>25～35	42		16		55	16	13	13	24	10	M16
42	>35～45	52	−0.030 −0.060	20	−0.020 −0.072	70	20	13	13	24	10	M16
55	>45～60	65		20		85	25	15	17	28	11	M20
70	>60～80	80		25		105	32	15	17	28	11	M20

1.5.5.5　辅助支承

辅助支承用来提高工件的装夹刚度和稳定性，不起定位作用。

1.5.5.6　常用定位元件的配合

常用定位元件的配合如表 1-25 所示。

表 1-25　　常用定位元件的配合

配合件名称与图例						
固定支承钉和定位销的典型配合	固定支承钉	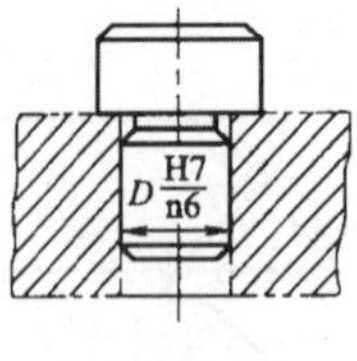	定位销	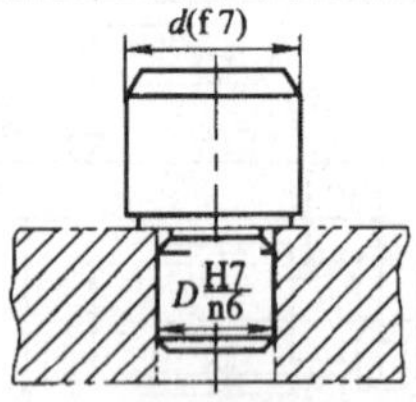	盖板式钻模定位销	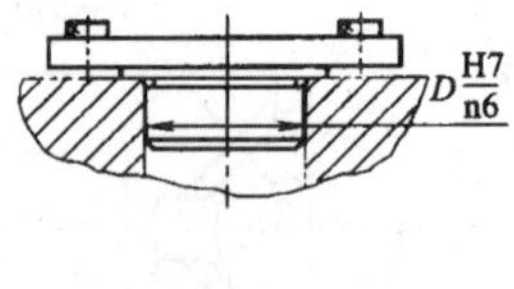
	菱形销	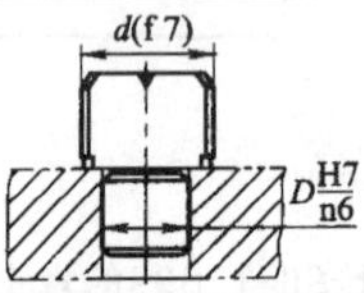	大尺寸定位销	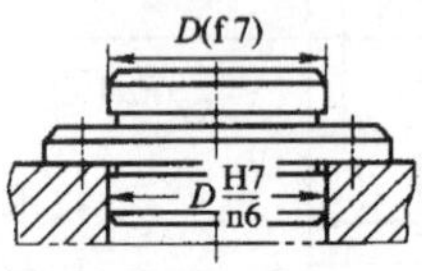	可换定位销	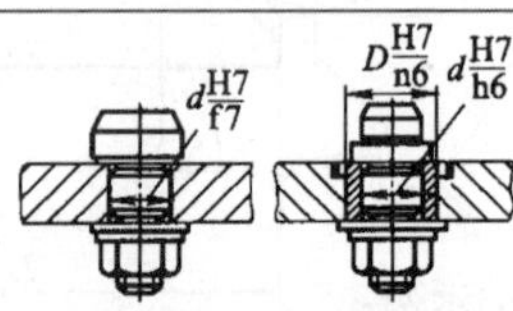
固定棱柱体零件的典型配合	对刀块	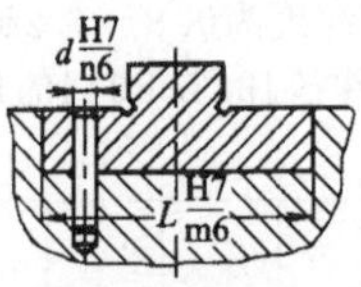	固定V形块	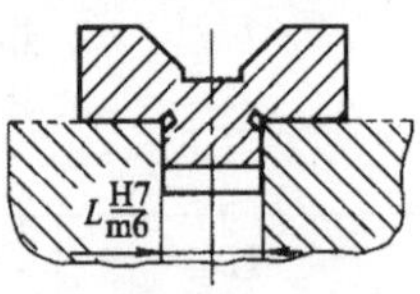	钻模板	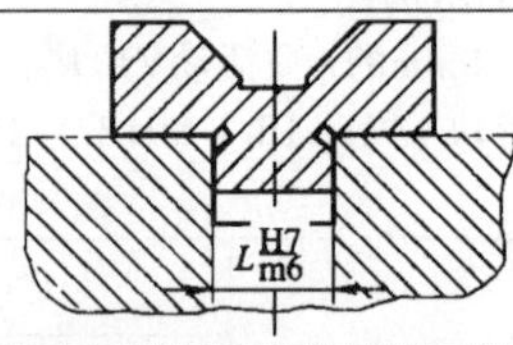
可滑动棱柱体零件的典型配合	滑动钳口	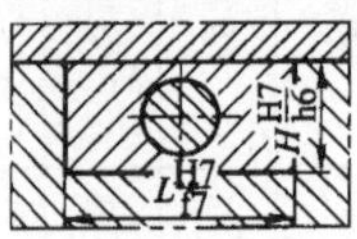	滑动V形块	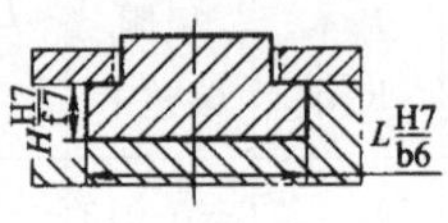	滑动夹具底座	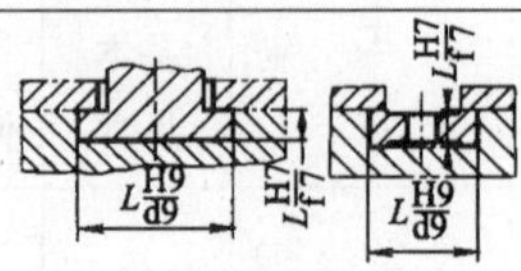
辅助支承零件的典型配合	活动V形块	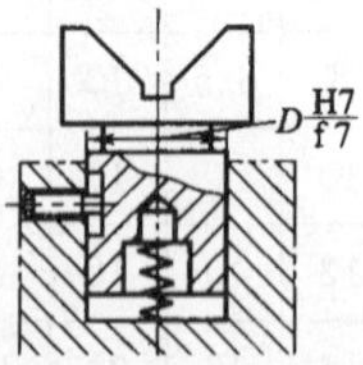	辅助支承	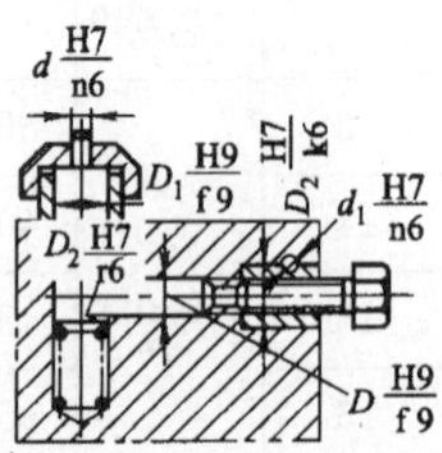	浮动锥形定位销	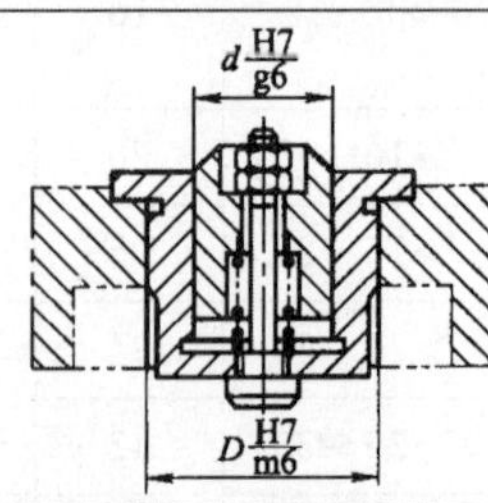

1.6　车床专用夹具的连接方式与连接元件的设计

夹具与机床主轴的连接要符合安全可靠、定位准确、不破坏主轴精度的基本要求。车床夹具与车床主轴的连接方式取决于主轴轴端的结构以及夹具的体积和精度要求。常见的连接方式有：夹具以锥柄与主轴锥孔连接、夹具以端面和圆孔在主轴上定位、夹具以端面和短圆锥面定位、使用过渡盘与主轴连接。

为了保证车床夹具的安装精度，安装时应对夹具的限位表面进行仔细的找正。若夹具的限位面为与主轴同轴的回转面，则直接用限位表面找正它与主轴的同轴度。若限位面偏离回转中心，则应在夹具体上专门制作一个孔或外圆作为找正基面，使该面与机床主轴同轴。同时，它也是夹具的设计、装配和测量基准。

为保证加工精度，车床夹具的设计中心(即限位面或找正基面)对主轴回转中心的同轴度应控制在0.01mm之内。

1.6.1　夹具以锥柄与主轴锥孔连接

如图1-42所示，夹具以长锥柄安装在主轴锥孔内，这种方式定位精度高，但刚性较差，多用于小型车床。带锥柄的夹头或心轴应用螺栓通过机床主轴孔拉紧(工件轻小或有后顶尖支承者除外)，以防止车削时振动引起松脱。

如图1-43所示，夹具以锥体与机床主轴锥孔连接时，夹具外径 D 一般小于140mm，或 $D\leqslant(2\sim3)d$。这种悬臂结构的悬伸长度，一般应符合以下要求：当 $D<150$mm 时，$B\leqslant1.25D$；当 $D<300$mm 时，$B\leqslant(0.6\sim0.8)D$。

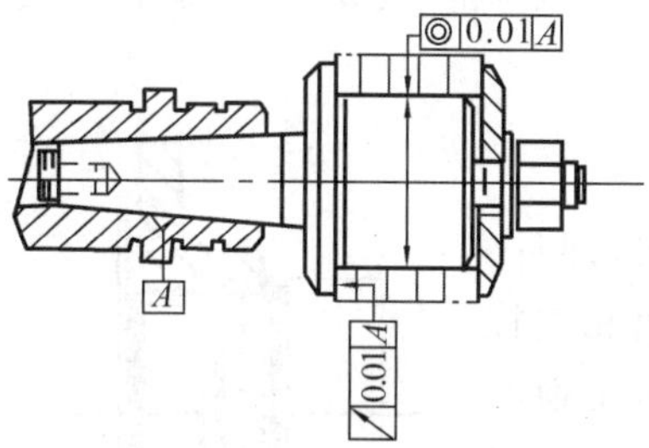

图1-42　锥柄与主轴连接

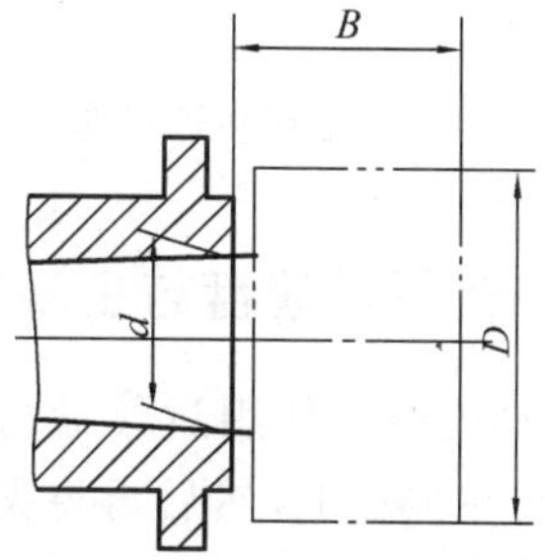

图1-43　锥柄与主轴连接的结构尺寸

1.6.2　夹具以端面和圆孔在主轴上定位

夹具以端面 A 和圆孔 D 在主轴上定位，孔与主轴轴颈的配合一般取H7/h6，这种连接方式制造容易，但定位精度不很高，如图1-44所示。

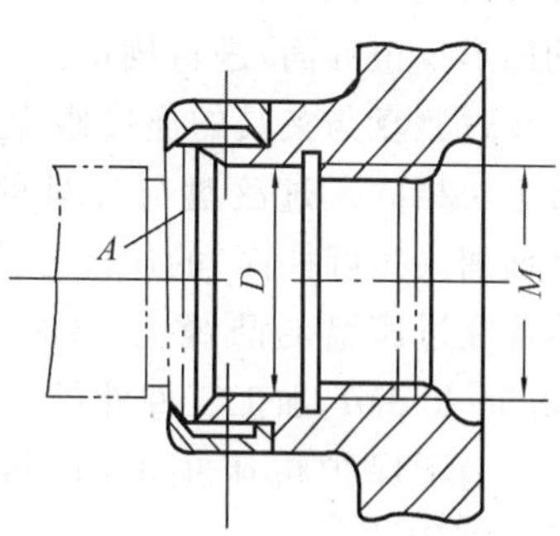

图1-44　端面和圆孔与主轴连接

1.6.3　夹具以端面和短圆锥面定位

在高速重切削时，应选用主轴轴肩有定心短圆锥轴颈的机床，以端面和短圆锥定位，这种连接方式不但定位精度高，而且刚性也好，如图1-45所示。

需要指出的是，该定位方式属于允许的重复定位，与主轴配合的夹具定位面，要配磨加工，以保证轴肩两端面间有 0.05～0.10mm 的间隙，最终由螺栓可靠夹紧。这样既可保证端面与锥面全面接触，又使得定心准确、刚性好，如图 1-46 所示。

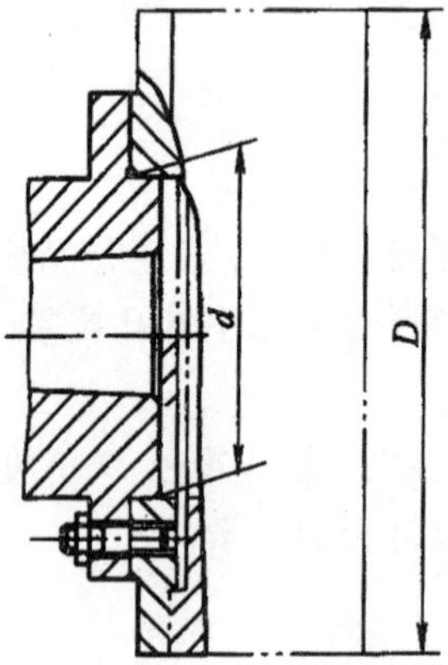

图 1-45 端面和短圆锥与主轴连接

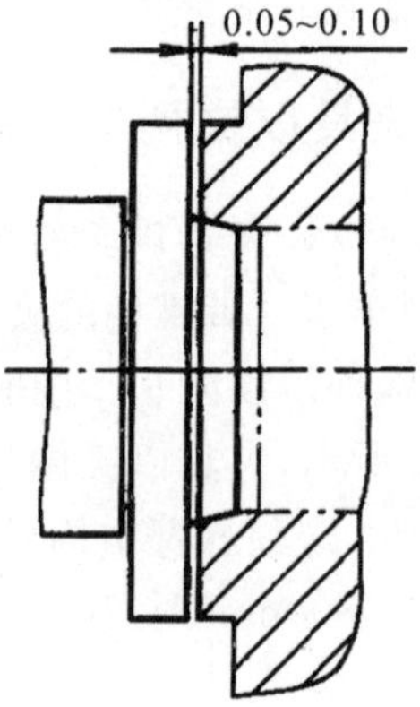

图 1-46 夹具与主轴轴肩的连接

1.6.4 使用过渡盘与主轴连接

车床夹具还经常使用过渡盘与主轴相连接，即首先将过渡盘安装在主轴上，然后再将夹具与过渡盘相连接。这样做的好处是：当车床上所用的夹具需要经常更换时，或同一类夹具需要在不同机床上使用时，都能够很方便地连接。另外，为了减小由于增加过渡盘而造成的夹具安装误差，可在安装夹具时，对夹具的定位面（专门设计的凹形找正环面）进行找正。

过渡盘与夹具的连接跟上面介绍的夹具与主轴的连接方法相同。过渡盘与夹具的连接大都采用止口（一大平面加一短圆柱面）的连接方式，夹具按 H7/h6 或H7/js6 装配在过渡盘的凸缘上，并用螺栓紧固。夹具外径 $D \leqslant (2.5 \sim 3.8)d$，加工工件外径小于 $5d$，如图 1-47 所示。

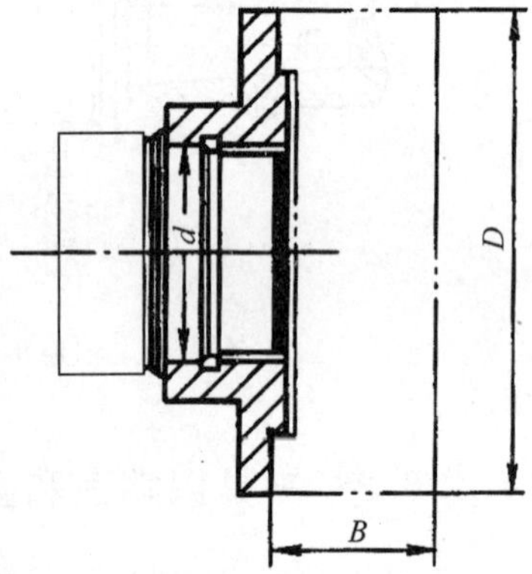

图 1-47 过渡盘与主轴连接

为了保护机床主轴，连接法兰盘的材料采用铸铁，与主轴配合的零件硬度应小于 45HRC。

1.7　主要车床的规格及联系尺寸

1.7.1　几种车床主轴前端的形状及尺寸

几种车床主轴前端的形状及尺寸如图 1-48、图 1-49 所示。

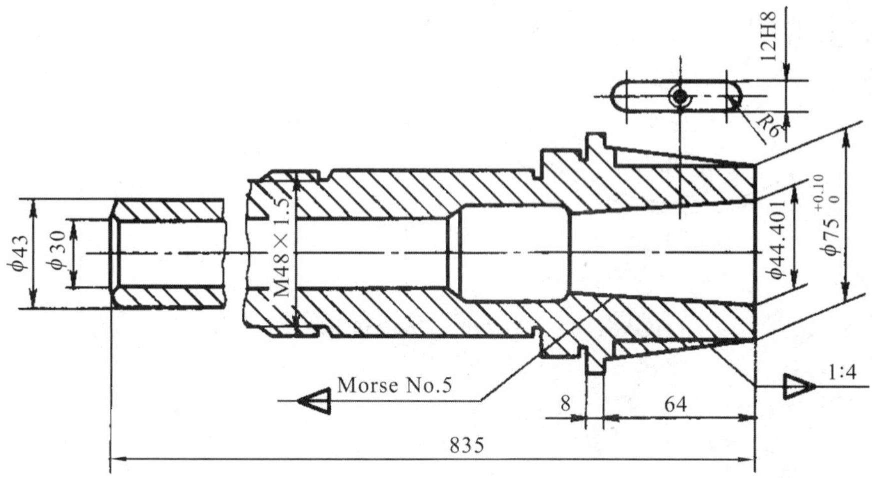

(a)C616、C616A主轴尺寸

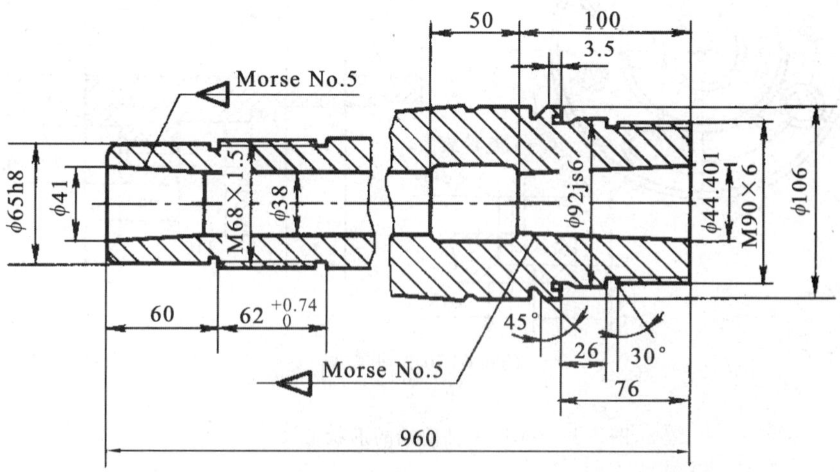

(b)C620主轴尺寸

图 1-48　车床主轴前端的形状及尺寸(1)

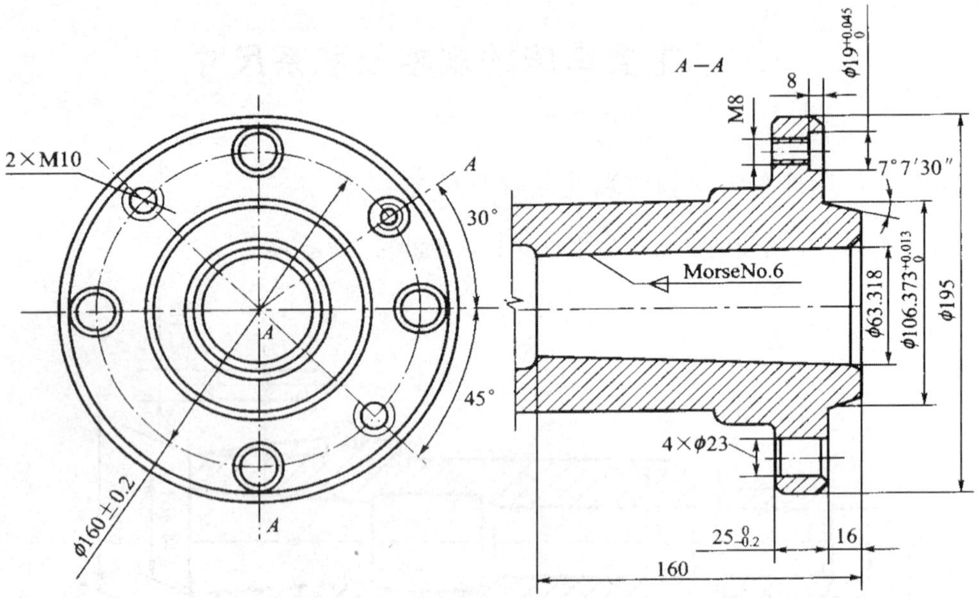

(a)CA6140、CA6240、CA6250主轴尺寸

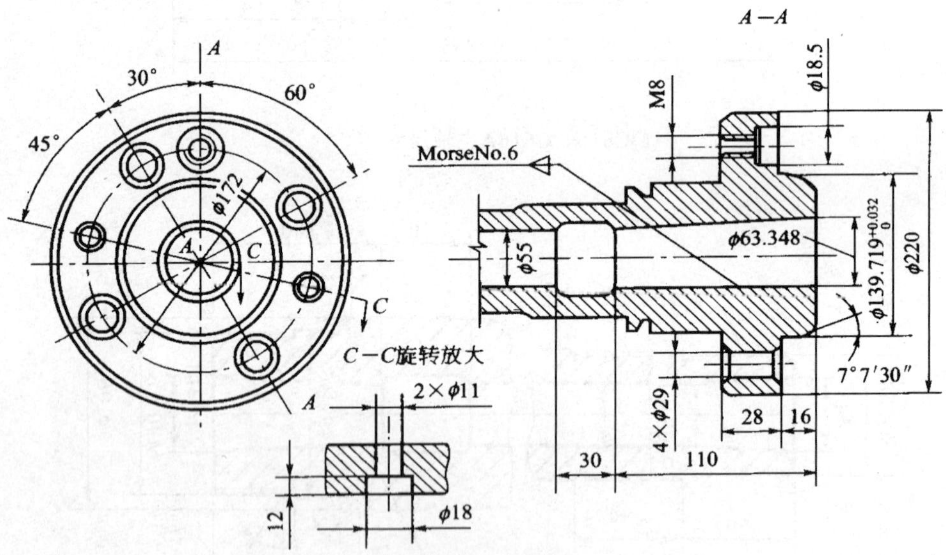

(b)C6150主轴尺寸

图 1-49　车床主轴前端的形状及尺寸(2)

1.7.2　过渡盘规格尺寸

过渡盘常作为车床附件备用。车床夹具设计时，往往不用重新设计过渡盘，只需查出过渡盘的规格尺寸，设计夹具与过渡盘的连接尺寸即可。

本节以三爪卡盘用过渡盘(JB/T12891-1999) 为例进行说明。

1.7.2.1　标记示例

主轴端部代号为 6、D=250mm 的 C 型连接方式的三爪卡盘用过渡盘：

过渡盘　C6×250　JB/T 10126.1-1999

主轴端部代号为 6、D=250mm 的 D 型连接方式的三爪卡盘用过渡盘：

过渡盘　D6×250　JB/T 10126.1-1999

1.7.2.2　规格尺寸

三爪卡盘用过渡盘的规格尺寸如表 1-26、表 1-27 所示。

表 1-26　　三爪卡盘用过渡盘的规格尺寸(C 型)　　单位：mm

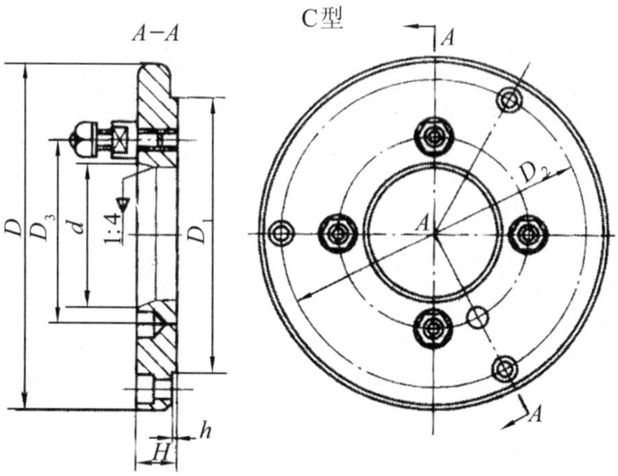

主轴端部代号		3	4	5	6	8	11	
D		125	160	200	250	315	400	500
D_1	基本尺寸	95	130	165	206	260	340	440
	极限偏差 n6	+0.045 +0.023	+0.052 +0.027		+0.060 +0.031	+0.066 +0.034	+0.073 +0.037	+0.080 +0.040
D_2		108	142	180	226	290	368	465
D_3		75.0	85.0	104.8	133.4	171.4	235.0	
d	基本尺寸	53.975	63.513	82.563	106.375	139.719	196.869	
	极限偏差	+0.003 0		+0.010 0		+0.012 0	+0.014 0	
H		20	25	30		38	40	
h_{max}		2.5	4.0					5.0

表 1-27 三爪卡盘用过渡盘的规格尺寸(D 型) 单位：mm

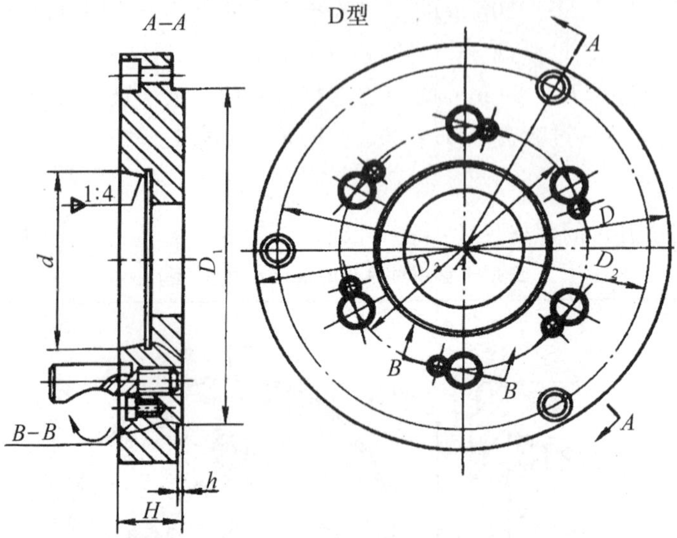

<table>
<tr><td colspan="2">主轴端部代号</td><td>3</td><td>4</td><td>5</td><td>6</td><td>8</td><td colspan="2">11</td></tr>
<tr><td colspan="2">D</td><td>125</td><td>160</td><td>200</td><td>250</td><td>315</td><td>400</td><td>500</td></tr>
<tr><td rowspan="2">D_1</td><td>基本尺寸</td><td>95</td><td>130</td><td>165</td><td>206</td><td>260</td><td>340</td><td>440</td></tr>
<tr><td>极限偏差
n6</td><td>+0.045
+0.023</td><td colspan="2">+0.052
+0.027</td><td>+0.060
+0.031</td><td>+0.066
+0.034</td><td>+0.073
+0.037</td><td>+0.080
+0.040</td></tr>
<tr><td colspan="2">D_2</td><td>108</td><td>142</td><td>180</td><td>226</td><td>290</td><td>368</td><td>465</td></tr>
<tr><td colspan="2">D_3</td><td>70.6</td><td>82.6</td><td>104.8</td><td>133.4</td><td>171.4</td><td colspan="2">235.0</td></tr>
<tr><td rowspan="2">d</td><td>基本尺寸</td><td>53.975</td><td>63.513</td><td>82.563</td><td>106.375</td><td>139.719</td><td colspan="2">196.869</td></tr>
<tr><td>极限偏差</td><td colspan="2">+0.003
−0.005</td><td colspan="2">+0.004
−0.006</td><td>+0.004
−0.008</td><td colspan="2">+0.004
−0.010</td></tr>
<tr><td colspan="2">H</td><td>25</td><td>30</td><td colspan="2">35</td><td>38</td><td colspan="2">45</td></tr>
<tr><td colspan="2">h_{max}</td><td>2.5</td><td colspan="5">4.0</td><td>5.0</td></tr>
</table>

任务 2　钻床专用夹具的设计

任务导入：在钻床上进行孔的钻、扩、铰、锪及攻螺纹时用的夹具，称为钻床夹具，俗称“钻模”。图 2-1 所示为钻削 2×M12 的底孔ϕ10mm 的托架工序图。本任务是设计用于在立式钻床上加工该工序的专用钻床夹具，其夹具装配图，如图 2-2 所示。

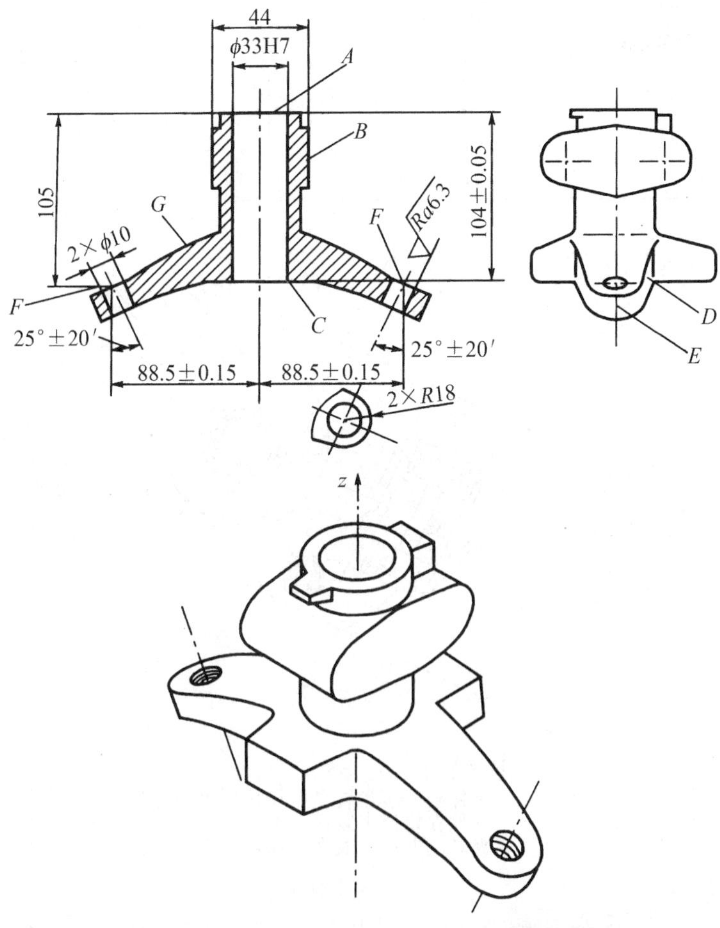

图 2-1　钻削 2×M12 的底孔ϕ10mm 的托架工序图

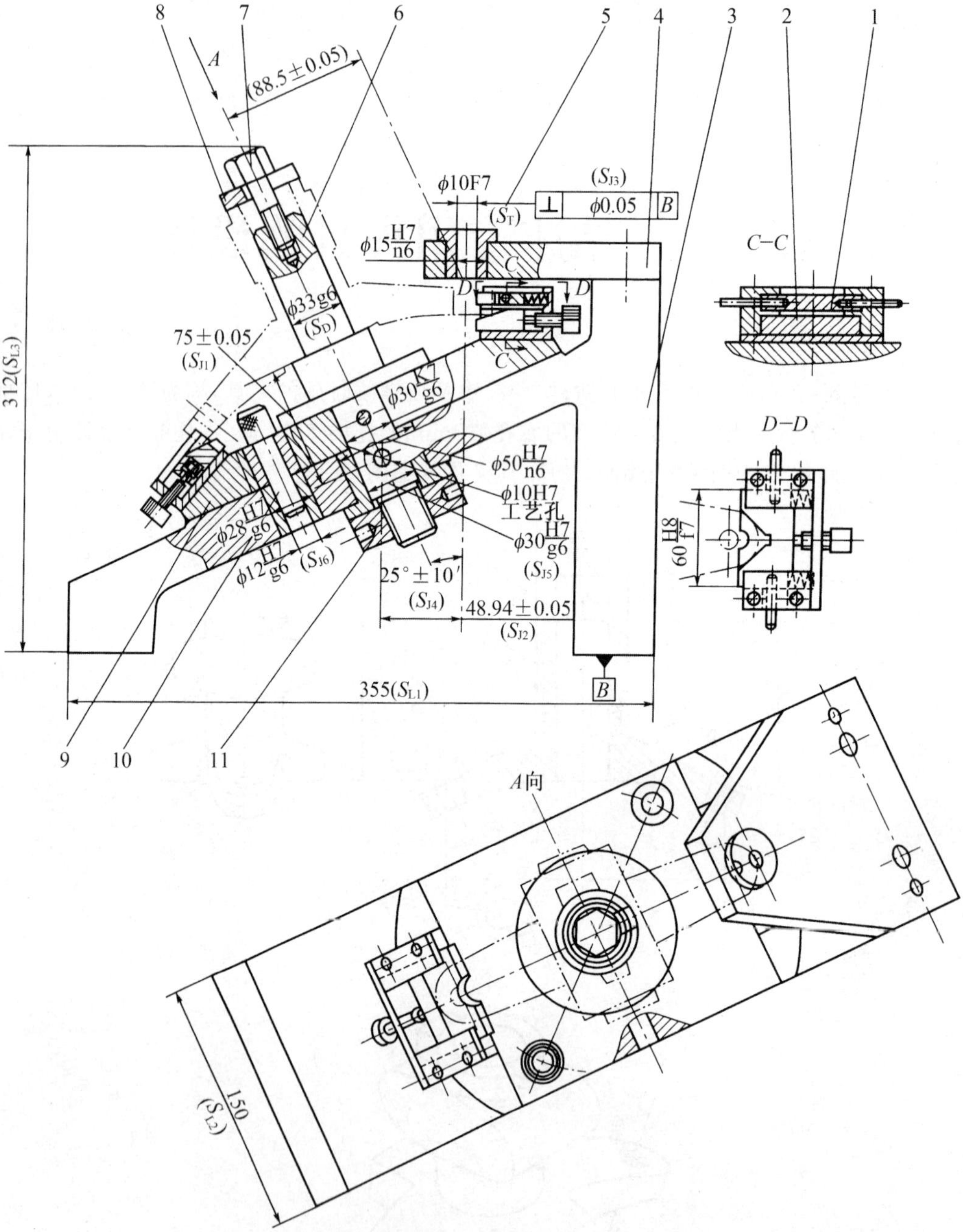

技术条件：
1.工件随分度盘转离钻模板后再进行装夹。
2.工件在定位夹紧后才能拧动辅助支承旋钮，拧紧力应适当。
3.夹具的非工作表面喷涂灰色漆。

图 2-2　托架钻模

1—活动 V 形块　2—斜楔辅助支承　3—夹具体　4—钻模板　5—钻套　6—定位心轴　7—夹紧螺钉　8—开口垫圈　9—分度盘　10—圆柱对定销　11—锁紧螺母

2.1　钻床专用夹具的基本类型

根据结构特点，钻模可分为固定式钻模、回转式钻模、翻转式钻模、盖板式钻模和滑柱式钻模等。加工中，相对于工件位置保持不变的钻模称为固定式钻模。这类钻模多用于立式钻床、摇臂钻床和多轴钻床。图 2-3 所示为一种固定式钻模，该钻模用于加工连杆零件的锁紧孔。

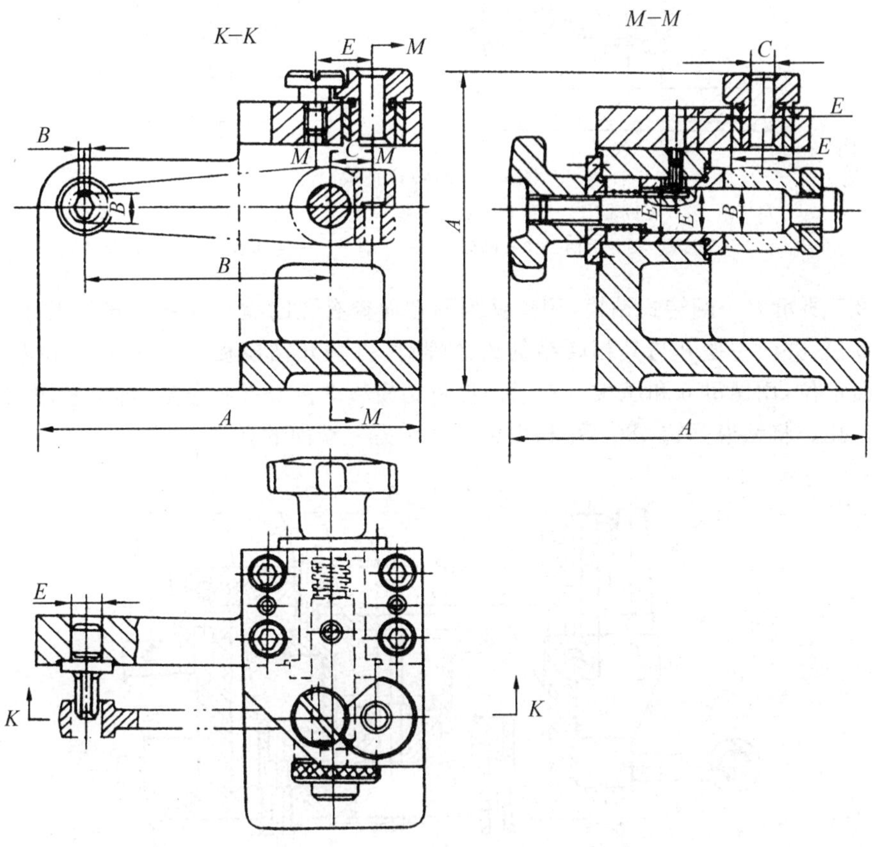

图 2-3　固定式钻模

图 2-4 所示为一种回转式钻模，用来加工扇形工件上 3 个有角度关系的径向孔。拧紧螺母 4，通过开口垫圈 3 将工件夹紧。转动手柄 9 可将分度盘 8 松开。此时用手柄 11 将定位销 1 从定位套 2 中拔出，使分度盘连同工件一起回转 20°，将定位销 1 重新插入定位套 2′或 2″中，即实现了分度。再将手柄 9 转回，将分度盘锁紧，即可进行加工。

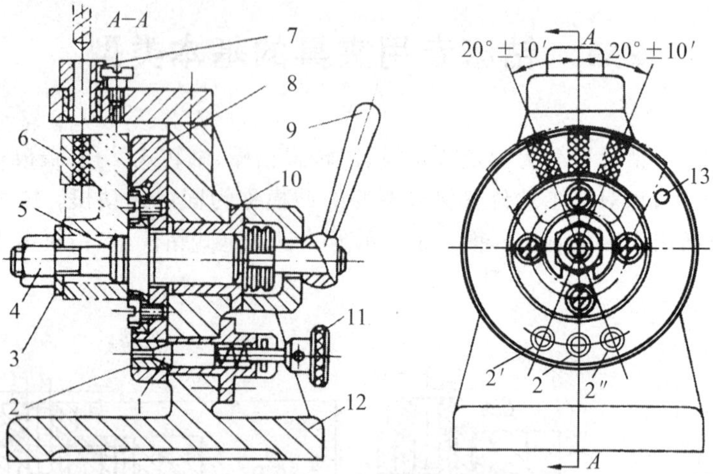

图 2-4　回转式钻模

1—定位销　2—定位套　3—开口垫圈　4—螺母　5—定位销　6—工件　7—钻套　8—分度盘　9—手柄　10—衬套　11—手柄　12—夹具体　13—挡销

图 2-5 所示为一翻转式钻模，用来钻削两端面皆有孔的盘状零件。安装工件时，须将螺母 2 旋松，并向左摆开与其相联结的铰链螺钉，再翻开钻模板 3，工件在定位盘 7 上以孔和端面定位，用螺母 6 和压板 5 夹紧。再将钻模板 3 翻开并夹紧后，即可利用钻套 8 引导刀具钻孔。将钻模翻转 180°后，利用钻套 9 钻另一端面的孔。

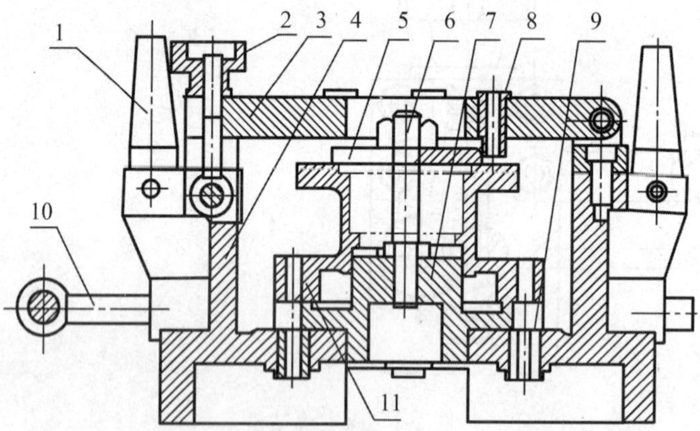

图 2-5　翻转式钻模

1—支脚　2—螺母　3—铰链式钻模板　4—夹具体　5—压板　6—螺母　7—定位盘　8、9—钻套　10—手柄　11—工件

图 2-6 所示为加工车床溜板箱上多个小孔所用的盖板式钻模。它用圆柱销 1 和菱形销 3 在工件的两个孔中定位，并通过 3 个支承钉 4 安放在工件上。盖板式钻模的优点是结构简单，多用于加工大型工件上的小孔。

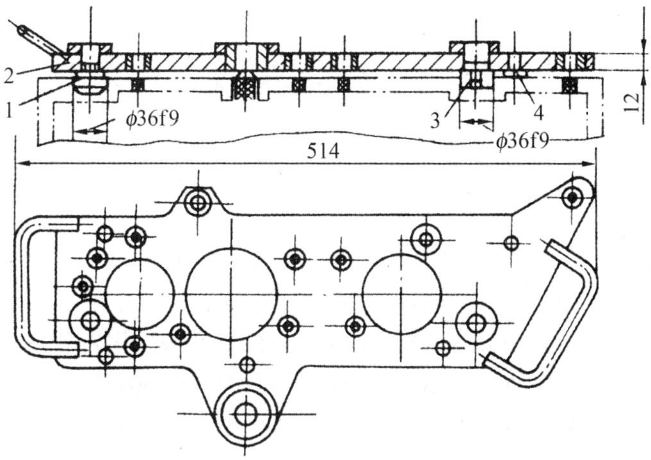

图 2-6　盖板式钻模

1—圆柱销　2—钻模板　3—菱形销　4—支承钉

图 2-7 所示为手动滑柱式钻模结构。钻模板 2 的上下移动以及钻模板与夹具体 3 之间的相对位置，靠滑柱 5、6 引导和确定。钻模板 2 由齿条轴杆 1 带动上下移动。当钻模板 2 下移夹紧工件后，继续转动手柄 7，则可借助斜齿轮齿条啮合产生的轴向力使齿轮轴端的圆锥面压在夹具体 3 的锥孔内，依靠圆锥面间的摩擦力而自锁。圆锥面的锥度一般取 1∶5。

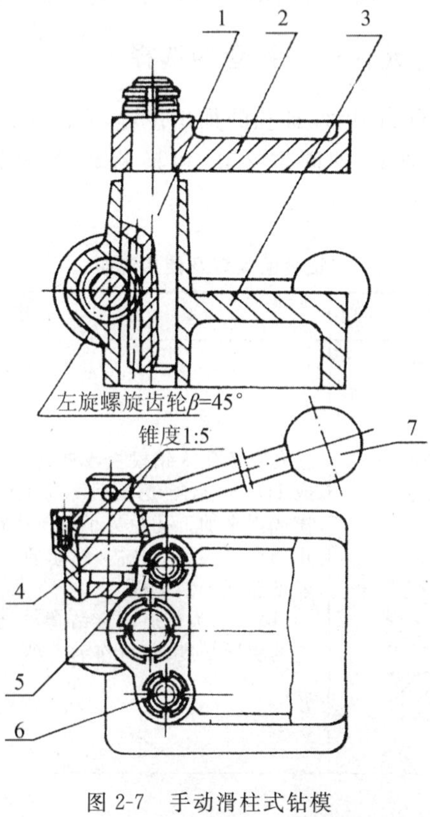

图 2-7　手动滑柱式钻模

1—齿条轴杆　2—钻模板　3—夹具体　4—齿轮轴　5、6—滑柱　7—手柄

2.2 钻床专用夹具的设计要点

2.2.1 钻模类型的选择

钻模的类型很多，在设计钻模时，首先需要根据工件的形状、尺寸、质量、加工要求和批量来选择钻模的结构类型。选择时应注意以下几点：

(1)被钻孔直径大于10mm时(特别是加工钢件)，宜采用固定式钻模。

(2)翻转式钻模适用于加工中小件，包括工件在内的总质量不宜超过10kg。

(3)当加工分布不在同心圆周上的平行孔系时，如工件和夹具的总质量超过15kg，宜采用固定式钻模在摇臂钻床上加工；如生产批量大，则可在立式钻床上采用多轴传动头加工。

(4)对于孔的垂直度和孔心距要求不高的中小型工件，宜采用滑柱式钻模。如孔的垂直度公差小于0.1mm，孔距位置公差小于±0.15mm时，一般不宜采用这类钻模。

(5)钻模板和夹具体为焊接式钻模，因焊接应力不能彻底消除，精度不能长期保持，故一般在工件孔距公差要求不高(小于±0.15mm)时采用。

(6)孔距和孔的基面公差小于0.05mm时采用固定式钻模。

2.2.2 对刀与导向元件——钻套的选择

钻套是引导刀具的元件，用以保证孔的加工位置，并防止加工过程中刀具的偏斜。钻套按结构特点可分为四种类型，即固定钻套、可换钻套、快换钻套和特殊钻套，如表2-1所示。

表2-1 钻套的类型及使用说明

名称	结构简图	使用说明
固定钻套	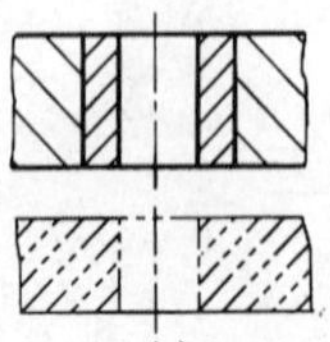 (a) 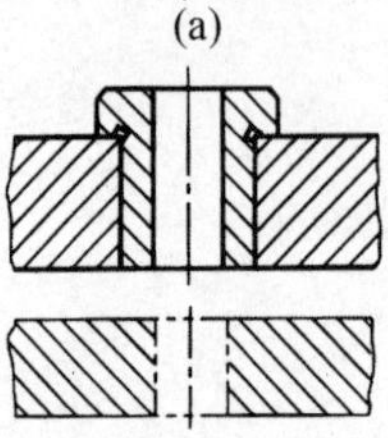 (b)	钻套直接压入钻模板或夹具体，其外圆与钻模板采用H7/n6或H7/r6配合，磨损后不易更换。适用于中小批量生产的钻模或用来加工孔距甚小以及孔距精度要求较高的孔。为了防止切屑进入钻套孔内，钻套的上下端应稍突出钻模板为宜，一般不能低于钻模板 图(b)所示为带肩固定钻套，主要用于钻模板较薄时，保持必需的引导长度，也可作为主轴头进给时的轴向定程挡块

续表

可换钻套	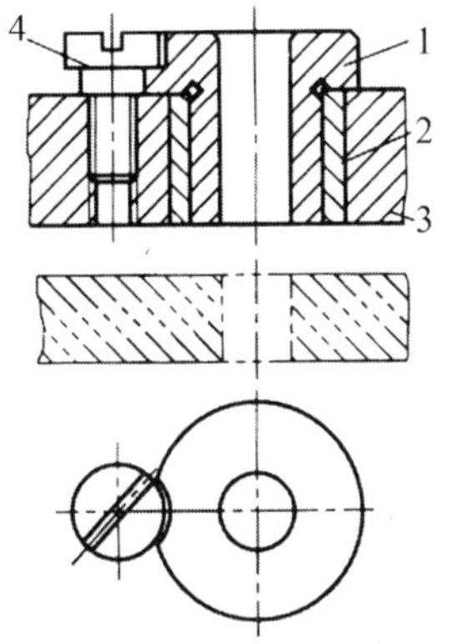 1—钻套　2—衬套 3—钻模板　4—螺钉	钻套 1 装在衬套 2 中，而衬套则压配在夹具体或钻模板 3 中。钻套由螺钉 4 固定，以防止它转动。钻套与衬套间采用 F7/m6或 F7/k6 配合，便于钻套磨损后迅速更换。适用于大批量生产
快换钻套	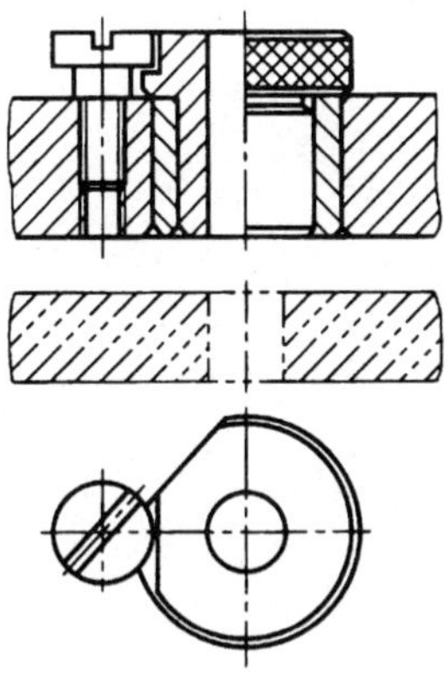	当要取出钻套时，只要将钻套朝逆时针方向转动，使螺钉头部刚好对准钻套上的削边平面，即可取出钻套。适用于同一个孔需经多种工步加工的工序中
特殊钻套	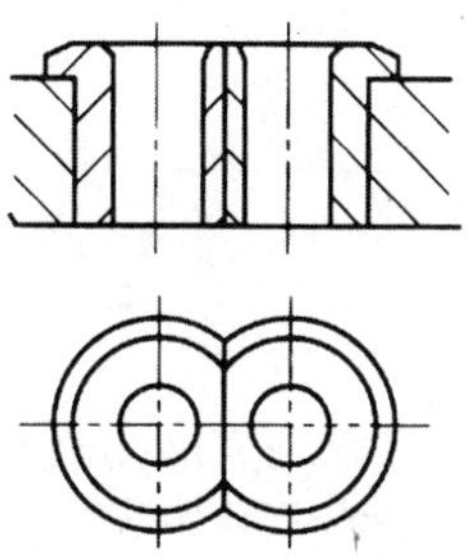	加工距离较近的两个孔时用的削边钻套
	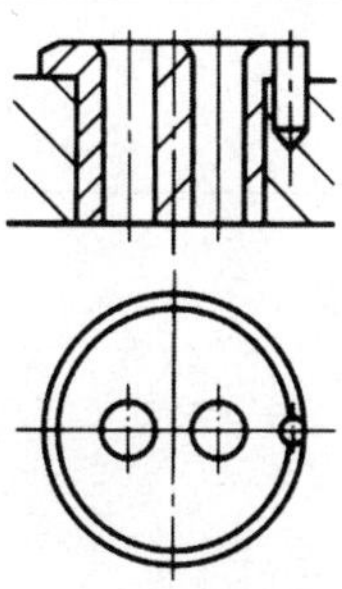	加工距离甚近的两个孔时，可把两个孔做在一个钻套上，用定位销确定位置

续表

特殊钻套	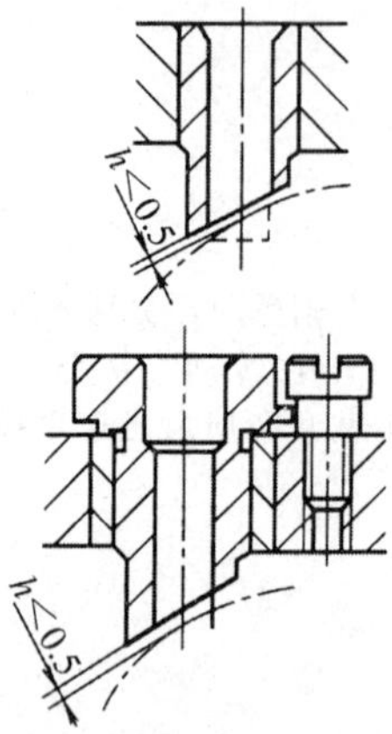	用于在斜面上钻孔。钻套的下端做成斜面，距离小于0.5mm，以保证铁屑不会塞在工件和钻套之间，而是从钻套中排出。用这种钻套钻孔时，应先在工件上刮出一个平面，使钻头在垂直平面上钻孔，以避免钻头折断
	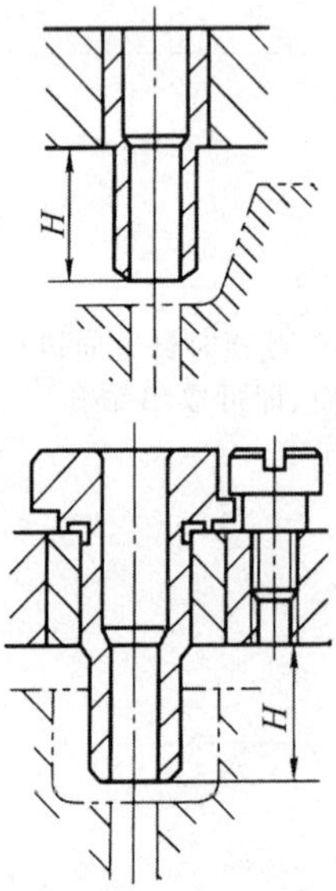	用于在凹形表面上钻孔
	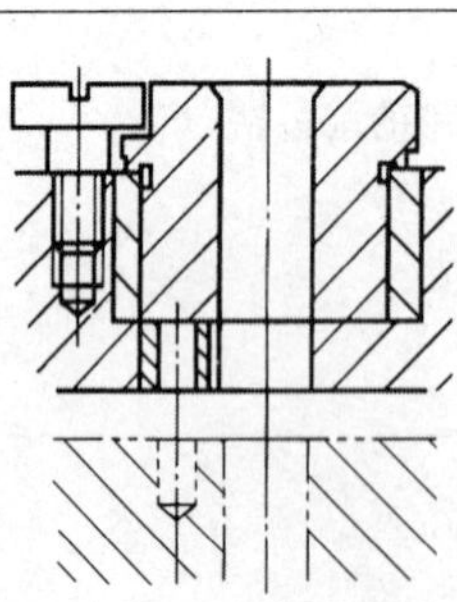	在一个大孔附近加工几个小孔时，可采用双层钻套，上层是钻大孔的快换钻套，小钻套直接安装在钻模板上

续表

特殊钻套	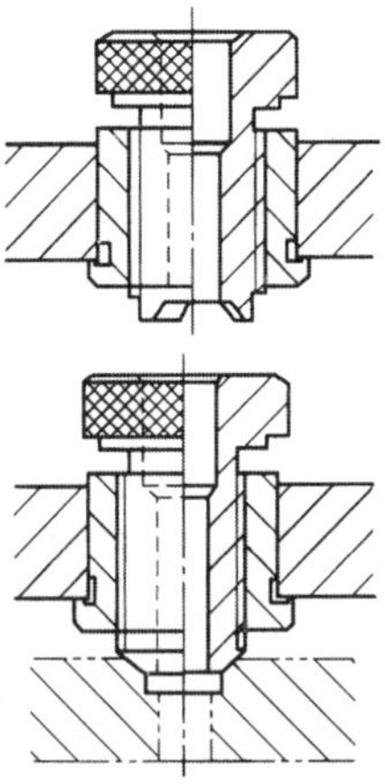	利用钻套下端内(外)锥面定位并夹紧工件。这种钻套与衬套用螺纹连接,衬套的圆肩在下,这是因为这种结构必须承受夹紧力

钻套中引导孔的尺寸及其偏差应根据所引导的刀具尺寸来确定。通常取刀具的最大极限尺寸为引导孔的基本尺寸,孔径公差依加工精度要求来确定。钻孔和扩孔时可取F7,粗铰时取G7,精铰时取G6。若钻套引导的不是刀具的切削部分,而是刀具的导向部分,常取配合为H7/f7、H7/g6、H6/g5。

钻套的高度 H,如图 2-8 所示,直接影响钻套的导向性能,同时影响刀具与钻套之间的摩擦情况。通常取 $H=(1\sim2.5)d$。对于精度要求较高的孔、直径较小的孔和刀具刚性较差时应取较大值。

钻套与工件之间应留有排屑间隙,此间隙不宜过大,以免影响导向作用,一般可取 $h=(0.3\sim1.2)d$。加工铸铁和黄铜等脆性材料时,可取较小值;加工钢等韧性材料时,可取较大值。当孔的位置精度要求很高时,也可以取 $h=0$。

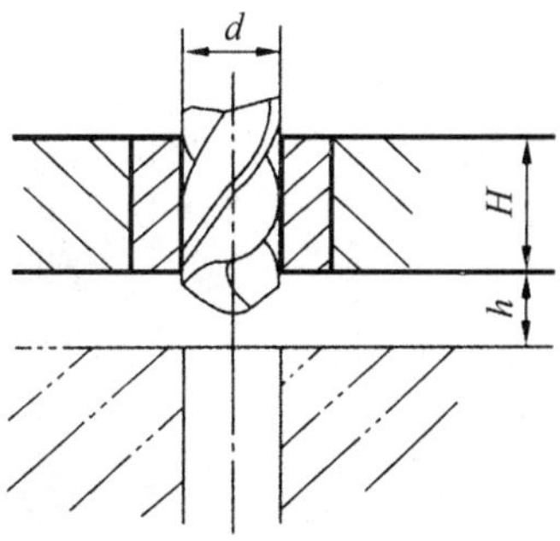

图 2-8　钻套高度与容屑间隙

2.2.3　钻模板的设计

钻模板用于安装钻套。钻模板与夹具体的连接方式有固定式、铰链式和分离式等几种。

常见钻模板的结构形式如表 2-2 所示。

表 2-2　**钻模板的结构形式**

名称	结构形式	使用说明
整体式钻模板	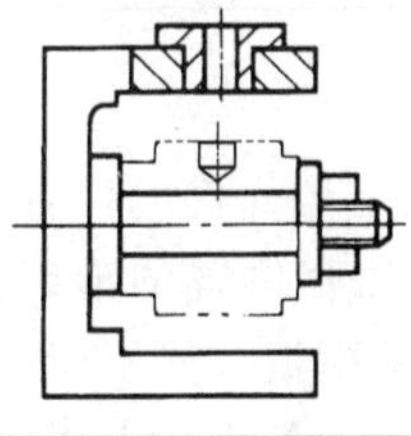	钻模板和钻模基体铸成或焊接为一体。结构刚度好,加工孔的位置精度高。适用于简单钻模

续表

固定式钻模板	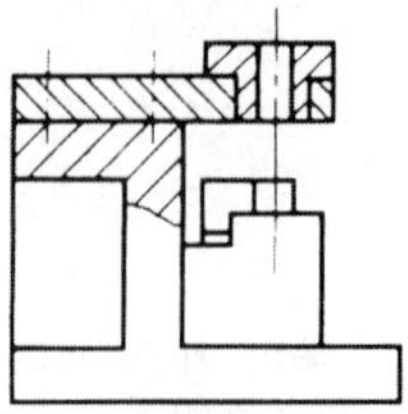	钻模板和钻模夹具体的连接采用销钉定位，用螺钉紧固成一整体，结构刚度好，加工孔的位置精度较高
可卸式钻模板	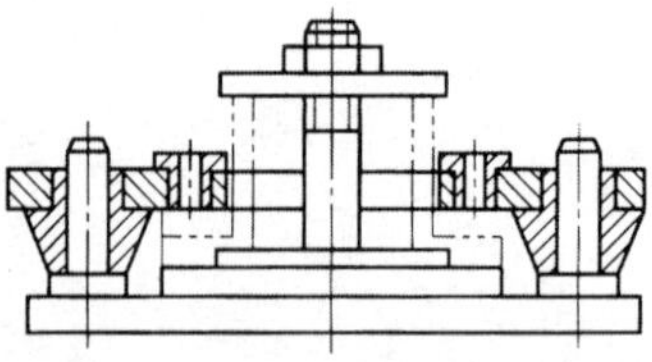	在夹具体上为钻模板设有定位装置，以保持钻模板准确的位置精度。钻孔精度较高，装卸工件费时
铰链式钻模板	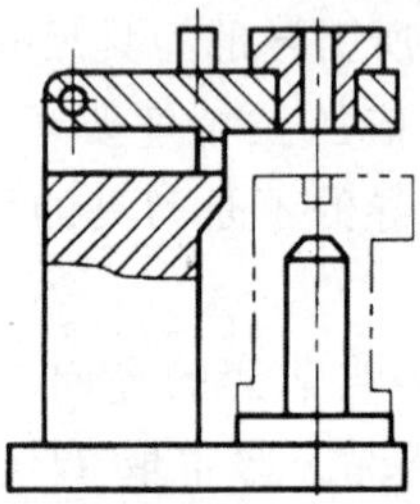	钻模板的铰链孔和轴销的配合按H7/f8。由于铰链存在问题，它的加工精度不如固定式钻模板高，但装卸工件方便
悬挂式钻模板	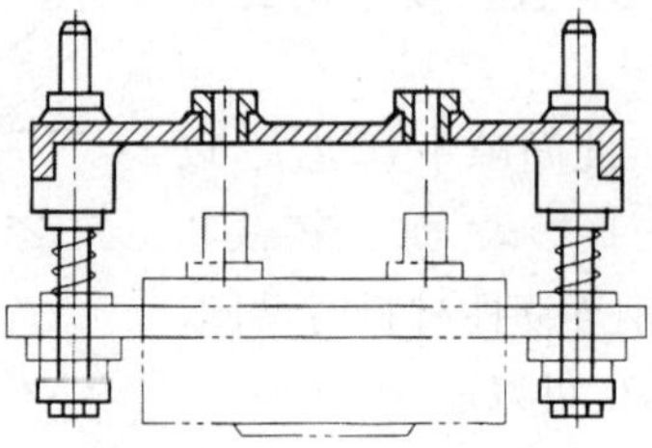	钻模板配合多轴传动头同时加工平行孔系用，由导柱引导来保证钻模板的升降及工件的正确位置，适用于大批量生产
滑柱式钻模板	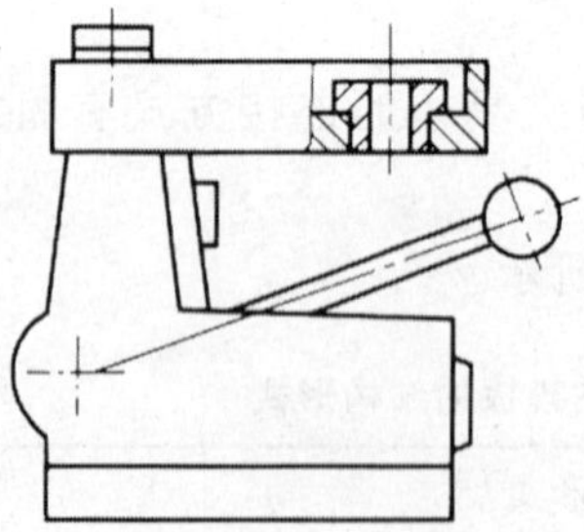	钻模板紧固在滑柱上，当钻模板与滑柱向下移动时，可将工件夹紧。动作快、工作方便，多用于大批量生产

设计钻模板时应注意以下几点：

(1)钻模板上安装钻套的孔之间及孔与定位元件的位置应有足够的精度。

(2)钻模板应具有足够的刚度，以保证钻套位置的准确性，但又不能做得太厚太重。注意布置加强筋板以提高钻模板的刚性。钻模板一般不应承受夹紧力。

(3)为保证加工的稳定性，悬挂式钻模板导杆上的弹簧力必须足够，使钻模板在夹具上能维持足够的定位压力。如钻模板本身质量超过 80kg,导杆上可不装弹簧。

(4)当使用固定钻模板装卸工件有困难时,可采用铰链式钻模板。铰链式钻模板可使钻模板转动,以使工件可以方便地装卸。这种钻模板通过铰链与夹具体相连接,由于铰链处存在间隙,因而精度不高。分离式钻模板是可拆卸的,工件每装卸一次,钻模板也要拆卸一次,与铰链式钻模板一样,它也是为了装卸工件方便而设计的,但在某些情况下,其精度比铰链式钻模板要高。

2.2.4　夹具体的设计

钻模的夹具体一般不设定位或导向装置,夹具通过夹具体底面安放在钻床工作台上,可直接用钻套找正并用压板压紧,或在夹具体上设置耳座用螺栓压紧。

2.2.5　支脚的设计

为了保证夹具在钻床工作台上放置平稳,减少夹具底面与工作台的接触面积,翻转式钻模一般在夹具体上设计支脚,如图 2-9 所示。

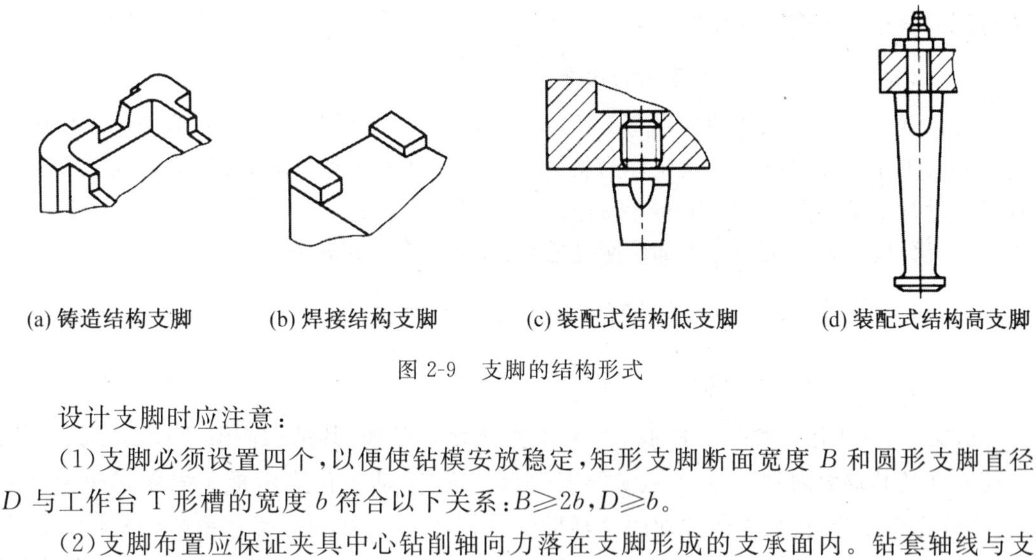

(a) 铸造结构支脚　(b) 焊接结构支脚　(c) 装配式结构低支脚　(d) 装配式结构高支脚

图 2-9　支脚的结构形式

设计支脚时应注意:

(1)支脚必须设置四个,以便使钻模安放稳定,矩形支脚断面宽度 B 和圆形支脚直径 D 与工作台 T 形槽的宽度 b 符合以下关系:$B\geqslant 2b$,$D\geqslant b$。

(2)支脚布置应保证夹具中心钻削轴向力落在支脚形成的支承面内。钻套轴线与支脚形成的支承面应垂直或平行。

2.3　钻床专用夹具的设计实例

2.3.1　托架斜孔分度钻模设计实例

图 2-1 所示为钻削 2×M12 的底孔ϕ10 的托架工序图,工件材料为铸铝,年产 1000 件,已加工面为ϕ33H7 孔及其两端面 A、C 和距离为 44mm 的两侧面 B。本工序需钻削 2×M12 的底孔 2×ϕ10mm。设计任务为:①选择和比较多种定位方案;②确定刀具导向、

夹紧和分度方案；③绘制钻模总图并注明尺寸、公差及技术要求。

2.3.2　托架斜孔分度钻模夹具设计分析

2.3.2.1　工件加工要求

根据实例要求，结合已经学过的定位与夹紧过程原理，同时依据工序图 2-1 的要求，本工序钻削 2×M12 的底孔ϕ10mm 的加工要求如下：

(1)2×ϕ10mm 孔的轴线与ϕ33H7 孔的轴线的夹角为 25°±20′。

(2)2×ϕ10mm 孔的轴线到ϕ33H7 孔的轴线的距离为(88.5±0.15)mm。

(3)两加工孔对两个 R18mm 轴线组成的中心面对称(未注公差)。

此外，105mm 的尺寸是为了方便斜孔钻模的设计和计算而必须标注的工艺尺寸。

2.3.2.2　工序基准

根据以上要求，加工孔的工序基准为ϕ33H7 轴线、A 面和 2×R18mm 的对称面。

由于主要工序基准ϕ33H7 孔的轴线与加工孔 2×ϕ10mm 的轴线具有 25°±20′的倾斜角，因此主要限位基准轴线与钻套轴线也应倾斜相同角度。这种定位元件的轴线与钻套倾斜的钻模称为斜孔钻模。

2.3.2.3　其他一些需要考虑的问题

为保证钻套及加工孔轴线垂直于钻床工作台面，主要限位基准必须倾斜。主要限位基准相对于钻套轴线倾斜的钻模称为斜孔钻模。设计斜孔钻模时，常须设置工艺孔。本任务中设置了工艺孔 2×ϕ10mm(倾斜角为 25°±20′)，该孔应在一次装夹中加工，因此钻模需设置分度装置。工件加工部位刚度较差，设计时应予以注意。

2.3.3　托架斜孔分度钻模的结构与技术要求设计

2.3.3.1　定位方案分析

方案一：选工序基准ϕ33H7 孔、A 面、B 面为定位基面，其结构如图 2-10(a)所示。用定位心轴及其端面限制$\vec{x}$、$\vec{y}$、$\vec{z}$、$\overset{\frown}{z}$、$\overset{\frown}{y}$共五个自由度，活动定位支承板 1 限制$\overset{\frown}{z}$一个自由度，实现完全定位，待加工部位加两个辅助支承钉 2，以增加加工工艺系统的刚性。此方案的基面 A、B 与工序基准不重合，结构不紧凑，且夹紧装置与导向装置易互相干扰，较难布置。

方案二：选工序基准ϕ33H7 孔、A 面、E 面为定位基面，其结构如图 2-10(b)所示。心轴及其端面限制五个自由度，在 R18mm 处用活动 V 形块 3 限制一个自由度，待加工部位仍设置两个斜楔作辅助支承。此方案的定位基准孔轴线及 R18mm 的对称面与工序基准重合，但定位基准 A 与工序基准不重合，且同样有方案一的缺点。

方案三：选工序基准ϕ33H7 孔、C 面、D 面为定位基面，其结构如图 2-10(c)所示。定位心轴及其端面仍限制五个自由度，两侧面设置四个调节螺钉 4，其中有一个起定位作用并限制$\overset{\frown}{z}$，另三个起辅助夹紧作用，待加工孔下方仍设置两个辅助支承钉 2。此方案结构紧凑，加了辅助夹紧装置，进一步提高了工艺系统的刚度，缺点是定位基准 C、D 与工序基准不重合，且工件装卸不便。

方案四：选工序基准ϕ33H7 孔、C 面及 E 面为定位基面，其结构如图 2-10(d)所示。定位心轴及其端面仍限制五个自由度，仍用活动 V 形块 3 在 E 面处限制一个自由度$\widehat{z}$，在待加工孔下方仍设置两个斜楔作为辅助支承。此方案结构紧凑，工件装卸方便，但定位基准 C 与工序基准不重合。

比较以上四个方案，工件宜选用ϕ33H7、C 面及 E 面为定位基面，其结构如图 6-24(d)所示。其中心轴及其端面限制五个自由度，用一个活动 V 形块 3 在 E 面处限制一个自由度$\widehat{z}$，在加工孔下方用两个斜楔作为辅助支承。

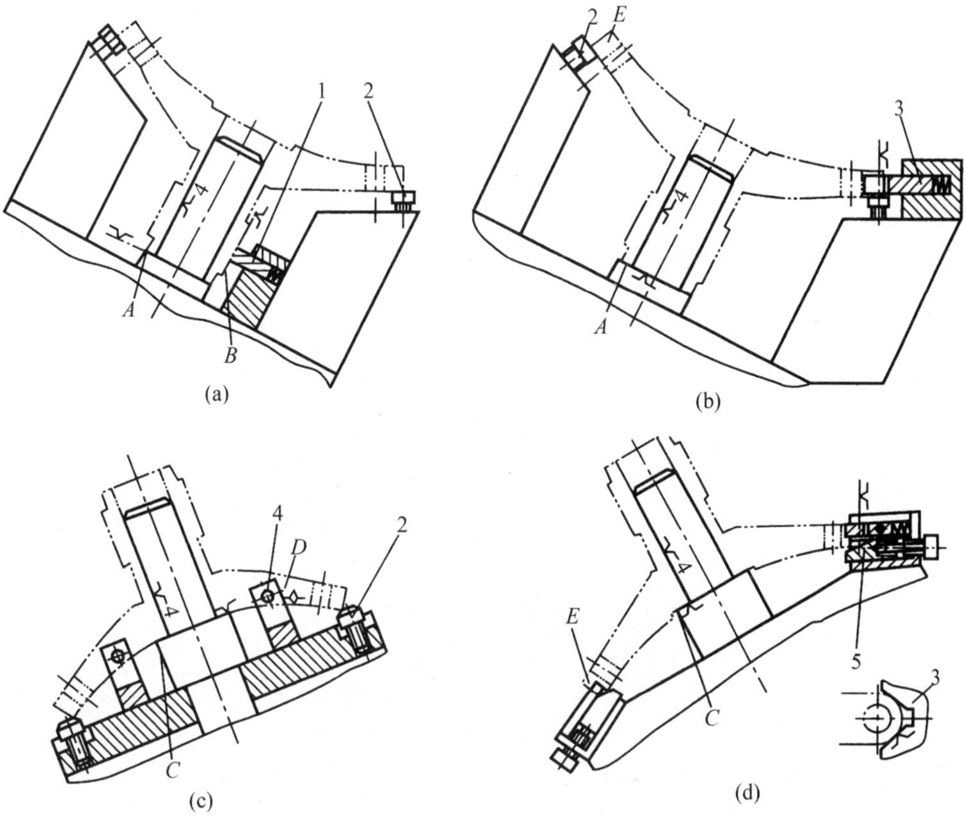

图 2-10　托架的四种定位方案分析

1—活动定位支承板　2—辅助支承钉　3—活动 V 形块　4—调节螺钉　5—斜楔辅助支承

2.3.3.2　导向、夹紧、分度方案设计

(1)导向方案设计

由于两个待加工孔是螺纹底孔，可直接钻出，加之年产量也不大，在工件装卸方便的情况下，选用固定式模板，托架导向方案如图 2-11(a)所示。

(2)夹紧方案设计

为便于快速装卸工件，夹具采用螺钉及开口垫圈夹紧机构，如图 2-11(b)所示。

(3)分度方案设计

由于 2×ϕ10mm 孔对ϕ33H7 孔的对称度要求不高(自由公差),分度装置采用了一般精度的结构形式,如图 2-11(c)所示,回转轴 1 与定位心轴做成一体,用销钉与分度盘 3 连接,在夹具体 6 的回转套 5 中回转,采用圆柱对定销 2 对准固定,锁紧螺母 4 锁紧。此分度装置结构简单、制造方便,能满足加工要求。

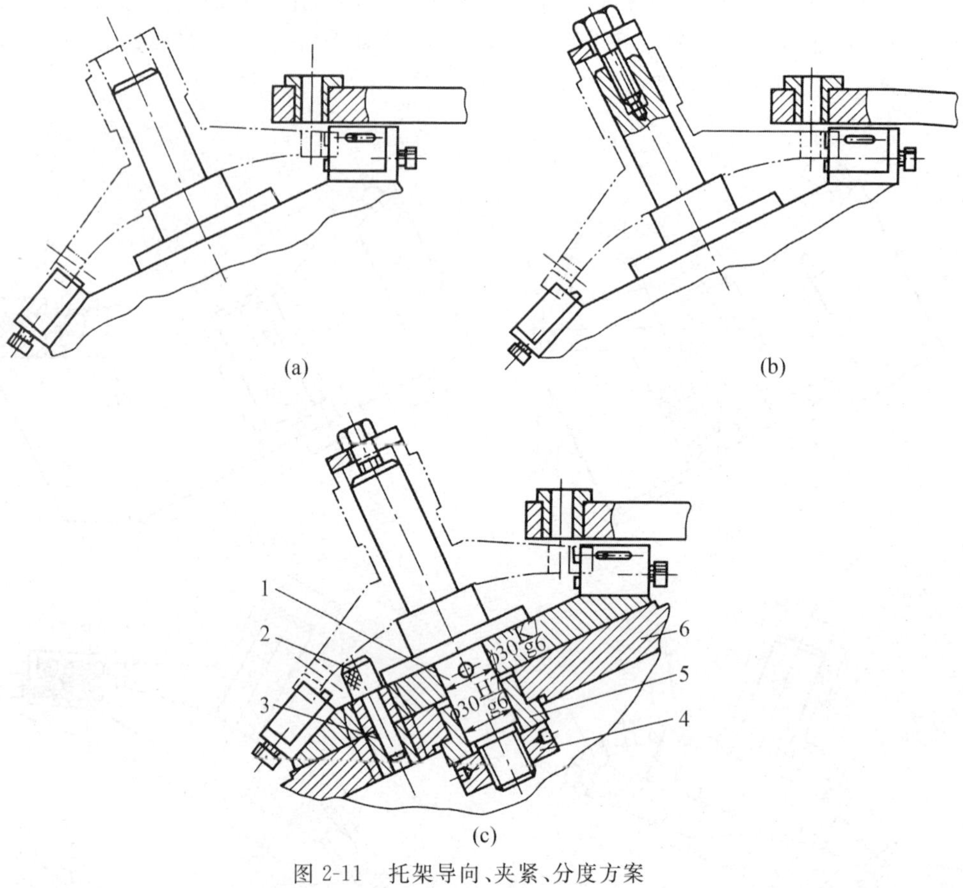

图 2-11　托架导向、夹紧、分度方案

1—回转轴　2—圆柱对定销　3—分度盘　4—锁紧螺母　5—回转套　6—夹具体

(4)夹具体结构设计

选用焊接夹具体,夹具体上安装分度盘的表面与夹具体底面成 25°10′倾斜角,夹具体底面支脚尺寸要大于钻床 T 形槽尺寸。由于工件可随分度装置的分度在工件的相应工序中将两个螺纹底孔加工完毕,所以装卸很方便。

2.3.4　总图上尺寸、公差及技术要求的标注

图 2-2 所示装配图主要标注的尺寸和技术要求如下:

(1)最大轮廓尺寸:355mm、150mm 和 312mm。

(2)影响工件定位精度的尺寸、公差:定位心轴与工件的配合尺寸ϕ33g6。

(3)影响导向精度的尺寸、公差:钻套导向孔的尺寸、公差ϕ10F7。

(4)影响夹具精度的尺寸、公差:工艺孔到定位心轴限位端面的距离 $J=(75\pm0.05)$mm;工艺孔到钻套轴线的距离 $l=(48.94\pm0.05)$mm;钻套轴线对安装基面 B 的垂直度 $\phi0.05$mm;钻套轴线与定位心轴轴线间的夹角 $25°\pm10'$;圆柱对定销与分度套及夹具体上固定套配合尺寸 $\phi12H7/g6$。

(5)其他重要尺寸:回转轴与分度盘的配合尺寸 $\phi30K7/g6$;分度套与分度盘 9 及固定衬套与夹具体 3 的配合尺寸 $\phi28H7/n6$;钻套 5 与钻模板 4 的配合尺寸 $\phi15H7/n6$;活动 V 形块 1 与座架的配合尺寸 $\phi60H8/f7$ 等。

(6)需标注技术要求:说明工件定位、夹紧后才能拧动辅助支承的旋钮,拧紧力应适当。

2.4　夹紧装置与常用夹紧元件

2.4.1　夹紧装置的设计

2.4.1.1　夹紧装置的组成及基本要求

(1)夹紧装置的组成

典型夹紧装置的结构形式是多种多样的,但其结构一般由两部分组成,如图 2-12 所示。

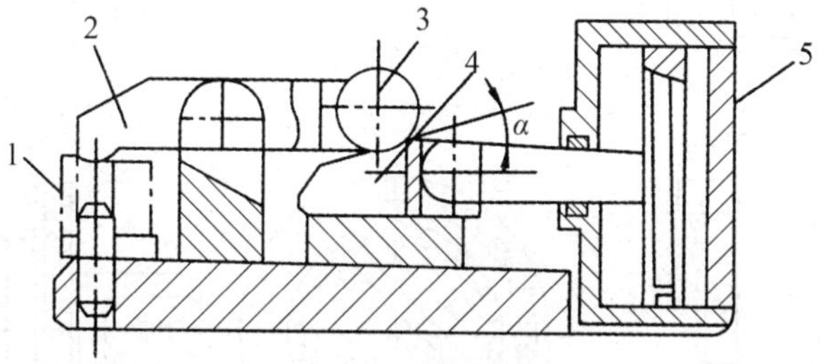

图 2-12　夹紧装置的示例

1—工件　2—压板　3—滚子　4—斜楔　5—气缸

①动力装置。机械加工过程中,要保证工件不离开定位时占据的正确位置,就必须有足够的夹紧力来平衡切削力、惯性力、离心力及重力对工件的影响。夹紧力的来源,一是人力;二是动力装置。常用的动力装置有:液压装置、气压装置、电磁装置、电动装置和气—液联动装置等。如图 2-12 所示中的气缸 5。

②夹紧机构。在工件夹紧过程中起力的传递作用的机构,称为夹紧机构。夹紧机构在传递力的过程中,能根据需要改变力的大小、方向和作用点。手动夹紧的夹紧机构还应具有良好的自锁性能,以保证人力的作用停止后,仍能可靠地夹紧工件。在图 2-12 中,斜楔 4、滚子 3 和压板 2 等组成夹紧机构。

(2)夹紧装置的基本要求

①夹紧既不应破坏工件的定位,又要有足够的夹紧力,同时又不应产生过大的夹紧变形和损伤工件表面。

②夹紧动作要迅速,操作要方便、安全、省力。

③手动夹紧机构要有可靠的自锁性;机动夹紧装置要统筹考虑其自锁性和稳定的源动力。

④结构应尽量简单紧凑,工艺性要好。

2.4.1.2 典型夹紧机构

(1)斜楔夹紧机构

图 2-13 所示为几种斜楔夹紧机构。其中图 2-13(a)为采用斜楔直接夹紧,图 2-13(b)为斜楔、滑柱、杠杆组合夹紧机构,图 2-13(c)为利用斜楔原理的自动夹紧机构。

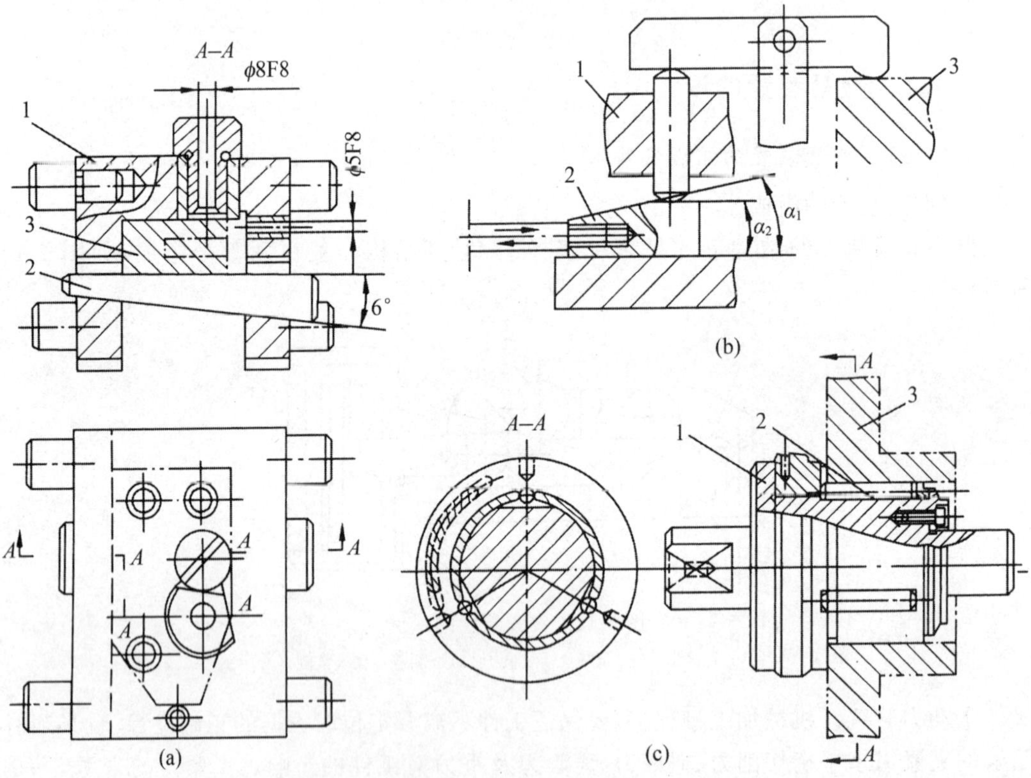

图 2-13 斜楔夹紧机构

1—夹具体 2—斜楔 3—工件

斜楔夹紧机构具有结构简单、增力比大、斜楔自锁性能好等特点,因此获得广泛的应用。由于斜楔夹紧行程小,为了增大夹紧行程,在实际应用中常将其做成双角楔块。斜楔夹紧机构装卸工件较麻烦,还容易夹伤工件表面,因此,很少单独使用,常与其他机构配合使用。

楔块的自锁是指作用在斜楔上的源动力取消后,工件仍处于夹紧状态。当源动力去掉后，斜楔有向大端方向运动的趋势，为了防止松动，要求斜楔满足自锁条件：斜楔的升角 α 小于斜楔与工件、斜楔与夹具体之间摩擦角之和。通常为可靠起见，手动夹紧机构一般取 $\alpha=6^\circ\sim8^\circ$。用气压或液压装置驱动的斜楔不需要自锁时，可取 $\alpha=15^\circ\sim30^\circ$。

(2)螺旋夹紧机构

由螺钉、螺母、垫圈、压板等元件组成的夹紧机构，称为螺旋夹紧机构，如图 2-14 所示。其中图 2-14(a)用螺钉直接夹压工件，其表面易被夹伤且在夹紧过程中可能使工件转动。为克服上述缺点，可在螺钉头上加上摆动压块，如图 2-14(b)所示。常见的摆动压块类型如图 2-15 所示。图 2-14(c)所示为球面带肩螺母压紧。

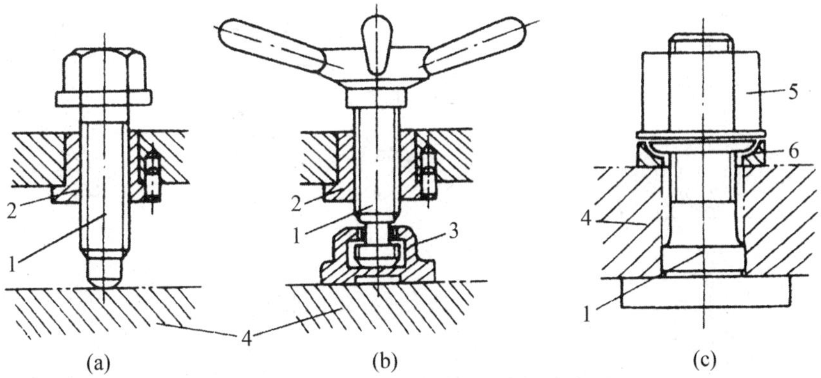

图 2-14　单螺旋夹紧机构

1—螺钉、螺杆　2—螺母套　3—摆动压块　4—工件　5—球面带肩螺母　6—球面垫圈

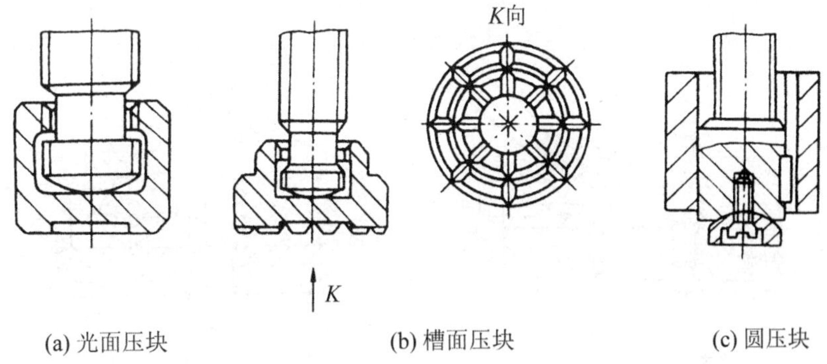

图 2-15　摆动压块

在螺旋夹紧机构中，除了单螺旋夹紧机构外，螺旋夹紧常和压板结合在一起形成复合夹紧机构，如图 2-16 所示。图 2-16(a)(b)为两种移动压板式螺旋夹紧机构；图 2-16(c)(d)为回转压板式螺旋夹紧机构；图 2-16(e)为钩形压板螺旋夹紧机构。

螺旋夹紧机构具有结构简单、夹紧行程大、自锁性好、增力比大等特点，是手动夹紧中用得最多的一种形式。

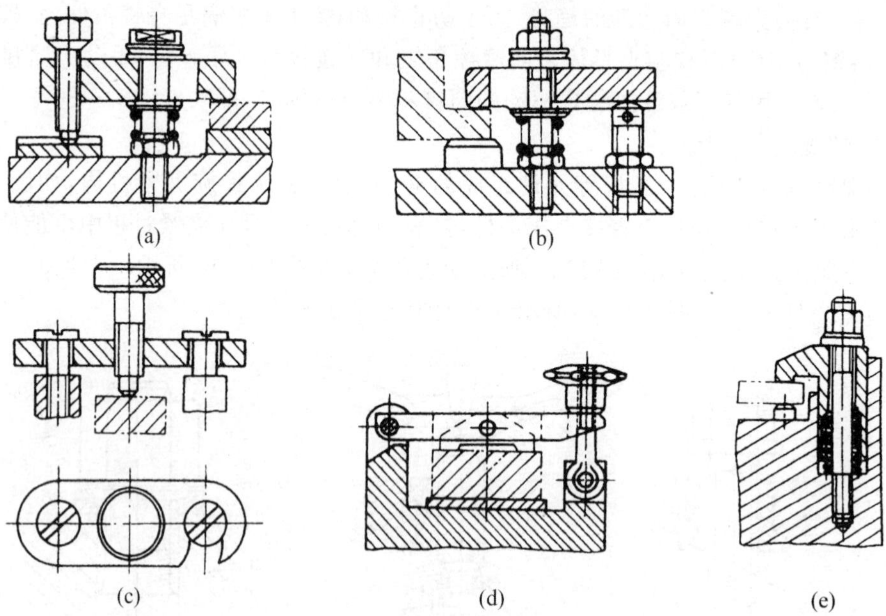

图 2-16　螺旋压板夹紧机构

(3)偏心夹紧机构

由偏心夹紧元件直接夹紧工件或与其他元件组合夹紧工件的快速动作机构称为偏心夹紧机构。偏心夹紧元件有两种形式:一种是圆偏心,如图 2-17(a)所示;另一种是曲线偏心,如图 2-17(b)所示。图 2-17(c)所示为偏心轴,图 2-17(d)所示为偏心叉。

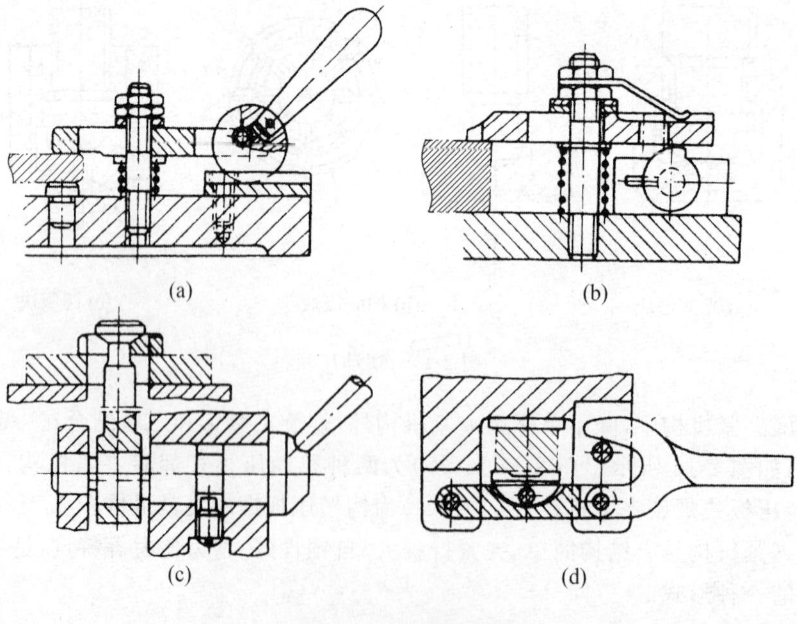

图 2-17　偏心夹紧机构

偏心夹紧机构具有结构简单、操作方便、夹紧迅速等优点,但其夹紧力和夹紧行程小,自锁可靠性差,故一般用于夹紧行程短及切削载荷小而平稳的场合。

2.4.2　常用夹紧元件

2.4.2.1　螺母

(1)带肩六角螺母

带肩六角螺母的结构形式和尺寸规格如表 2-3 所示。

表 2-3　　带肩六角螺母的结构形式和尺寸规格　　单位:mm

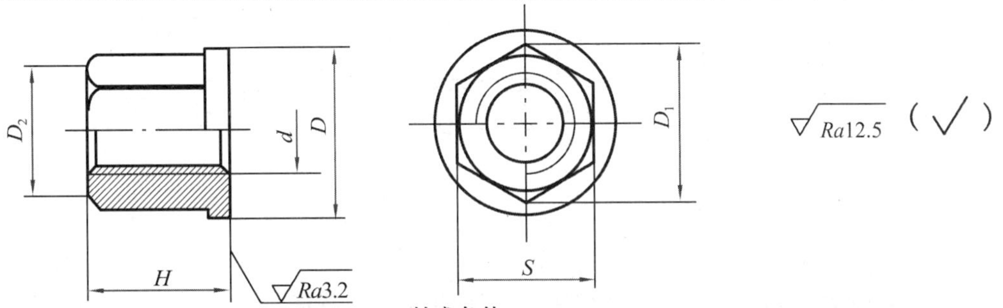

标记示例:
d=M16的带肩六角螺母:
螺母　M16　JB/T 8004.1-1990
d=M16×1.5的带肩六角螺母:
螺母　M16×1.5　JB/T 8004.1-1999

技术条件:
1.材料:45钢按GB/T 698的规定。
2.热处理:35～40HRC。
3.细牙螺母支承面对螺纹轴心线的垂直度按GB/T 1184-1996中附录B规定的9级公差。
4.其他技术条件按JB/T 8044的规定。

d		D	H	S		D_1≈	D_2≈
普通螺纹	细牙螺纹			基本尺寸	极限偏差		
M5	—	10	8	8	0 -0.220	9.2	7.5
M6	—	12.5	10	10		11.5	9.5
M8	M8×1	17	12	13	0 -0.270	14.2	13.5
M10	M10×1	21	16	16		17.59	16.5
M12	M12×1.25	24	20	18		19.85	17
M16	M16×1.5	30	25	24	0 -0.330	27.7	23
M20	M20×1.5	37	32	30		34.6	29
M24	M24×1.5	44	38	36	0 -0.620	41.6	34
M30	M30×1.5	56	48	46		53.1	44
M36	M36×1.5	66	55	55	0 -0.740	63.5	53
M42	M42×1.5	78	65	65		75	62
M48	M48×1.5	92	75	75		86.5	72

(2)球面带肩六角螺母

球面带肩六角螺母的结构形式和尺寸规格如表 2-4 所示。

表 2-4 球面带肩六角螺母的结构形式和尺寸规格 单位:mm

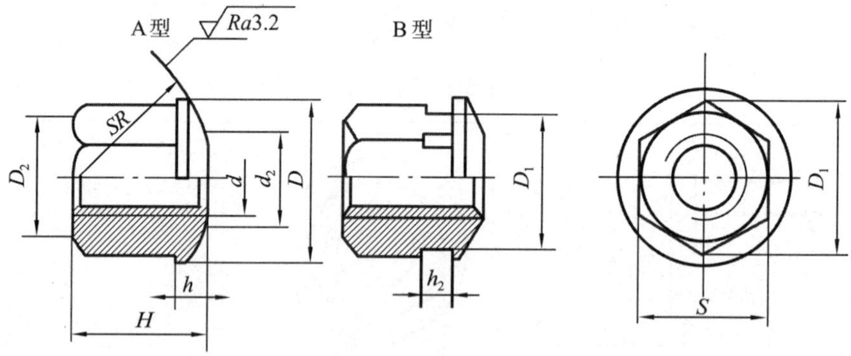

标记示例:
d=M16×1.5的A型球面带肩螺母:
螺母 M16×1.5 JB/T 8004.2-1999

技术条件:
1.材料:45钢按GB/T 699的规定。
2.热处理:35～40HRC。
3.其他技术条件按JB/T 8044 的规定。

Ra12.5 (√)

d	D	H	SR	S		$D_1\approx$	$D_2\approx$	D_3	d_1	h	h_1
				基本尺寸	极限偏差						
M6	12.5	10	10	10	0 −0.220	9.2	7.5	10	6.4	3	2.5
M8	17	12	12	12	0 −0.270	11.5	9.5	14	8.4	4	3
M10	21	16	16	16		14.2	13.5	18	10.5		3.5
M12	24	20	20	20		17.59	16.5	20	13	5	4
M16	30	25	25	25	0 −0.330	19.85	17	26	17	6	5
M20	37	32	32	32		27.7	23	32	21	6.6	
M24	44	38	36	38	0 −0.620	34.6	29	38	25	9.6	6
M30	56	48	40	48		41.6	34	48	31	9.8	7
M36	66	55	50	55	0 −0.740	53.1	44	58	37	12	8
M42	78	65	63	65		63.5	53	68	43	16	9
M48	92	75	70	75		75	62	78	50	20	10

(3)连接螺母

连接螺母的结构形式和尺寸规格如表 2-5 所示。

表 2-5　　连接螺母的结构形式和尺寸规格　　单位：mm

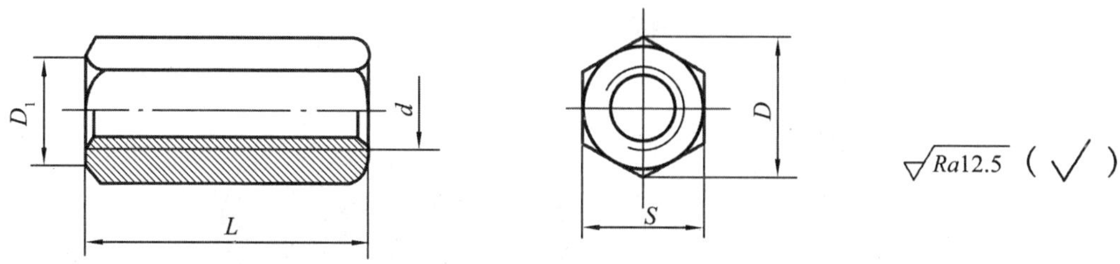

标记示例：
d=M12的连接螺母：
螺母　M12　JB/T 8014.3-1999

技术条件：
1.材料：45钢按GB/T 699的规定。
2.热处理：35～40HRC。
3.其他技术条件按JB/T 8044的规定。

d	L	S		$D\approx$	$D_1\approx$
		基本尺寸	极限偏差		
M12	40	20	0 −0.270	19.85	18
M16	50	25	0 −0.330	27.7	22.8
M20	60	32		34.6	28.5
M24	75	38	0 −0.620	41.6	34.2
M30	90	48		53.1	43.7
M36	110	55	0 −0.740	63.5	52.3
M42	130	65		75	61.8
M48	160	75		86.5	71.3

(4)调节螺母(JB/T 8004.4-1999)

调节螺母的结构形式和尺寸规格如表 2-6 所示。

表 2-6　　调节螺母的结构形式和尺寸规格　　单位:mm

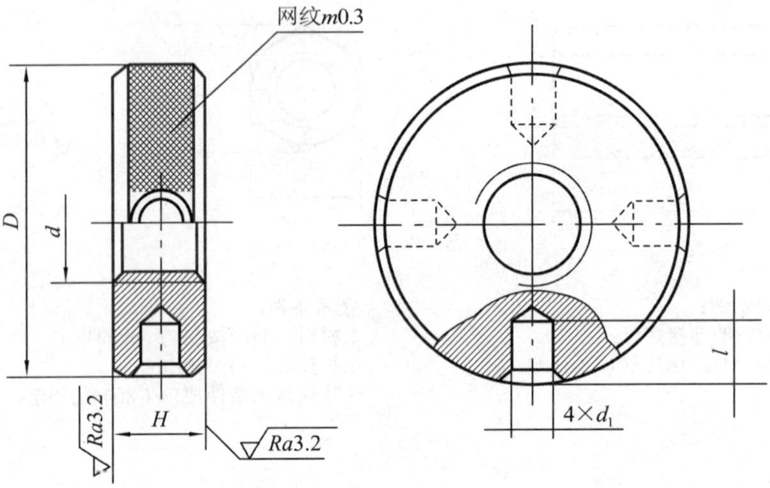

标记示例：
d=M16的调节螺母：
螺母 M16 JB/T 8004.4-1999

技术条件：
1.材料：45钢按GB/T 699的规定。
2.热处理：35～40HRC。
3.其他技术条件按JB/T 8044的规定。

$\sqrt{Ra12.5}$ ($\sqrt{}$)

d	D(滚花前)	H	d_1	l
M6	20	6	3	4.5
M8	24	7	3.5	5
M10	30	8	4	6
M12	35	10	5	7
M16	40	12	6	8
M20	50	14		10

(5)带孔滚花螺母(JB/T 8004. 5-1999)

带孔滚花螺母的结构形式和尺寸规格如表 2-7 所示。

表 2-7　　带孔滚花螺母的结构形式和尺寸规格　　单位:mm

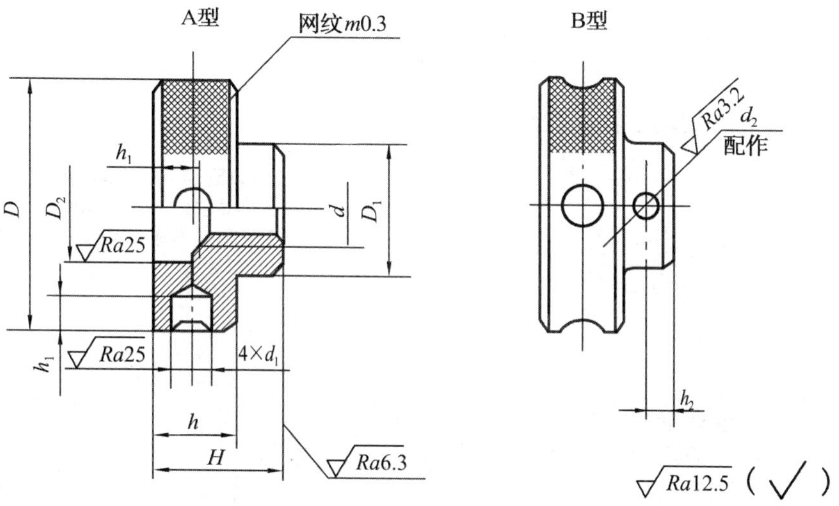

标记示例:

d=M5的带孔滚花螺母:

螺母　AM5　JB/T 8004.5-1999

技术条件:

1.材料:45钢按GB/T 699的规定。

2.热处理:35～40HRC。

3.其他技术条件按JB/T 8044的规定。

d	D(滚花前)	D_1	D_2	H	h	d_1	d_2		h_1	h_2
							基本尺寸	极限偏差		
M3	12	8	5	8	5	—	—	—	2	—
M4	18	10	6	10	6					
M5	20	12	7	12	7		1.5	+0.010 0	3	2.5
M6	25		8	14	8		2		4	3
M8	30	16	10	16	10	5	3		5	
M10	35	20	14	20	12		4	+0.012 0		4
M12	40		18				5		7	
M16	50	25	20	25	15	6	6		8	5
M20	60	30	25	30		8			10	7

(6)菱形螺母(JB/T 8004.6-1999)

菱形螺母的结构形式和尺寸规格如表 2-8 所示。

表 2-8　菱形螺母的结构形式和尺寸规格　单位:mm

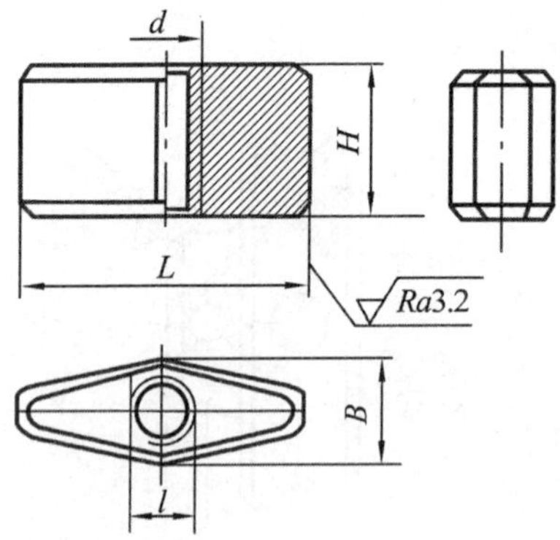

技术条件:
1.材料:45钢按GB/T 699的规定。
2.热处理:35～40HRC。
3.其他技术条件按JB/T 8044的规定。

Ra12.5 (√)

标记示例:
d=M10的菱形螺母:
螺母 M10 JB/T 8006.6-1999

d	*L*	*B*	*H*	*l*
M4	20	7	8	4
M5	25	8	10	5
M6	30	10	12	6
M8	35	12	16	8
M10	40	14	20	10
M12	50	16	22	12
M16	60	22	25	16

(7)内六角螺母(JB/T 8004.7-1999)

内六角螺母的结构形式和尺寸规格如表 2-9 所示。

表 2-9　　**内六角螺母的结构形式和尺寸规格**　　单位：mm

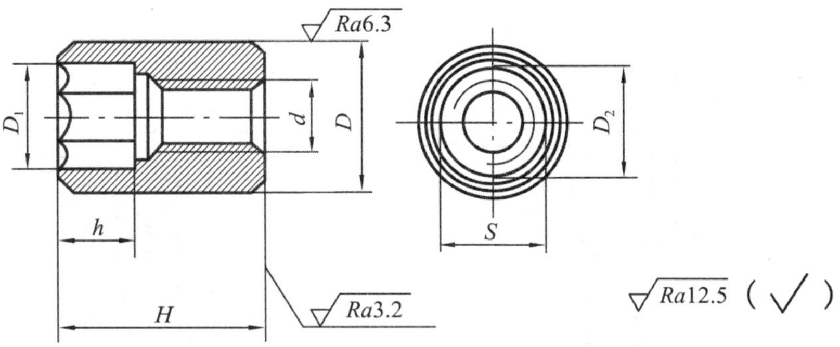

标记示例：
d=M12的内六角螺母：
螺母 M12 JB/T 8004.7-1999

技术条件：
1.材料：45钢按GB/T 699的规定。
2.热处理：35～40HRC。
3.其他技术条件按JB/T 8044的规定。

<table>
<tr><th rowspan="2">d</th><th rowspan="2">D</th><th rowspan="2">H</th><th colspan="2">S</th><th rowspan="2">D_1</th><th rowspan="2">$D_2 \approx$</th><th rowspan="2">h</th></tr>
<tr><th>基本尺寸</th><th>极限偏差</th></tr>
<tr><td>M6</td><td>10</td><td>16</td><td>6</td><td>+0.095
+0.020</td><td>7.5</td><td>18.6</td><td>5</td></tr>
<tr><td>M8</td><td>14</td><td>20</td><td>8</td><td rowspan="2">+0.115
+0.025</td><td>9.5</td><td>9.15</td><td>7</td></tr>
<tr><td>M10</td><td>18</td><td>25</td><td>10</td><td>12</td><td>11.43</td><td>9</td></tr>
<tr><td>M12</td><td>22</td><td>30</td><td>14</td><td>+0.142
+0.032</td><td>17</td><td>16.00</td><td>11</td></tr>
<tr><td>M16</td><td>25</td><td>40</td><td>17</td><td>+0.230
+0.050</td><td>20</td><td>19.44</td><td>13</td></tr>
<tr><td>M20</td><td>30</td><td>50</td><td>22</td><td rowspan="2">+0.275
+0.065</td><td>26</td><td>25.15</td><td>16</td></tr>
<tr><td>M24</td><td>38</td><td>60</td><td>27</td><td>32</td><td>30.85</td><td>22</td></tr>
</table>

(8)手柄螺母(JB/T 8004.8-1999)

手柄螺母的结构形式和尺寸规格如表 2-10 所示。

表 2-10　　手柄螺母的结构形式和尺寸规格　　单位：mm

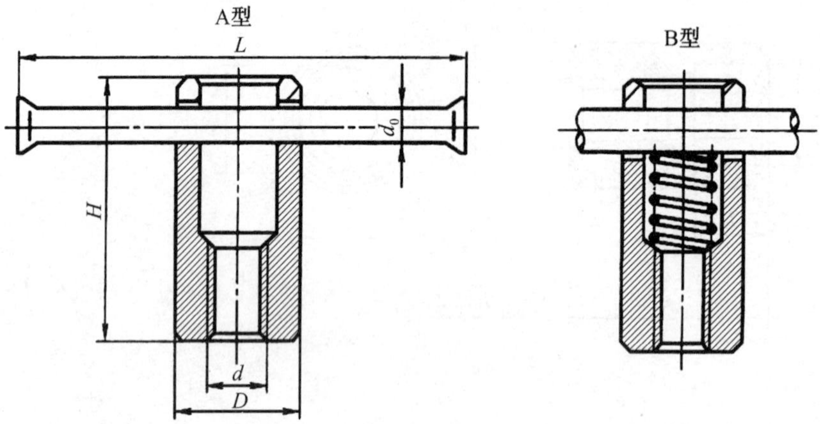

标记示例：

d=M10、H=45mm的A型手柄螺母：

螺母 AM10 JB/T 8010.4-1999

d	D	H	L	d_0
M6	15	28	50	5
		50		
M8	18	32	60	6
		60		
M10	22	45	80	8
		80		
M12	25	50	100	10
		100		
M16	32	60	120	12
		110		
M20	36	70	200	16
		120		

(9)回转手柄螺母(JB/T 80049-1999)

回转手柄螺母的结构形式和尺寸规格如表 2-11 所示。

表 2-11　回转手柄螺母的结构形式和尺寸规格　单位:mm

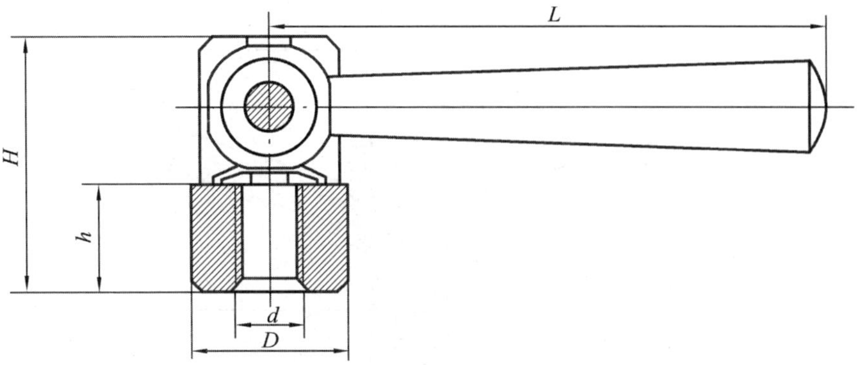

标记示例:
d=M10的回转手柄螺母:
手柄螺母 M10 JB/T 8004.9-1999

d	D	L	H	h
M8	18	65	30	14
M10	22	80	36	16
M12	25	100	45	20
M16	32	120	58	26
M20	40	160	72	32

(10)多手柄螺母(GB/T 8004.10-1999)

多手柄螺母的结构形式和尺寸规格如表 2-12 所示。

表 2-12　　多手柄螺母的结构形式和尺寸规格　　单位:mm

A型

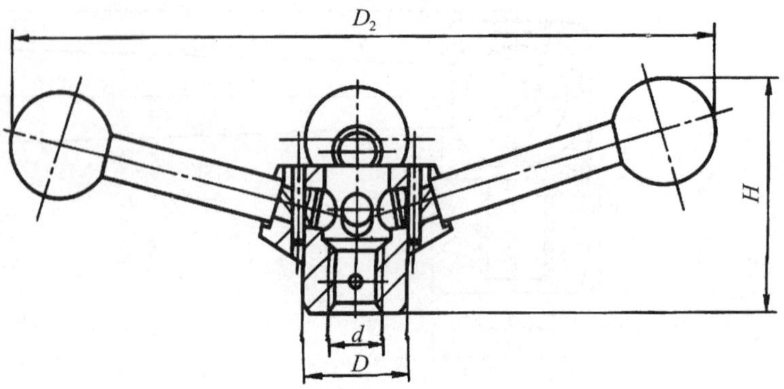

B型

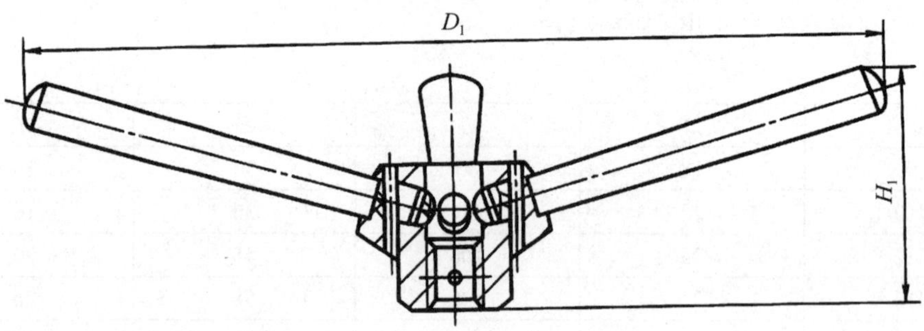

标记示例:
d=M16的A型多手柄螺母:
螺母 AM16 JB/T 8004-1999

d	D	$D_1\approx$	$D_2\approx$	$H\approx$	$H_1\approx$
M12	25	234	196	59	59
M16	32	241	204	63	65
M20	38	298	255	80	80
M24	45	308	265	85	85
M30	52	385	350	105	104

(11)T 形槽用螺母(GB/T 8004.11-1999)

T 形槽用螺母的结构形式和尺寸规格如表 2-13 所示。

表 2-13　　T 形槽用螺母的结构形式和尺寸规格　　单位：mm

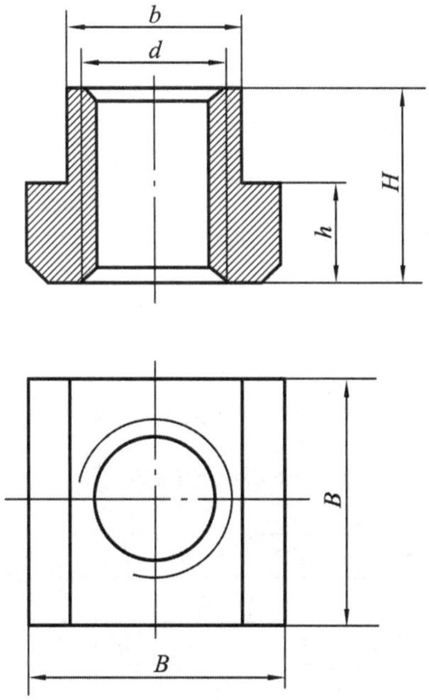

技术条件：
1.材料：45钢按GB/T 699的规定。
2.热处理：35～40HRC。
3.其他技术条件按JB/T 8044的规定。

标记示例：
d=M20的T形槽用螺母：
螺母　M20　JB/T 8004-1999

<table>
<tr><th rowspan="2">d</th><th colspan="2">b</th><th colspan="2">B</th><th colspan="2">h</th><th rowspan="2">H</th><th rowspan="2">适用宽度</th></tr>
<tr><th>基本尺寸</th><th>极限偏差</th><th>基本尺寸</th><th>极限偏差</th><th>基本尺寸</th><th>极限偏差</th></tr>
<tr><td>M4</td><td>5</td><td rowspan="4">-0.3
-0.5</td><td>9</td><td rowspan="8">0
-0.5</td><td>2.5</td><td rowspan="8">0
-0.5</td><td>6.5</td><td>5</td></tr>
<tr><td>M5</td><td>6</td><td>10</td><td>4</td><td>8</td><td>6</td></tr>
<tr><td>M6</td><td>8</td><td>13</td><td rowspan="2">6</td><td>10</td><td>8</td></tr>
<tr><td>M8</td><td>10</td><td>15</td><td>12</td><td>10</td></tr>
<tr><td>M10</td><td>12</td><td rowspan="5">-0.3
-0.6</td><td>18</td><td>7</td><td>14</td><td>12</td></tr>
<tr><td>M12</td><td>14</td><td>22</td><td>8</td><td>16</td><td>14</td></tr>
<tr><td>M16</td><td>18</td><td>28</td><td>10</td><td>20</td><td>18</td></tr>
<tr><td>M20</td><td>22</td><td>34</td><td>14</td><td>28</td><td>22</td></tr>
<tr><td>M24</td><td>28</td><td>43</td><td rowspan="5">0
-1.0</td><td>18</td><td rowspan="5">0
-1.0</td><td>36</td><td>28</td></tr>
<tr><td>M30</td><td>36</td><td rowspan="3">-0.4
-0.7</td><td>53</td><td>23</td><td>44</td><td>36</td></tr>
<tr><td>M36</td><td>42</td><td>64</td><td>28</td><td>52</td><td>42</td></tr>
<tr><td>M42</td><td>48</td><td>75</td><td>32</td><td>60</td><td>48</td></tr>
<tr><td>M48</td><td>54</td><td>-0.4
-0.8</td><td>85</td><td>36</td><td>70</td><td>54</td></tr>
</table>

2.4.2.2　螺钉

(1)压紧螺钉(JB/T 8006.1-1999)

压紧螺钉的结构形式和尺寸规格如表 2-14 所示。

表 2-14　压紧螺钉的结构形式和尺寸规格　单位:mm

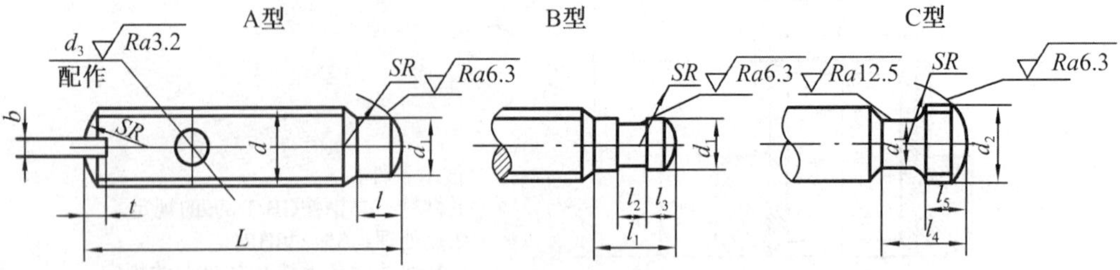

标记示例:
d=M16、L=60mm的A型压紧螺钉:
螺钉 AM16×60 JB/T 8006.1-1999

技术条件:　Ra12.5 (√)
1.材料:45钢按GB/T 699的规定。
2.热处理:30～35HRC。
3.其他技术条件按JB/T 8044的规定。

	d	M4	M5	M6	M8	M10	M12	M16	M20	M24	M30
	d_1	2.8	3.5	4.5	6	7	9	12	16	18	
	d_2	M4	M5	M6	M8	M10	M12	M16	M20	M24	
d_3	基本尺寸	—	1.5	2	3	4	5	6		8	
	极限偏差 H7	—	+0.010 0			+0.012 0				+0.015 0	
	l	3		4	5	6	7	8	10	12	
	l_1	—		7	8.5	10	13	15	18	20	
	l_2			2.1	2.5			3.4	5		
	l_3			2.2	2.6	3.2	4.8	6.3	7.5	8.5	
	l_4	5	6.5		9	11	13.5	15	17	20	
	l_5	2	3		4	5	6.5	8	9	11	
	SR	4	5	6	8	10	12	16	20	25	
	SR_1	3	4	5	6	7	9	12	16	18	
	b	0.6	0.8		1.2	1.5	2		3	4	
	t	1.4	1.8	2	2.5	3	3.5	4.5	6	7	
	L	18									
		20									
		22	22								
		25	25								
		28	28	28							
		30	30	30							

续表

L	35	35	35	35						
	40	40	40	40	40					
		45	45	45	45					
		50	50	50	50	50				
			60	60	60	60	60			
				70	70	70	70	70		
				80	80	80	80	80	80	80
					90	90	90	90	90	90
					100	100	100	100	100	100
						110	110	110	110	110
							120	120	120	120
								140	140	140
								160	160	160
									180	180

(2)六角头压紧螺钉(JB/T 8006.2-1999)

六角头压紧螺钉的结构形式和尺寸规格如表 2-15 所示。

表 2-15　六角头压紧螺钉的结构形式和尺寸规格　单位:mm

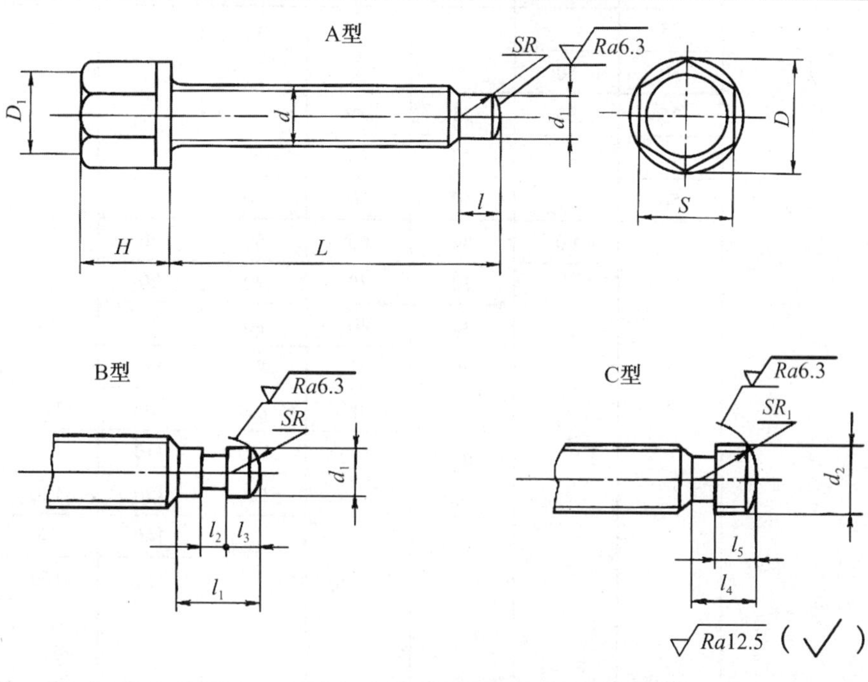

标记示例:
d=M16、*L*=60mm的A型六角头压紧螺钉:
螺钉　AM16×60　JB/T 8006.2-1999

技术条件:
1.材料:45钢按GB/T 699的规定。
2.热处理:35~40HRC。
3.其他技术条件按JB/T 8044的规定。

续表

d		M8	M10	M12	M16	M20	M24	M30	M36
$D\approx$		12.7	14.2	17.59	23.35	31.2	37.29	47.3	57.7
$D_1\approx$		11.5	13.5	16.5	21	26	31	39	47.5
H		10	12	16	18	24	30	36	40
S	基本尺寸	11	13	16	21	27	34	41	50
	极限偏差	0 -0.240			0 -0.280		0 -0.340		
d_1		6	7	9	12	16	18		
d_2		M8	M10	M12	M16	M20	M24		
L		5	6	7	8	10	12		
l_1		8.5	10	13	15	18	20		
l_2		2.5			3.4	5			
l_3		2.6	3.2	4.8	6.3	7.5	8.5		
l_4		9	11	13.5	15	17	20		
l_5		4	5	6.5	8	9	11		
SR_1		8	10	12	16	20	25		
SR		6	7	9	12	16	18		
L		25							
		30	30						
		35	35	35					
		40	40	40	40				
		50	50	50	50	50			
			60	60	60	60	60		
				70	70	70	70		
				80	80	80	80	80	
				90	90	90	90	90	
					100	100	100	100	100
						110	110	110	110
						120	120	120	120
							140	140	140
								160	160
									180
									200

(3)固定手柄压紧螺钉(JB/T 8006.3-1999)

固定手柄压紧螺钉的结构形式和尺寸规格如表 2-16 所示。

表 2-16　　固定手柄压紧螺钉的结构形式和尺寸规格　　单位：mm

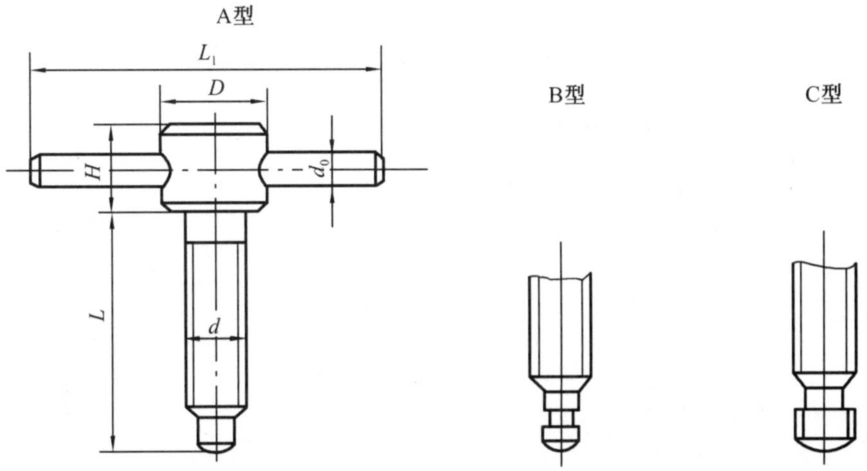

标记示例：
d=M10、L=60mm的A型固定手柄压紧螺钉：
螺钉　AM10×60　JB/T 8006.3-1999

<table>
<tr><th>d</th><th>d₀</th><th>D</th><th>H</th><th>L₁</th><th colspan="11">L</th></tr>
<tr><td>M6</td><td>5</td><td>12</td><td>10</td><td>50</td><td rowspan="2">30</td><td rowspan="2">35</td><td rowspan="3">40</td><td></td><td></td><td rowspan="2"></td><td rowspan="2"></td><td rowspan="2"></td><td rowspan="3"></td><td rowspan="4"></td><td rowspan="4"></td></tr>
<tr><td>M8</td><td>6</td><td>15</td><td>12</td><td>60</td><td rowspan="3">50</td><td rowspan="4">60</td></tr>
<tr><td>M10</td><td>8</td><td>18</td><td>14</td><td>80</td><td rowspan="4"></td><td rowspan="4"></td><td rowspan="4">70</td><td rowspan="4">80</td><td rowspan="4">90</td></tr>
<tr><td>M12</td><td>10</td><td>20</td><td>16</td><td>100</td><td rowspan="3"></td><td rowspan="3">100</td></tr>
<tr><td>M16</td><td>12</td><td>24</td><td>20</td><td>120</td><td rowspan="2"></td><td rowspan="2">120</td><td rowspan="2">140</td></tr>
<tr><td>M20</td><td>16</td><td>30</td><td>25</td><td>160</td><td></td></tr>
</table>

(4)活动手柄压紧螺钉(JB/T 8006.4-1999)

活动手柄压紧螺钉的结构形式和尺寸规格如表 2-17 所示。

表 2-17　　活动手柄压紧螺钉的结构形式和尺寸规格　　单位:mm

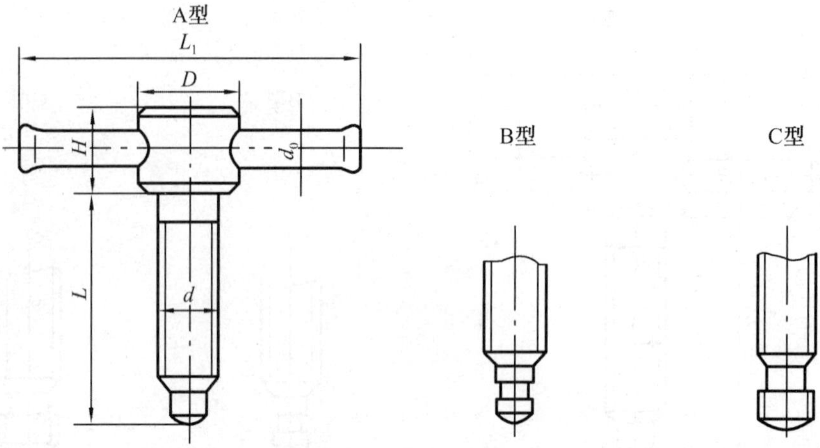

标记示例:

d=M12、L=60mm的A型活动手柄压紧螺钉:

螺钉　AM12×60　JB/T 8006.4-1999

<table>
<tr><th>d</th><th>DD_0</th><th>D</th><th>H</th><th>L_1</th><th colspan="13">L</th></tr>
<tr><td>M6</td><td>5</td><td>12</td><td>10</td><td>50</td><td rowspan="2">30</td><td rowspan="3">35</td><td rowspan="4">40</td><td rowspan="5">50</td><td></td><td rowspan="2"></td><td rowspan="2"></td><td rowspan="3"></td><td rowspan="3"></td><td rowspan="3"></td><td rowspan="4"></td><td rowspan="4"></td><td rowspan="6"></td></tr>
<tr><td>M8</td><td>6</td><td>15</td><td>12</td><td>60</td><td rowspan="5">60</td></tr>
<tr><td>M10</td><td>8</td><td>18</td><td>14</td><td>80</td><td rowspan="5"></td><td rowspan="5">70</td><td rowspan="5">80</td></tr>
<tr><td>M12</td><td>10</td><td>20</td><td>16</td><td>100</td><td rowspan="4"></td><td rowspan="4">90</td><td rowspan="4">100</td><td rowspan="4">120</td></tr>
<tr><td>M16</td><td>12</td><td>24</td><td>20</td><td>120</td><td rowspan="3"></td><td rowspan="3">140</td><td rowspan="3">160</td></tr>
<tr><td>M20</td><td rowspan="2">16</td><td rowspan="2">30</td><td rowspan="2">25</td><td>160</td><td rowspan="2"></td></tr>
<tr><td>M24</td><td>200</td><td></td><td>180</td></tr>
</table>

2.4.2.3　螺栓

(1)球头螺栓(JB/T 8007.1-1999)

球头螺栓的结构形式和尺寸规格如表 2-18 所示。

表 2-18　　　　**球头螺栓的结构形式和尺寸规格**　　　　单位:mm

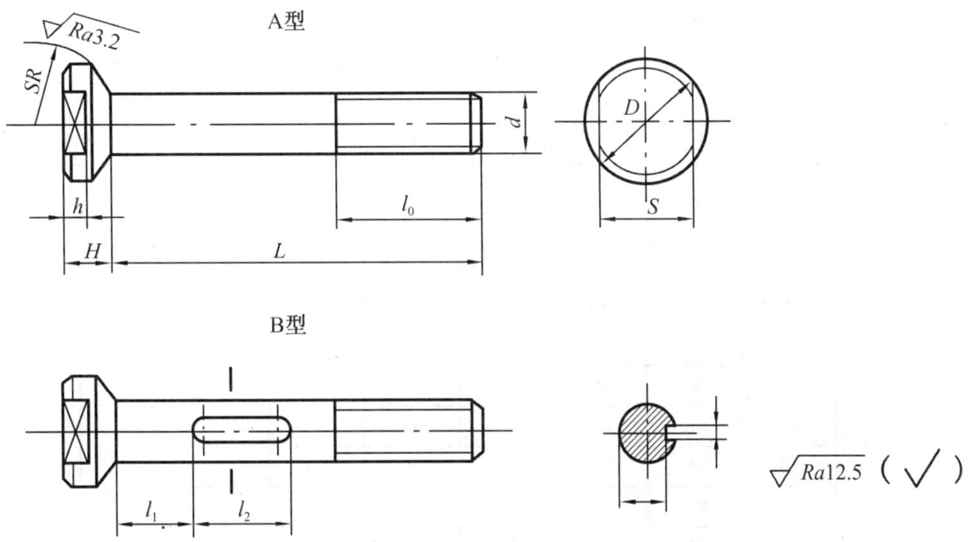

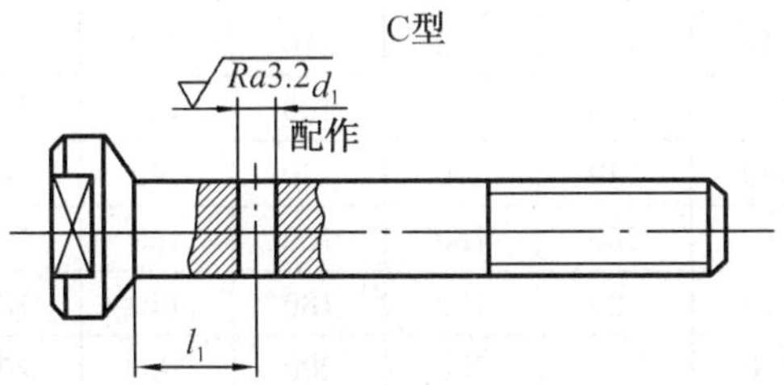

技术条件:

1.材料:45钢按GB/T 699的规定。

2.热处理:头部H长度上及螺纹l_0长度上35～35HRC。

3.其他技术条件按JB/T 8044的规定。

标记示例:

d=M20、L=120mm的A型球头螺栓:

螺栓　AM20×120　JB/T 8007.1-1999

d=M20、L=120mm、L_1=30mm的B型球头螺栓:

螺栓　BM20×120×30　JB/T 8007.1-1999

d		M6	M8	M10	M12	M16	M20	M24	M30	M36
D		12.5	17	21	24	30	37	44	56	66
S	基本尺寸	10	13	16	18	24	30	36	46	55
	极限偏差	0 −0.220	0 −0.270		0 −0.330			0 −0.620		0 −0.740
H		7	9	10	12	14	16	20	22	26
h		4	5	6	7	8	9	10	12	14
SR		10	12	16	20	25	32	36	40	50

续表

d_1	基本尺寸	2	3		4	5	6		8	10
	极限偏差	+0.010 0			+0.012 0				+0.015 0	
b		2	3		4	5	6.5		8	10
t		4.9	6	8	9.5	13	16.5	20.5	25.5	31.5
d		M6	M8	M10	M12	M16	M20	M24	M30	M36
l_0		16	20	25	30	40	50	60	70	80
l_1		根据设计需要决定								
l_2		8	10	15	20				30	
L		25								
		30	30							
		35	35							
		40	40	40						
		45	45	45						
		50	50	50	50					
		60	60	60	60	60				
		70	70	70	70	70	70			
			80	80	80	80	80	80		
			90	90	90	90	90	90		
			100	100	100	100	100	100	100	
				110	110	110	110	110	110	
				120	120	120	120	120	120	120
				140	140	140	140	140	140	140
				160	160	160	160	160	160	160
					180	180	180	180	180	180
					200	200	200	200	200	200
						220	220	220	220	220
							250	250	250	250
								280	280	280
								320	320	320
									360	360
										400

(2)T 形槽快卸螺栓(JB/T 8007.2-1999)

T 形槽快卸螺栓的结构形式和尺寸规格如表 2-19 所示。

表 2-19　　T 形槽快卸螺栓的结构形式和尺寸规格　　单位:mm

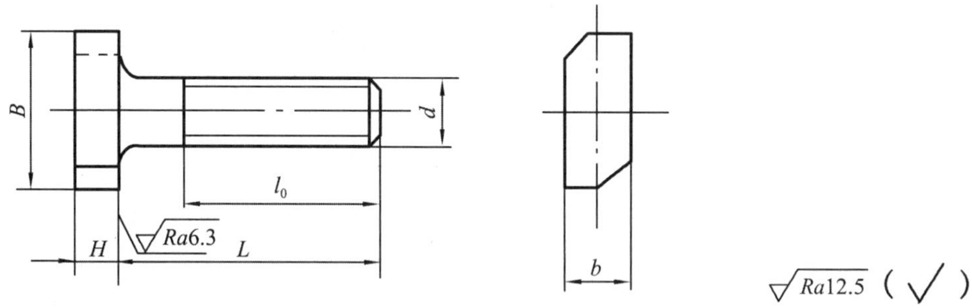

标记示例:
d=M10、*L*=40mm的T形槽快卸螺栓:
螺栓 M10×40 JB/T 8007.2-1999

技术条件:
1.材料:45钢按GB/T 699的规定。
2.热处理:*L*≤100mm时,全部35～40HRC;*L*>100mm时,两端35～40HRC。
3.其他技术条件按JB/T 8044的规定。

T形槽宽	10	12	14	18	22	28	36
d	M8	M10	M12	M16	M20	M24	M30
B	20	25	30	36	46	58	74
H	6	7	9	12	14	16	20
l_0	25	30	40	50	60	75	90
b	8	10	12	16	20	24	30
L	30						
	40	40					
	50	50					
	60	60	60				
		80	80				
			100	100	100		
			120	120	120	120	
			160	160	160	160	160
				200	200	200	200
					250	250	250
						320	320
							400

(3)双头螺栓(JB/T 8007.4-1999)

双头螺栓的结构形式和尺寸规格如表 2-20 所示。

表 2-20 双头螺栓的结构形式和尺寸规格 单位:mm

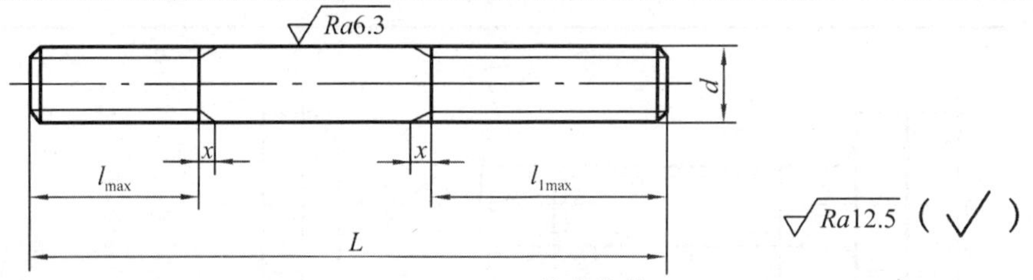

标记示例:
d=M12、L=75mm的双头螺栓:
螺栓 M12×75 JB/T 8007.4-1999

技术条件:
1.材料:35钢按GB/T 699的规定。
2.热处理:螺纹部分35～40HRC。
3.其他技术条件按JB/T 8044的规定。

d	M6	M8	M10	M12	M16	M20	M24	M30
x	1.5	1.8	2.2	2.6	3.0	3.7	4.5	5.0
l_{max}	22	24	25	30	40	45	55	65
l_{1max}	25	30	35	40	50	60	80	95
L	67	69	70	75				
	72	74	75	80	90			
	77	79	80	85	95			
	82	84	85	90	100	105		
	87	89	90	95	105	110		
	92	94	95	100	110	115	125	
	97	99	100	105	115	120	130	
	102	104	105	110	120	125	135	145
		109	110	115	125	130	140	150
		114	115	120	130	135	145	155
			120	125	140	140	150	160
			125	130	150	145	155	165
			135	140	160	155	165	175
			145	150	170	165	175	185
			155	160	180	175	185	195
			165	170	190	185	195	205
				180	200	195	205	215
				190	210	205	215	225
					220	215	225	235
					240	225	235	245
						245	255	265
						265	275	285
						295	305	315
							335	

(4)槽用螺栓(JB/T 8007.5-1999)

槽用螺栓的结构形式和尺寸规格如表 2-21 所示。

表 2-21　　槽用螺栓的结构形式和尺寸规格　　单位:mm

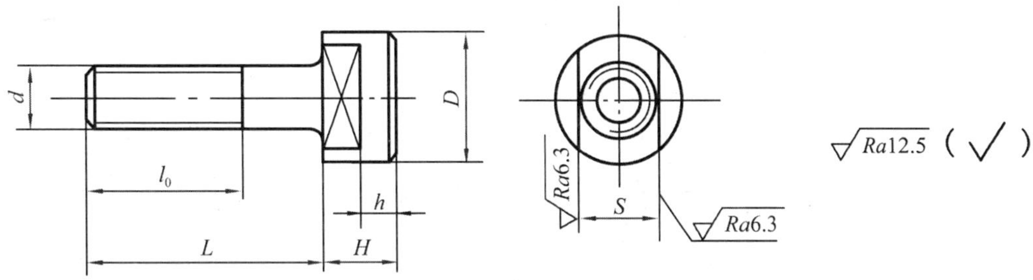

标记示例:
d=M10、L=40mm的槽用螺栓:
螺栓 M10×40 JB/T 8007.5-1999

技术条件:
1.材料:45钢按GB/T 699的规定。
2.热处理:30～40HRC。
3.其他技术条件按JB/T 8044的规定。

<table>
<tr><td>d</td><td>M6</td><td>M8</td><td>M10</td><td>M12</td><td>M16</td><td>M20</td><td>M24</td></tr>
<tr><td>D</td><td>14</td><td>18</td><td>22</td><td>26</td><td>34</td><td>42</td><td>52</td></tr>
<tr><td>S</td><td>8</td><td>10</td><td>11</td><td>13</td><td>18</td><td>21</td><td>27</td></tr>
<tr><td>H</td><td>8</td><td>10</td><td>12</td><td>16</td><td>22</td><td>26</td><td>34</td></tr>
<tr><td>h</td><td>4</td><td>5</td><td>6</td><td>8</td><td>11</td><td>13</td><td>17</td></tr>
<tr><td>L</td><td colspan="7">l_0</td></tr>
<tr><td>30</td><td rowspan="3">14</td><td rowspan="5">20</td><td rowspan="8">25</td><td></td><td rowspan="2"></td><td rowspan="2"></td><td rowspan="3"></td></tr>
<tr><td>40</td><td rowspan="8">30</td></tr>
<tr><td>50</td><td rowspan="8">40</td><td rowspan="8">50</td></tr>
<tr><td>60</td><td></td><td rowspan="7">60</td></tr>
<tr><td>70</td><td></td></tr>
<tr><td>80</td><td></td><td></td></tr>
<tr><td>100</td><td></td><td></td></tr>
<tr><td>120</td><td></td><td></td><td></td></tr>
<tr><td>160</td><td></td><td></td><td></td><td></td></tr>
<tr><td>200</td><td></td><td></td><td></td><td></td><td colspan="2"></td></tr>
</table>

2.4.2.4　垫圈

(1)悬式垫圈(JB/T 8008.1-1999)

悬式垫圈的结构形式和尺寸规格如表 2-22 所示。

表 2-22　　悬式垫圈的结构形式和尺寸规格　　单位:mm

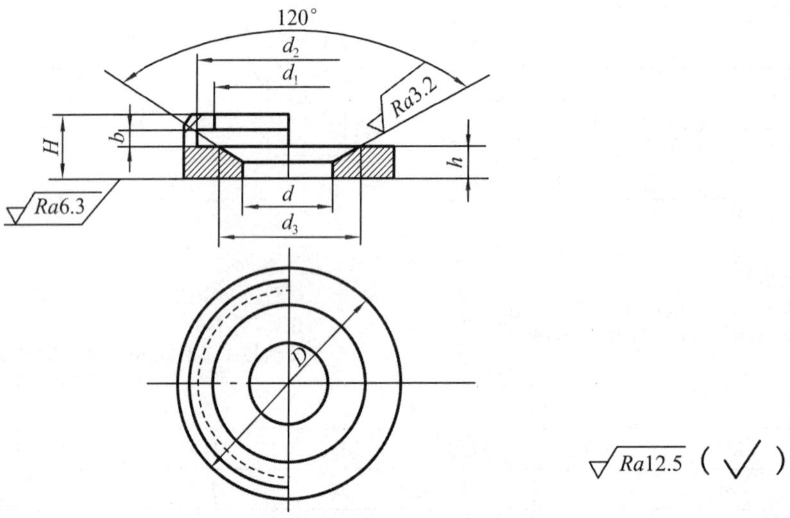

标记示例:
公称直径=16mm的悬式垫圈:
垫圈 16 JB/T 8008.1-1999

技术条件:
1.材料:45钢按GB/T 699的规定。
2.热处理:35～40HRC。
3.其他技术条件按JB/T 8044的规定。

公称直径(螺纹直径)	D	H	d	d_1	d_2	d_3	b	h
6	17	6.5	8	11	14	12	2.3	2.6
8	22	7.5	10	15	18.5	16	2.7	3.2
10	26	8.5	12.5	19.5	22.5	18	3	4
12	30	9.5	16	22	26	23.5	3.2	4.7
16	38	11	20	28	32	29	4	5.1
20	48	13.5	25	35	40	34	4.4	6.6
24	55	16.5	30	42	48	38.5	7.5	6.8
30	68	20.5	36	52	60	45.2		9.9
36	80	24	43	62	72	64		14.3
42	94	30	50	72	85	69	12.5	14.4
48	110	37	60	82	100	78.6	15	17.4

(2)十字垫圈(JB/T 8008.2-1999)

十字垫圈的结构形式和尺寸规格如表 2-23 所示。

表 2-23　　十字垫圈的结构形式和尺寸规格　　单位:mm

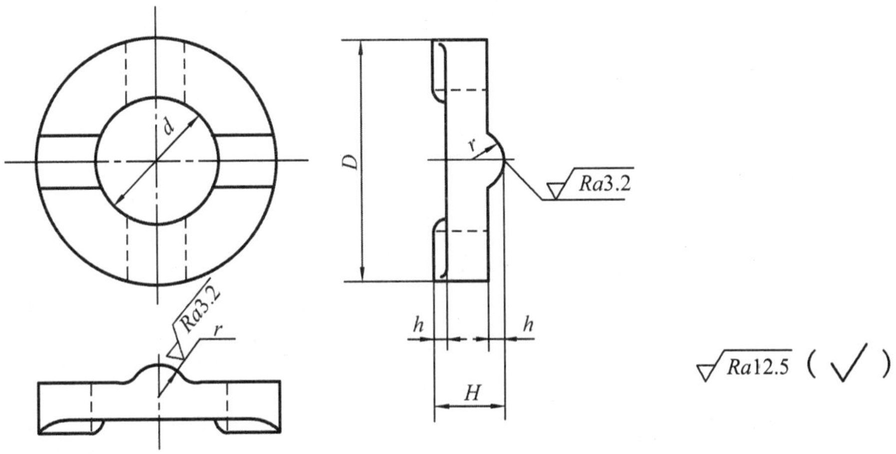

标记示例:
公称直径=16mm的十字垫圈:
垫圈　16　JB/T 8008.2-1999

技术条件:
1.材料：45钢按GB/T 699的规定。
2.热处理：40～45HRC。
3.其他技术条件按JB/T 8044的规定。

<table>
<tr><th>公称直径
（螺纹直径）</th><th>d</th><th>D</th><th>H</th><th>h</th><th>r</th></tr>
<tr><td>6</td><td>7</td><td>14</td><td>6</td><td rowspan="4">1</td><td rowspan="5">3</td></tr>
<tr><td>8</td><td>9</td><td>18</td><td>8</td></tr>
<tr><td>10</td><td>11.5</td><td>21</td><td rowspan="2">10</td></tr>
<tr><td>12</td><td>14</td><td>25</td></tr>
<tr><td>16</td><td>18</td><td>32</td><td rowspan="2">12</td><td rowspan="3">1.5</td></tr>
<tr><td>20</td><td>22.5</td><td>38</td><td rowspan="6">5</td></tr>
<tr><td>24</td><td>26.5</td><td>45</td><td rowspan="2">16</td></tr>
<tr><td>30</td><td>33</td><td>55</td><td rowspan="4">2</td></tr>
<tr><td>36</td><td>40</td><td>68</td><td rowspan="3">20</td></tr>
<tr><td>42</td><td>46</td><td>80</td></tr>
<tr><td>48</td><td>52</td><td>90</td></tr>
</table>

(3)十字垫圈用垫圈(JB/T 8008.3-1999)

十字垫圈用垫圈的结构形式和尺寸规格如表 2-24 所示。

表 2-24　十字垫圈用垫圈的结构形式和尺寸规格　单位:mm

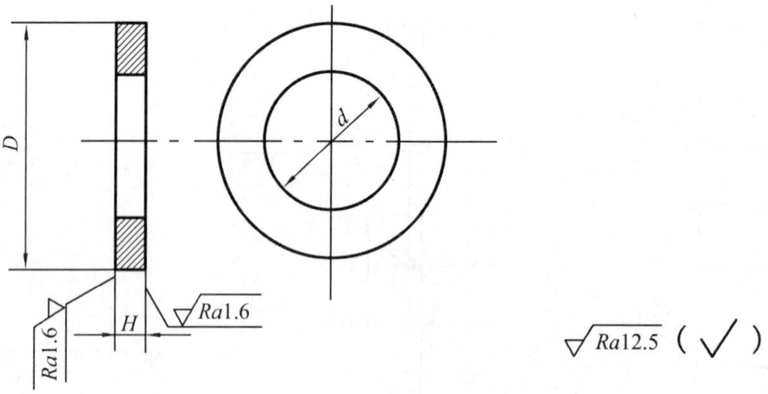

标记示例:
公称直径=16mm的十字垫圈用垫圈:
垫圈 16 JB/T 8008.3-1999

技术条件:
1.材料:45钢按GB/T 699的规定。
2.热处理:40～45HRC。
3.其他技术条件按JB/T 8044的规定。

公称直径（螺纹直径）	d	D	H
6	7	14	2
8	9	18	
10	11.5	21	2.5
12	14	25	
16	18	32	3
20	22.5	38	4
24	26.5	45	
30	33	55	5
36	40	68	6
42	46	80	
48	52	90	8

(4)转动垫圈(JB/T 8008.4-1999)

转动垫圈的结构形式和尺寸规格如表 2-25 所示。

表 2-25　　转动垫圈的结构形式和尺寸规格　　单位:mm

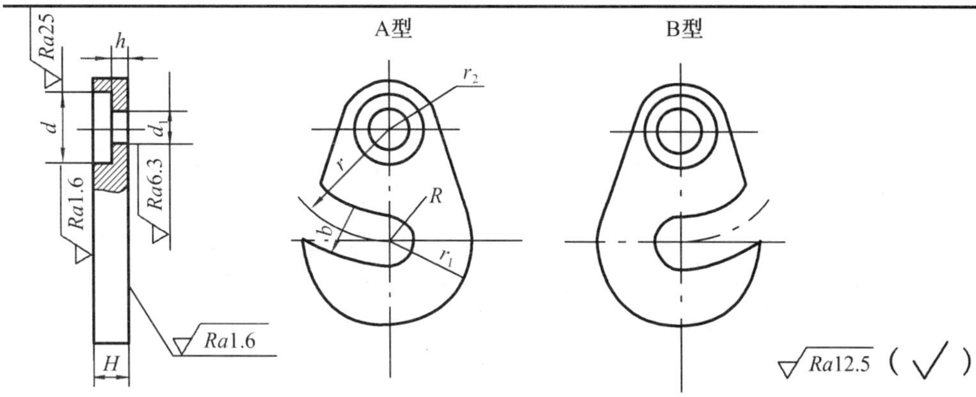

标记示例：
公称直径=8mm、r=22mm的A型转动垫圈：
垫圈 A8×22 JB/T 8008.4-1999

技术条件：
1.材料：45钢按GB/T 699的规定。
2.热处理：30～40HRC。
3.其他技术条件按JB/T 8044的规定。

公称直径（螺纹直径）	r	r_1	H	d	d_1 基本尺寸	d_1 极限偏差 H11	h 基本尺寸	h 极限偏差	b	r_2
5	15	11	6	9	15	+0.075 0	3	0 -0.100	7	7
	20	14								
6	18	13	7	11	6				8	8
	25	18								
8	22	16	8	14	8	+0.090 0	4		10	10
	30	22								
10	26	20	10	18	10				12	13
	35	26								
12	32	25							14	
	45	32								
16	38	28	12	22	12	+0.110 0	5		18	15
	50	36								
20	45	32	14				6		22	
	60	42								
24	50	38	16				8		26	
	70	50								
30	60	45	18	26	16				32	18
	80	58								
36	70	55	20				10		38	
	95	70								

(5)快换垫圈(JB/T 8008.5-1999)

快换垫圈的结构形式和尺寸规格如表 2-26 所示。

表 2-26　　快换垫圈的结构形式和尺寸规格　　单位:mm

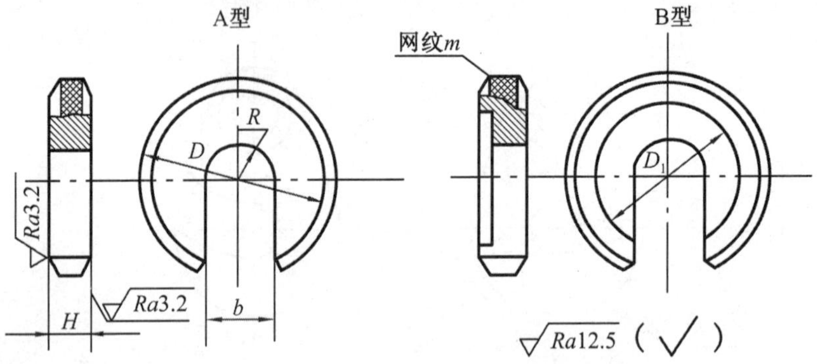

标记示例：
公称直径=6mm、D=30mm的A型快换垫圈：
垫圈 A6×30 JB/T 8008.5-1999

技术条件：
1.材料：45钢按GB/T 699的规定。
2.热处理：35～40HRC。
3.其他技术条件按JB/T 8044的规定。

<table>
<tr><td>公称直径
（螺纹直径）</td><td>5</td><td>6</td><td>8</td><td>10</td><td>12</td><td>16</td><td>20</td><td>24</td><td>30</td><td>36</td></tr>
<tr><td>b</td><td>6</td><td>7</td><td>9</td><td>11</td><td>13</td><td>17</td><td>21</td><td>25</td><td>31</td><td>37</td></tr>
<tr><td>D1</td><td>13</td><td>15</td><td>19</td><td>23</td><td>26</td><td>32</td><td>42</td><td>50</td><td>60</td><td>72</td></tr>
<tr><td>m</td><td colspan="4">0.3</td><td colspan="6">0.4</td></tr>
<tr><td>D</td><td colspan="10">H</td></tr>
<tr><td>16</td><td rowspan="4">4</td><td></td><td></td><td></td><td></td><td></td><td></td><td></td><td></td><td></td></tr>
<tr><td>20</td><td rowspan="2">5</td><td></td><td></td><td></td><td></td><td></td><td></td><td></td><td></td></tr>
<tr><td>25</td><td rowspan="2">6</td><td></td><td></td><td></td><td></td><td></td><td></td><td></td></tr>
<tr><td>30</td><td rowspan="2">6</td><td rowspan="2">7</td><td></td><td></td><td></td><td></td><td></td><td></td></tr>
<tr><td>35</td><td></td><td rowspan="3">7</td><td rowspan="3">8</td><td></td><td></td><td></td><td></td><td></td></tr>
<tr><td>40</td><td></td><td></td><td rowspan="3">8</td><td rowspan="4">10</td><td></td><td></td><td></td><td></td></tr>
<tr><td>50</td><td></td><td></td><td rowspan="3">10</td><td></td><td></td><td></td></tr>
<tr><td>60</td><td></td><td></td><td></td><td rowspan="3">10</td><td rowspan="4">12</td><td></td><td></td></tr>
<tr><td>70</td><td></td><td></td><td></td><td></td><td rowspan="4">14</td><td></td></tr>
<tr><td>80</td><td></td><td></td><td></td><td></td><td rowspan="3">12</td><td rowspan="3">12</td><td></td></tr>
<tr><td>90</td><td></td><td></td><td></td><td></td><td></td><td rowspan="2">16</td></tr>
<tr><td>100</td><td></td><td></td><td></td><td></td><td></td><td rowspan="2">14</td></tr>
<tr><td>110</td><td></td><td></td><td></td><td></td><td></td><td></td><td rowspan="2">14</td><td rowspan="2">16</td><td>—</td></tr>
<tr><td>120</td><td></td><td></td><td></td><td></td><td></td><td></td><td rowspan="2">16</td><td>16</td></tr>
<tr><td>130</td><td></td><td></td><td></td><td></td><td></td><td></td><td></td><td rowspan="2">18</td><td>—</td></tr>
<tr><td>150</td><td></td><td></td><td></td><td></td><td></td><td></td><td></td><td></td><td>18</td></tr>
<tr><td>160</td><td></td><td></td><td></td><td></td><td></td><td></td><td></td><td></td><td></td><td>20</td></tr>
</table>

2.4.2.5 压块

(1)光面压块(JB/T 8009.1-1999)

光面压块的结构形式和尺寸规格如表 2-27 所示。

表 2-27 **光面压块的结构形式和尺寸规格** 单位:mm

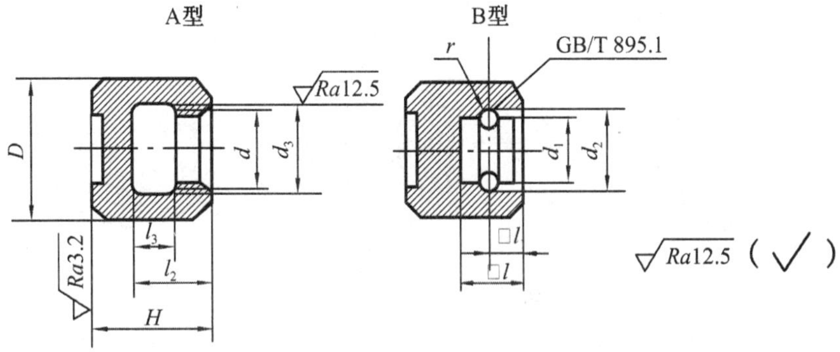

标记示例:
公称直径=12mm的A型光面压块:
压块 A12 GB/T 2171-2008

技术条件:
1.材料:45钢按GB/T 699的规定。
2.热处理:30~40HRC。
3.其他技术条件按JB/T 8044的规定。

公称直径(螺纹直径)	D	H	d	d_1	d_2 基本尺寸	d_2 极限偏差	d_3	l	l_1	l_2	l_3	r	挡圈 GB/T 895.1
4	8	7	M4	—	—	—	4.5	—	—	4.5	2.5	—	—
5	10	9	M5				6			6	3.5		
6	12		M6	4.8	5.6	$^{+0.100}_{0}$	7	6	2.4			0.4	5
8	16	12	M8	6.3	6.9		10	7.5	3.1	8	5		6
10	18	15	M10	7.4	7.9		12	8.5	3.5	9	6		7
12	20	18	M12	9.5	10		14	10.5	4.2	11.5	7.5		9
16	25	20	M16	12.5	13.1	$^{+0.120}_{0}$	18	13	4.4	13	9	0.6	12
20	30	25	M20	16.5	17.5		22	16	5.4	15	10.5	1	16
24	36	28	M24	18.5	19.5	$^{+0.280}_{0}$	26	18	6.4	17.5	12.5		18

(2)槽面压块(JB/T 8009.2-1999)

槽面压块的结构形式和尺寸规格如表 2-28 所示。

表 2-28　槽面压块的结构形式和尺寸规格　单位:mm

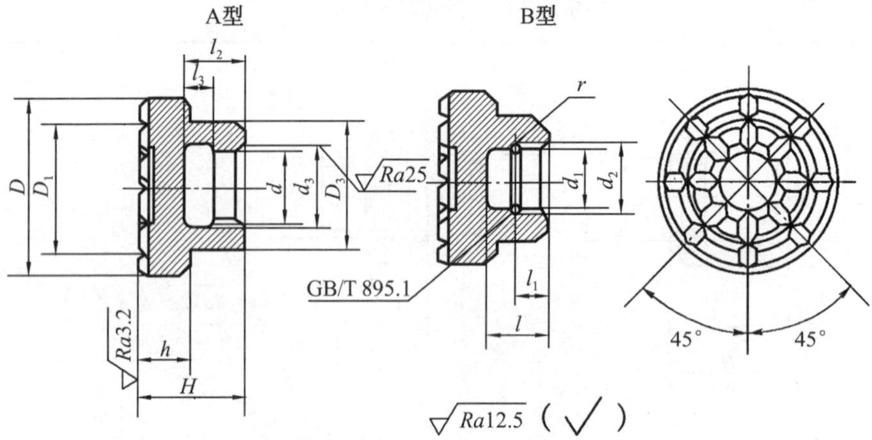

标记示例:
公称直径=12mm的A型槽面压块:
压块 A12 JB/T 8009.2-1999

技术条件:
1.材料:45钢按GB/T 699的规定。
2.热处理:35～40HRC。
3.其他技术条件按JB/T 8044的规定。

公称直径(螺纹直径)	D	D_1	D_2	H	h	d	d_1	d_2		d_3	l	l_1	l_2	l_3	r	挡圈 GB/T 895.1
								基本尺寸	极限偏差							
8	20	14	16	12	6	M8	6.3	6.9	+0.100 0	10	7.5	3.1	8	5	0.4	6
10	25	18	18	15	8	M10	7.4	7.9		12	8.5	3.5	9	6		7
12	30	21	20	18	10	M12	9.5	10		14	10.5	4.2	11.5	7.5		9
16	35	25	25	20	12	M16	12.5	13.1	+0.120 0	18	13	4.4	13	9	0.6	12
20	45	30	30	25		M20	16.5	17.5		22	16	5.4	15	10.5	1	16
24	55	38		28	14	M24	18.5	19.5		26	18	6.4	17.5	12.5		18

(3)圆压块(JB/T 8009.3-1999)

圆压块的结构形式和尺寸规格如表 2-29 所示。

表 2-29　　圆压块的结构形式和尺寸规格　　单位:mm

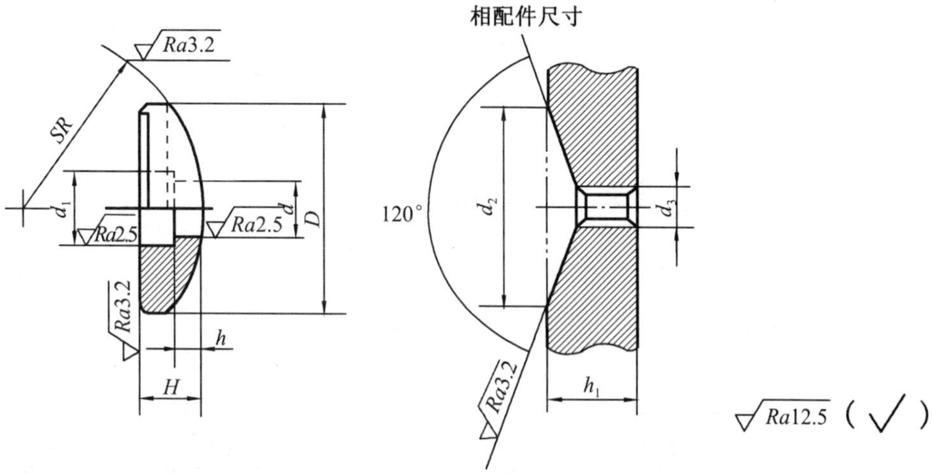

标记示例:
公称直径=32mm的圆压块:
压块　32 JB/T 8009.3-1999

技术条件:
1.材料:45钢按GB/T 699的规定。
2.热处理:35～40HRC。
3.其他技术条件按JB/T 8044的规定。

D	H	SR	d	d_1	h	相配件		
						d_2	d_3	h_{1min}
20	7	16	6	10	3	18	M4	10
25	8	20	7	12		23	M5	12
32	10	25	9	15	4	30	M6	15
40	12	32			5	35		18
50	15	36	11	18	7	45	M8	22
60	18	40			11	55		25

(4)弧形压块(JB/T 8009.4-1999)

弧形压块的结构形式和尺寸规格如表 2-30 所示。

表 2-30　　弧形压块的结构形式和尺寸规格　　单位:mm

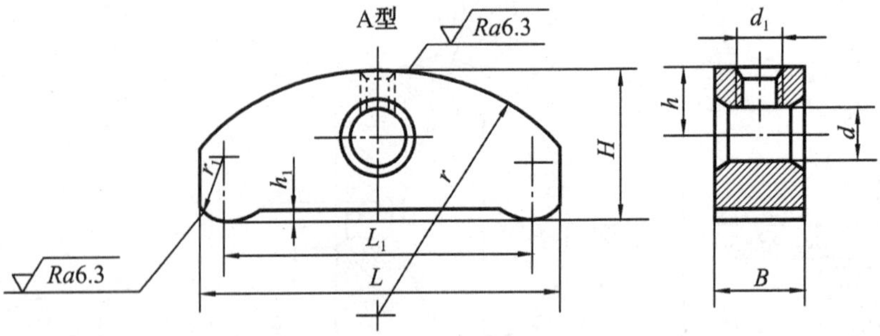

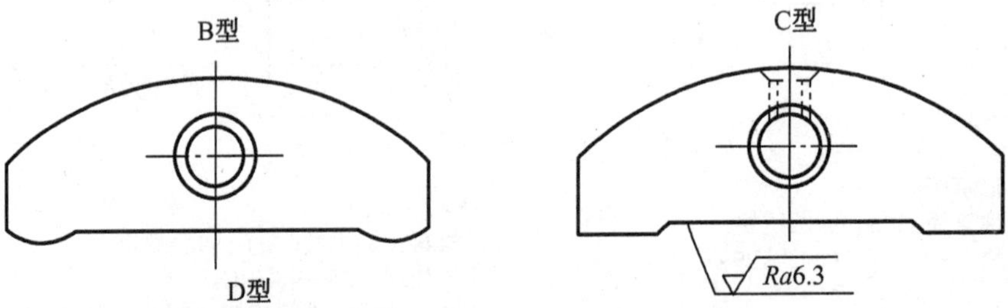

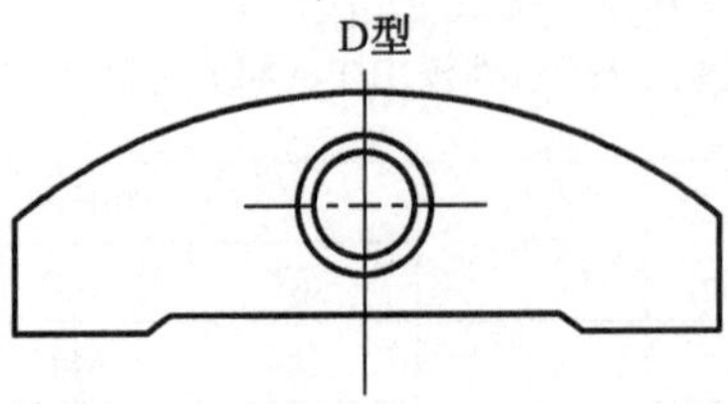

技术条件:

1.材料:45钢按GB/T 699的规定。

2.热处理:35~40HRC。

3.其他技术条件按JB/T 8044的规定。

相配件尺寸

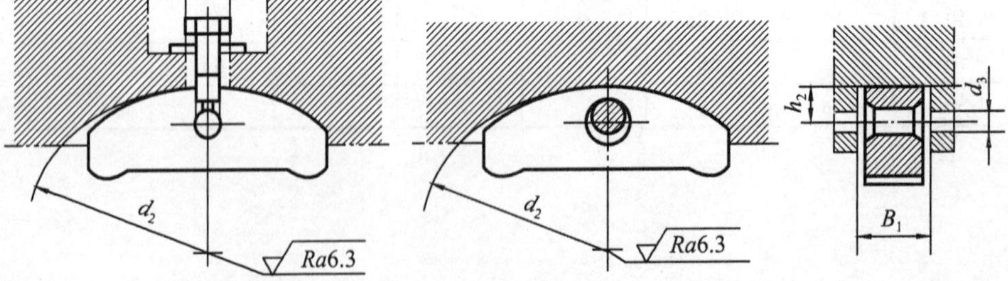

标记示例:

L=60mm、B=14mm的A型弧形压块:

压块 A60×14 JB/T 8009.4-1999

$\sqrt{Ra12.5}$ (✓)

续表

<table>
<tr><th rowspan="2">L</th><th colspan="2">B</th><th rowspan="2">H</th><th rowspan="2">h</th><th rowspan="2">d</th><th rowspan="2">d_1</th><th rowspan="2">L_1</th><th rowspan="2">r</th><th rowspan="2">r_1</th><th colspan="5">相配件</th></tr>
<tr><th>基本尺寸</th><th>极限偏差 a11</th><th>d_2</th><th>d_3</th><th>d_4</th><th>h_2</th><th>B_1</th></tr>
<tr><td rowspan="2">32</td><td>10</td><td rowspan="12">-0.290
-0.400</td><td rowspan="2">14</td><td rowspan="4">6.5</td><td rowspan="4">6</td><td rowspan="4">M4</td><td rowspan="2">25</td><td rowspan="4">25</td><td rowspan="2">5</td><td rowspan="4">63</td><td rowspan="4">3</td><td rowspan="4">7</td><td rowspan="4">6.2</td><td>10</td></tr>
<tr><td>14</td><td>14</td></tr>
<tr><td rowspan="2">40</td><td>10</td><td rowspan="2">16</td><td rowspan="2">32</td><td rowspan="2">6</td><td>10</td></tr>
<tr><td>14</td><td>14</td></tr>
<tr><td rowspan="3">50</td><td>10</td><td rowspan="3">20</td><td rowspan="3">8.2</td><td rowspan="3">8</td><td rowspan="3">M5</td><td rowspan="3">40</td><td rowspan="3">32</td><td rowspan="3">8</td><td rowspan="3">80</td><td rowspan="3">4</td><td rowspan="3">8</td><td rowspan="3">7.5</td><td>10</td></tr>
<tr><td>14</td><td>14</td></tr>
<tr><td>18</td><td>18</td></tr>
<tr><td rowspan="3">60</td><td>10</td><td rowspan="3">25</td><td rowspan="3">10.5</td><td rowspan="3">10</td><td rowspan="3">M6</td><td rowspan="3">50</td><td rowspan="3">40</td><td rowspan="3">10</td><td rowspan="3">100</td><td rowspan="3">5</td><td rowspan="3">10</td><td rowspan="3">9.5</td><td>10</td></tr>
<tr><td>14</td><td>14</td></tr>
<tr><td>18</td><td>18</td></tr>
<tr><td rowspan="3">80</td><td>14</td><td rowspan="3">32</td><td rowspan="3">11.5</td><td rowspan="3">12</td><td rowspan="3">M8</td><td rowspan="3">60</td><td rowspan="3">50</td><td rowspan="3">12</td><td rowspan="3">125</td><td rowspan="3">6</td><td rowspan="3">13</td><td rowspan="3">10.5</td><td>14</td></tr>
<tr><td>16</td><td>16</td></tr>
<tr><td>20</td><td>-0.300
-0.430</td><td>20</td></tr>
<tr><td rowspan="3">100</td><td>14</td><td rowspan="2">-0.290
-0.400</td><td rowspan="3">40</td><td rowspan="3">15</td><td rowspan="5">16</td><td rowspan="3">M8</td><td rowspan="3">80</td><td rowspan="3">60</td><td rowspan="3">16</td><td rowspan="3">160</td><td rowspan="5">8</td><td rowspan="3">13</td><td rowspan="3">12.5</td><td>14</td></tr>
<tr><td>16</td><td>16</td></tr>
<tr><td>20</td><td>-0.300
-0.430</td><td>20</td></tr>
<tr><td rowspan="2">125</td><td>16</td><td>-0.290
-0.400</td><td rowspan="2">50</td><td rowspan="2">16.5</td><td rowspan="2">M10</td><td rowspan="2">100</td><td rowspan="2">80</td><td rowspan="2">18</td><td rowspan="2">200</td><td rowspan="2">16</td><td rowspan="2">14.5</td><td>16</td></tr>
<tr><td>20</td><td>-0.300
-0.430</td><td>20</td></tr>
</table>

2.4.2.6　压板

(1)移动压板(JB/T 8010.1-1999)

移动压板的结构形式和尺寸规格如表 2-31 所示。

表 2-31　　**移动压板的结构形式和尺寸规格**　　单位:mm

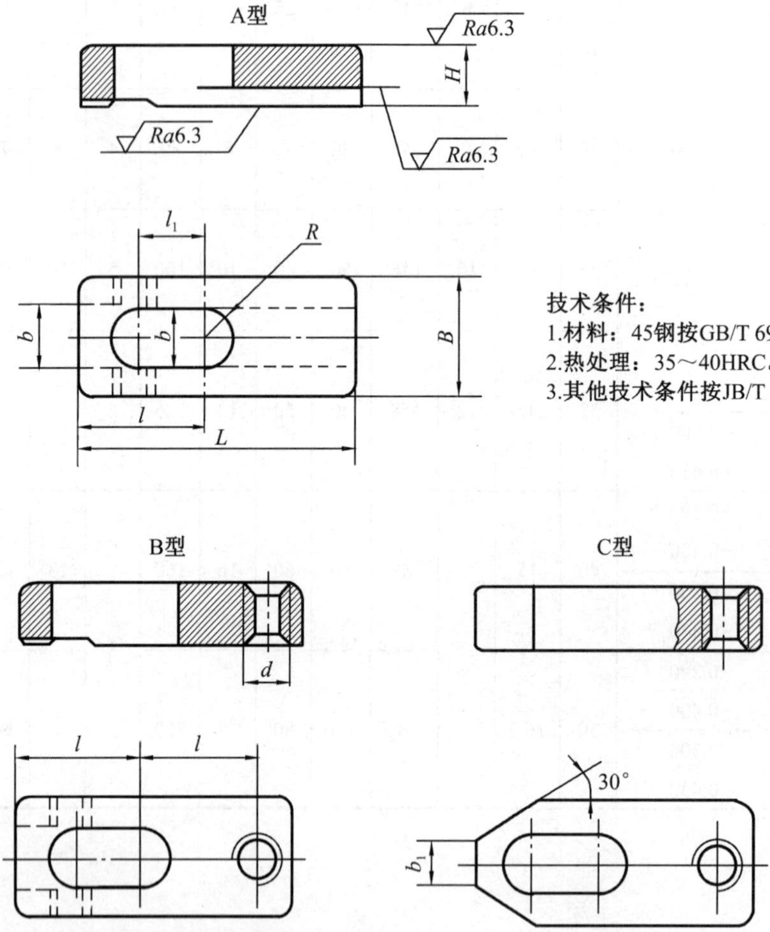

技术条件:
1.材料：45钢按GB/T 699的规定。
2.热处理：35～40HRC。
3.其他技术条件按JB/T 8044的规定。

标记示例:
公称直径=6mm、L=45mm的A型移动压板:
压板　A6×45　JB/T 8010.1-1999

续表

<table>
<tr><th rowspan="2">公称直径（螺纹直径）</th><th colspan="3">L</th><th rowspan="2">B</th><th rowspan="2">H</th><th rowspan="2">l_1</th><th rowspan="2">l_2</th><th rowspan="2">b</th><th rowspan="2">b_1</th><th rowspan="2">d</th></tr>
<tr><th>A 型</th><th>B 型</th><th>C 型</th></tr>
<tr><td rowspan="3">6</td><td>40</td><td>—</td><td>40</td><td>18</td><td>6</td><td>17</td><td>9</td><td rowspan="3">6.6</td><td rowspan="3">7</td><td rowspan="3">M6</td></tr>
<tr><td colspan="2">45</td><td>—</td><td>20</td><td>8</td><td>19</td><td>11</td></tr>
<tr><td colspan="3">50</td><td>22</td><td>12</td><td>22</td><td>14</td></tr>
<tr><td rowspan="3">8</td><td>45</td><td>—</td><td>—</td><td>20</td><td>8</td><td>18</td><td>8</td><td rowspan="3">9</td><td rowspan="3">9</td><td rowspan="3">M8</td></tr>
<tr><td colspan="3">60</td><td>22</td><td>10</td><td>22</td><td>12</td></tr>
<tr><td rowspan="2">60</td><td colspan="2">60</td><td rowspan="2">25</td><td>14</td><td rowspan="2">27</td><td>17</td></tr>
<tr><td rowspan="4">10</td><td>—</td><td>—</td><td>10</td><td>14</td><td rowspan="4">11</td><td rowspan="4">10</td><td rowspan="4">M10</td></tr>
<tr><td colspan="3">70</td><td>28</td><td>12</td><td>30</td><td>17</td></tr>
<tr><td colspan="3">80</td><td>30</td><td>16</td><td>36</td><td>23</td></tr>
<tr><td rowspan="4">12</td><td>70</td><td>—</td><td>—</td><td rowspan="2">32</td><td>14</td><td>30</td><td>15</td><td rowspan="4">14</td><td rowspan="4">12</td><td rowspan="4">M12</td></tr>
<tr><td colspan="3">80</td><td>16</td><td>35</td><td>20</td></tr>
<tr><td colspan="3">100</td><td rowspan="3">36</td><td>18</td><td>45</td><td>30</td></tr>
<tr><td colspan="3">120</td><td>22</td><td>55</td><td>43</td></tr>
<tr><td rowspan="4">16</td><td>80</td><td>—</td><td>—</td><td>18</td><td>35</td><td>15</td><td rowspan="4">18</td><td rowspan="4">16</td><td rowspan="4">M16</td></tr>
<tr><td colspan="3">100</td><td>40</td><td>22</td><td>44</td><td>24</td></tr>
<tr><td colspan="3">120</td><td rowspan="3">45</td><td>25</td><td>54</td><td>35</td></tr>
<tr><td colspan="3">160</td><td>30</td><td>74</td><td>54</td></tr>
<tr><td rowspan="4">20</td><td>100</td><td>—</td><td>—</td><td>22</td><td>42</td><td>18</td><td rowspan="4">22</td><td rowspan="4">20</td><td rowspan="4">M20</td></tr>
<tr><td colspan="3">120</td><td rowspan="2">50</td><td>25</td><td>52</td><td>30</td></tr>
<tr><td colspan="3">160</td><td>30</td><td>72</td><td>48</td></tr>
<tr><td colspan="3">200</td><td>55</td><td>35</td><td>92</td><td>68</td></tr>
<tr><td rowspan="4">24</td><td>120</td><td>—</td><td>—</td><td>50</td><td>28</td><td>52</td><td>22</td><td rowspan="4">26</td><td rowspan="4">24</td><td rowspan="4">M24</td></tr>
<tr><td colspan="3">160</td><td>55</td><td>30</td><td>70</td><td>40</td></tr>
<tr><td colspan="3">200</td><td rowspan="2">60</td><td>35</td><td>90</td><td>60</td></tr>
<tr><td colspan="3">250</td><td>40</td><td>115</td><td>85</td></tr>
<tr><td rowspan="3">30</td><td>16</td><td>—</td><td rowspan="6">—</td><td rowspan="3">65</td><td rowspan="2">35</td><td>70</td><td>35</td><td rowspan="3">33</td><td rowspan="6">—</td><td rowspan="3">M30</td></tr>
<tr><td colspan="2">200</td><td>90</td><td>55</td></tr>
<tr><td colspan="2">250</td><td rowspan="2">40</td><td>115</td><td>80</td></tr>
<tr><td rowspan="3">36</td><td>200</td><td rowspan="3">—</td><td rowspan="2">75</td><td>85</td><td>45</td><td rowspan="3">39</td><td rowspan="3">—</td></tr>
<tr><td>250</td><td>45</td><td>110</td><td>70</td></tr>
<tr><td>320</td><td>80</td><td>50</td><td>145</td><td>105</td></tr>
</table>

(2)转动压板(JB/T 8010.2-1999)

转动压板的结构形式和尺寸规格如表 2-32 所示。

表 2-32　　　　转动压板的结构形式和尺寸规格　　　　单位:mm

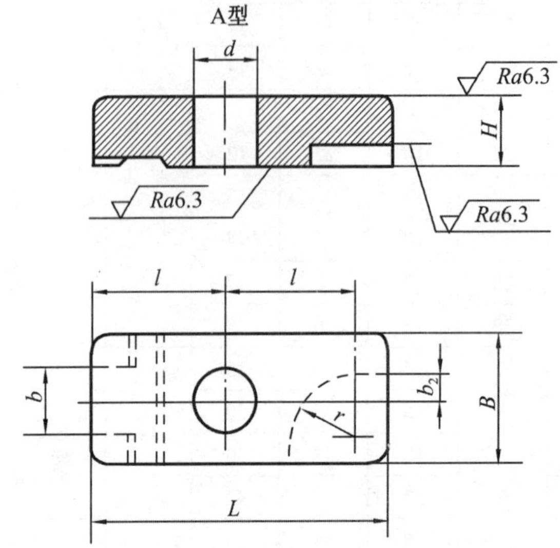

技术条件:

1.材料:45钢按GB/T 699的规定。

2.热处理:35~40HRC。

3.其他技术条件按JB/T 8044的规定。

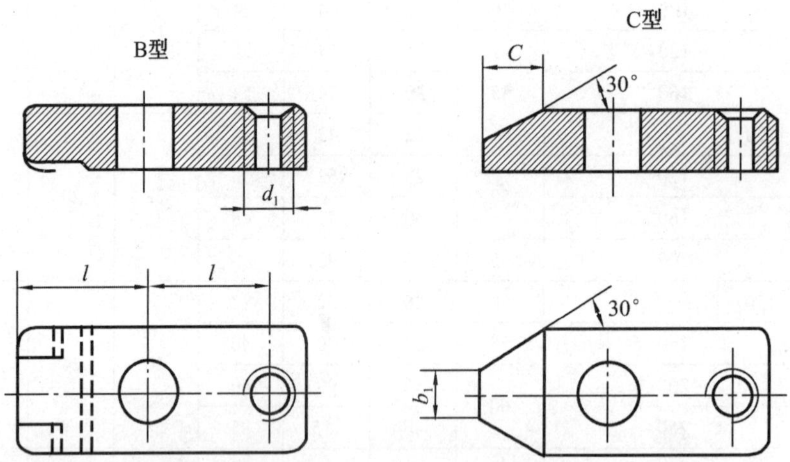

标记示例:

公称直径=6mm、L=45mm的A型转动压板:

压板 A6×45 JB/T 8010.2-1999

$\sqrt{Ra12.5}$ ($\checkmark$)

续表

<table>
<tr><th rowspan="2">公称直径
（螺纹直径）</th><th colspan="3">L</th><th rowspan="2">B</th><th rowspan="2">H</th><th rowspan="2">l_1</th><th rowspan="2">d</th><th rowspan="2">d_1</th><th rowspan="2">b</th><th rowspan="2">b_1</th><th rowspan="2">b_2</th><th rowspan="2">r</th><th rowspan="2">c</th></tr>
<tr><th>A 型</th><th>B 型</th><th>C 型</th></tr>
<tr><td rowspan="3">6</td><td>40</td><td>—</td><td>40</td><td>18</td><td>6</td><td>17</td><td rowspan="3">6.6</td><td rowspan="3">M6</td><td rowspan="3">8</td><td rowspan="3">6</td><td rowspan="3">3</td><td rowspan="3">8</td><td>2</td></tr>
<tr><td colspan="2">45</td><td>—</td><td>20</td><td>8</td><td>19</td><td>—</td></tr>
<tr><td colspan="3">50</td><td>22</td><td>12</td><td>22</td><td>10</td></tr>
<tr><td rowspan="3">8</td><td>45</td><td>—</td><td>—</td><td>20</td><td>8</td><td>18</td><td rowspan="3">9</td><td rowspan="3">M8</td><td rowspan="3">9</td><td rowspan="3">8</td><td rowspan="3">4</td><td rowspan="3">10</td><td>—</td></tr>
<tr><td colspan="3">60</td><td>22</td><td>10</td><td>22</td><td>7</td></tr>
<tr><td rowspan="2">60</td><td colspan="2">60</td><td rowspan="2">25</td><td>14</td><td rowspan="2">27</td><td>14</td></tr>
<tr><td rowspan="3">10</td><td>—</td><td>—</td><td>10</td><td rowspan="3">11</td><td rowspan="3">M10</td><td rowspan="3">11</td><td rowspan="3">10</td><td rowspan="3">5</td><td rowspan="3">12.5</td><td>—</td></tr>
<tr><td colspan="3">70</td><td>28</td><td>12</td><td>30</td><td>10</td></tr>
<tr><td colspan="3">80</td><td>30</td><td>16</td><td>36</td><td>14</td></tr>
<tr><td rowspan="4">12</td><td>70</td><td>—</td><td>—</td><td rowspan="2">32</td><td>14</td><td>30</td><td rowspan="4">14</td><td rowspan="4">M12</td><td rowspan="4">14</td><td rowspan="4">12</td><td rowspan="4">6</td><td rowspan="4">16</td><td>—</td></tr>
<tr><td colspan="3">80</td><td>16</td><td>35</td><td>14</td></tr>
<tr><td colspan="3">100</td><td rowspan="3">36</td><td>18</td><td>45</td><td>17</td></tr>
<tr><td colspan="3">120</td><td>22</td><td>55</td><td>21</td></tr>
<tr><td rowspan="4">16</td><td>80</td><td>—</td><td>—</td><td>18</td><td>35</td><td rowspan="4">18</td><td rowspan="4">M16</td><td rowspan="4">18</td><td rowspan="4">16</td><td rowspan="4">8</td><td rowspan="4">17.5</td><td>—</td></tr>
<tr><td colspan="3">100</td><td>40</td><td>22</td><td>44</td><td>14</td></tr>
<tr><td colspan="3">120</td><td rowspan="3">45</td><td>25</td><td>54</td><td>17</td></tr>
<tr><td colspan="3">160</td><td>30</td><td>74</td><td>21</td></tr>
<tr><td rowspan="4">20</td><td>100</td><td>—</td><td>—</td><td>22</td><td>42</td><td rowspan="4">22</td><td rowspan="4">M20</td><td rowspan="4">22</td><td rowspan="4">20</td><td rowspan="4">10</td><td rowspan="4">20</td><td>—</td></tr>
<tr><td colspan="3">120</td><td rowspan="2">50</td><td>25</td><td>52</td><td>12</td></tr>
<tr><td colspan="3">160</td><td>30</td><td>72</td><td>17</td></tr>
<tr><td colspan="3">200</td><td>55</td><td>35</td><td>92</td><td>26</td></tr>
<tr><td rowspan="4">24</td><td>120</td><td>—</td><td>—</td><td>50</td><td>28</td><td>52</td><td rowspan="4">26</td><td rowspan="4">M24</td><td rowspan="4">26</td><td rowspan="4">24</td><td rowspan="4">12</td><td rowspan="4">22.5</td><td>—</td></tr>
<tr><td colspan="3">160</td><td>55</td><td>30</td><td>70</td><td rowspan="2">17</td></tr>
<tr><td colspan="3">200</td><td rowspan="2">60</td><td>35</td><td>90</td></tr>
<tr><td colspan="3">250</td><td>40</td><td>115</td><td>26</td></tr>
<tr><td rowspan="3">30</td><td>16</td><td>—</td><td rowspan="6">—</td><td rowspan="3">65</td><td rowspan="2">35</td><td>70</td><td rowspan="3">33</td><td rowspan="3">M30</td><td rowspan="3">33</td><td rowspan="6">—</td><td rowspan="3">15</td><td rowspan="6">30</td><td rowspan="6">—</td></tr>
<tr><td colspan="2">200</td><td>90</td></tr>
<tr><td colspan="2">250</td><td rowspan="2">40</td><td>115</td></tr>
<tr><td rowspan="3">36</td><td>200</td><td rowspan="3">—</td><td rowspan="2">75</td><td>85</td><td rowspan="3">39</td><td rowspan="3">—</td><td rowspan="3">39</td><td rowspan="3">18</td></tr>
<tr><td>250</td><td>45</td><td>110</td></tr>
<tr><td>320</td><td>80</td><td>50</td><td>145</td></tr>
</table>

(3)移动弯压板(JB/T 8010.3-1999)

移动弯压板的结构形式和尺寸规格如表 2-33 所示。

表 2-33 移动弯压板的结构形式和尺寸规格 单位:mm

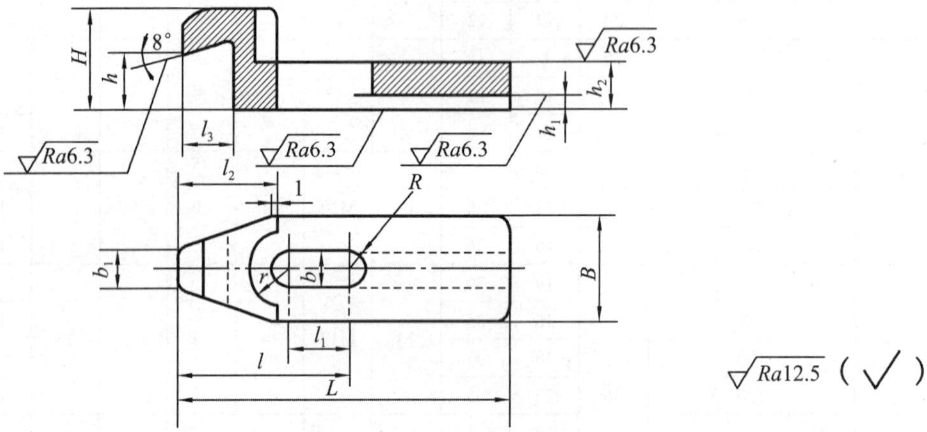

标记示例:
公称直径=8mm、L=80mm的转动弯压板:
压板 8×80 JB/T 8010.4-1999

技术条件:
1.材料:45钢按GB/T 699的规定。
2.热处理:35~40HRC。
3.其他技术条件按JB/T 8044的规定。

<table>
<tr><th>公称直径(螺纹直径)</th><th>L</th><th>B</th><th>H</th><th>h</th><th>h_1</th><th>h_2</th><th>l</th><th>l_1</th><th>l_2</th><th>l_3</th><th>b</th><th>b_1</th><th>r</th></tr>
<tr><td>6</td><td>60</td><td>20</td><td>20</td><td>12</td><td rowspan="3">3</td><td>10</td><td>32</td><td rowspan="2">12</td><td>18</td><td>8</td><td>6.6</td><td>10</td><td>8</td></tr>
<tr><td>8</td><td>80</td><td>25</td><td>25</td><td>15</td><td>12</td><td>40</td><td>22</td><td>12</td><td>9</td><td>12</td><td>10</td></tr>
<tr><td>10</td><td>100</td><td>32</td><td>32</td><td>20</td><td>16</td><td>52</td><td>16</td><td>30</td><td>16</td><td>11</td><td>15</td><td>13</td></tr>
<tr><td>12</td><td>120</td><td>40</td><td>40</td><td>25</td><td rowspan="2">5</td><td>18</td><td>65</td><td>20</td><td>38</td><td>20</td><td>14</td><td>20</td><td>15</td></tr>
<tr><td>16</td><td>160</td><td>45</td><td>50</td><td>30</td><td>23</td><td>80</td><td>25</td><td>45</td><td>25</td><td>18</td><td>22</td><td>18</td></tr>
<tr><td>20</td><td>200</td><td>55</td><td>60</td><td>36</td><td>6</td><td>30</td><td>100</td><td>30</td><td>56</td><td>30</td><td>22</td><td>25</td><td>22</td></tr>
<tr><td>24</td><td>250</td><td>65</td><td>70</td><td>44</td><td rowspan="2">8</td><td>32</td><td>125</td><td>35</td><td>75</td><td>35</td><td>26</td><td>28</td><td>26</td></tr>
<tr><td>30</td><td>320</td><td>75</td><td>100</td><td>60</td><td>40</td><td>160</td><td>45</td><td>90</td><td>45</td><td>33</td><td>32</td><td>30</td></tr>
<tr><td>36</td><td>360</td><td>90</td><td>115</td><td>65</td><td rowspan="2">10</td><td>45</td><td>180</td><td>50</td><td>100</td><td>50</td><td>39</td><td>40</td><td>36</td></tr>
<tr><td>42</td><td>400</td><td>105</td><td>130</td><td>75</td><td>50</td><td>200</td><td>60</td><td>115</td><td>60</td><td>45</td><td>45</td><td>42</td></tr>
</table>

(4)转动弯压板(JB/T 8010.4-1999)

转动弯压板的结构形式和尺寸规格如表 2-34 所示。

表 2-34　　　　　　　　　　**转动弯压板的结构形式和尺寸规格**　　　　　　　　　　单位:mm

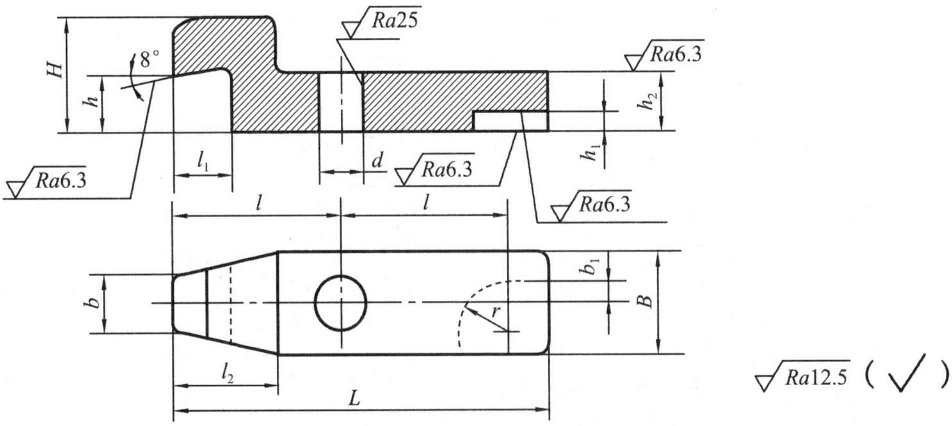

标记示例：
公称直径=8mm、*L*=80mm的转动弯压板：
压板 8×80 JB/T 8010.4-1999

技术条件：
1.**材料：**45**钢按**GB/T 699**的规定。**
2.**热处理：**35～40HRC。
3.**其他技术条件按**JB/T 8044**的规定。**

公称直径（螺纹直径）	L	B	H	h	h_1	h_2	d	l	l_1	l_2	b	b_1	r
6	60	20	20	12	3	10	6.6	27	18	18	10	3	8
8	80	25	25	15		12	9	36	22	22	12	4	10
10	100	32	32	20		16	11	45	30	30	15	5	12.5
12	120	40	40	25	5	18	14	55	38	38	20	6	16
16	160	45	50	30		23	18	74	45	45	22	8	17.5
20	200	55	60	36	6	30	22	92	56	56	25	10	20
24	250	65	70	44	8	32	26	115	75	65	28	12	22.5
30	320	75	100	60		40	33	145	90	80	32	15	30
36	360	90	115	65	10	45	39	165	100	90	40	18	
42	400	105	130	75		50	45	185	115	110	45	21	

(5)移动宽头压板(JB/T 8010.5-1999)

移动宽头压板的结构形式和尺寸规格如表 2-35 所示。

表 2-35　移动宽头压板的结构形式和尺寸规格　单位:mm

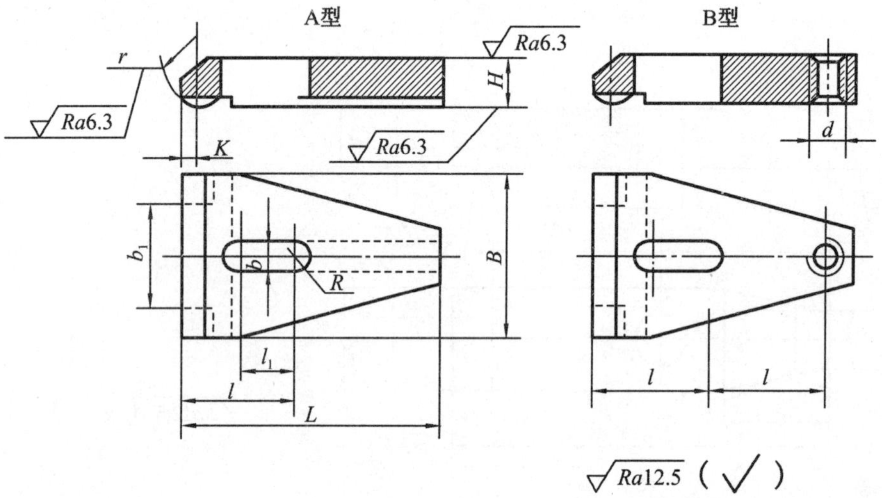

标记示例:
公称直径=10mm、L=100mm的A型移动宽头压板:
压板 A10×100 JB/T 8010.6-1999

技术条件:
1.材料:45钢按GB/T 699的规定。
2.热处理:35~40HRC。
3.其他技术条件按JB/T 8044的规定。

公称直径(螺纹直径)	L	B	H	d	l	l_1	b	b_1	r	K
8	80	50	12	M8	36	18	9	30	15	6
10	100	60	16	M10	45	22	11	40		
12	120	80	20	M12	54	28	14	50		
16	160	100	25	M16	74	36	18	60	25	10
20	200	120	32	M20	92	46	22	70		
24	250	160		M24	115	56	26	90		

(6)转动宽头压板(JB/T 8010.6-1999)

转动宽头压板的结构形式和尺寸规格如表 2-36 所示。

表 2-36　转动宽头压板的结构形式和尺寸规格　单位:mm

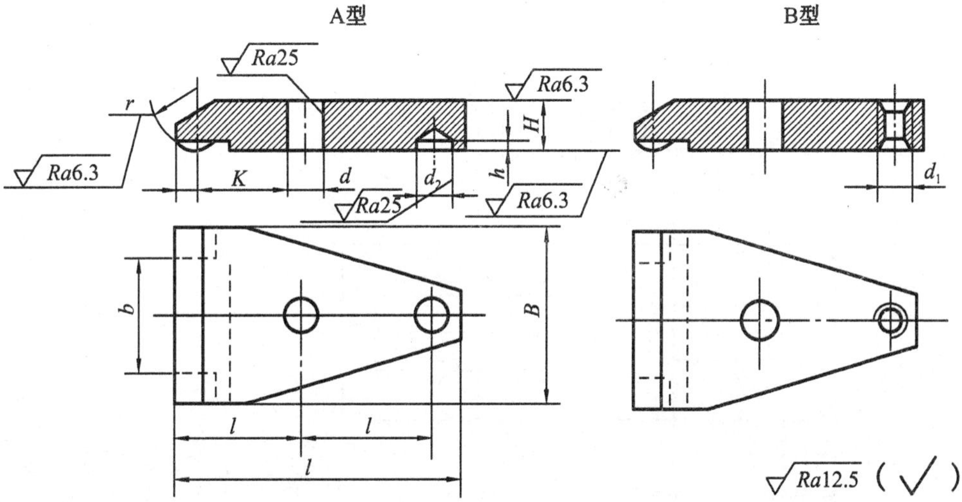

标记示例：
公称直径=10mm、L=100mm的A型转动宽头压板：
压板 A10×100 JB/T 8010.6-1999

技术条件：
1.材料：45钢按GB/T 699的规定。
2.热处理：35～40HRC。
3.其他技术条件按JB/T 8044的规定。

公称直径（螺纹直径）	L	B	H	d	d_1	d_2	l	h	b	r	K
8	80	50	12	9	M8	9	36	3	30	15	6
10	100	60	16	11	M10	11	45		40		
12	120	80	20	14	M12	13	54	4	50		
16	160	100	25	18	M16	17	74	5	60	25	10
20	200	120	32	22	M20	21	90	6	70		
24	250	160		26	M24	25	110		90		

(7)偏心轮用压板(JB/T 8010.7-1999)

偏心轮用压板的结构形式和尺寸规格如表 2-37 所示。

表 2-37　　**偏心轮用压板的结构形式和尺寸规格**　　单位:mm

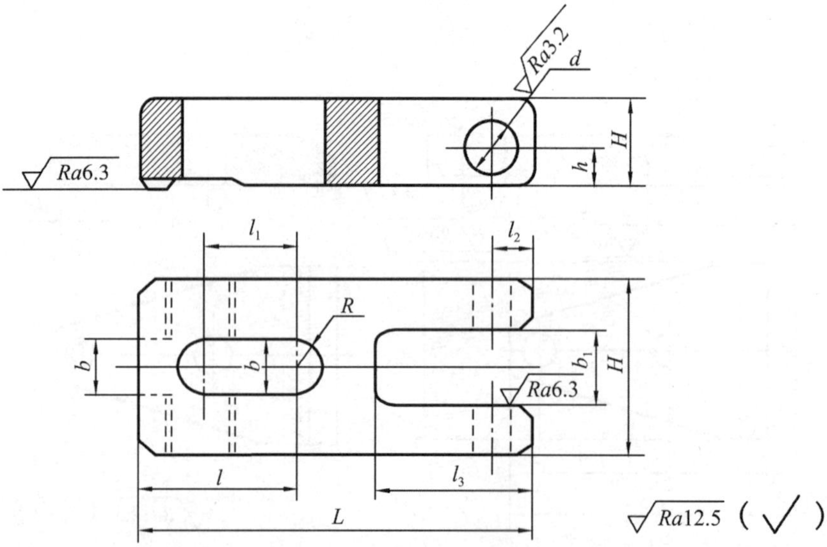

标记示例：
公称直径=8mm、L=70mm的偏心轮用压板：
压板 8×70 JB/T 8010.8-1999

技术条件：
1.材料：45钢按GB/T 699的规定。
2.热处理：35～40HRC。
3.其他技术条件按JB/T 8044的规定。

公称直径（螺纹直径）	L	B	H	d		b	b_1		l	l_1	l_2	l_3	h
				基本偏差	极限偏差 H7		基本尺寸	极限偏差 H11					
6	60	25	12	6	+0.012 0	6.6	12	+0.110 0	24	14	6	24	5
8	70	30	16	8	+0.015 0	9	14		28	16	8	28	7
10	80	36	18	10		11	16		32	18	10	32	8
12	100	40	22	12	+0.018 0	14	18		42	24	12	38	10
16	120	45	25	16		18	22	+0.130 0	54	32	14	45	12
20	160	50	50			22	24		70	45	15	52	14

(8)偏心轮用宽头压板(JB/T 8010.8-1999)

偏心轮用宽头压板的结构形式和尺寸规格如表 2-38 所示。

表 2-38　　偏心轮用宽头压板的结构形式和尺寸规格　　单位:mm

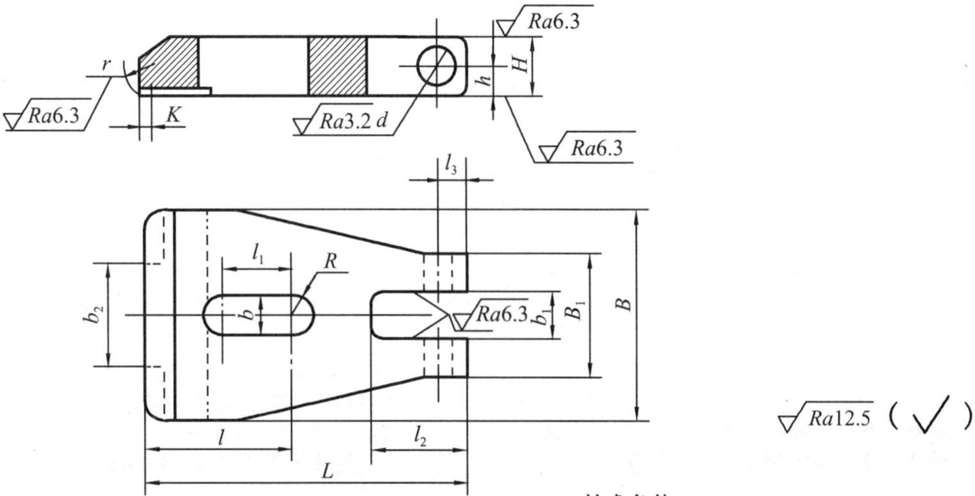

标记示例:

公称直径=8mm、L=70mm的偏心轮用宽头压板:

压板 8×70 JB/T 8010.8-1999

技术条件:

1.材料:45钢按GB/T 699的规定。

2.热处理:35～40HRC。

3.其他技术条件按JB/T 8044的规定。

公称直径（螺纹直径）	L	B	H	B_1	d 基本偏差	d 极限偏差 H7	b	b_1 基本偏差	b_1 极限偏差 H11	b_2	l	l_1	l_2	l_3	h	K	r
6	60	40	12	25	6	+0.012 0	6.6	12	+0.110 0	20	24	14	24	6	5	3	7
8	80	50	16	30	8	+0.015 0	9	14		25	36	18	28	8	7	6	15
10	100	60	18	35	10		11	16		32	45	22	32	10	8		
12	120	80	22	50	12	+0.018 0	14	18		40	58	28	38	12	10		
16	160	100	25	60	16		18	22	+0.130 0	50	74	36	45	14	12	10	25
20	200	120	30	70			22	24		60	92	45	52	15	14		

(9)平压板(JB/T 8010.9-1999)

平压板的结构形式和尺寸规格如表 2-39 所示。

表 2-39　　**平压板的结构形式和尺寸规格**　　单位:mm

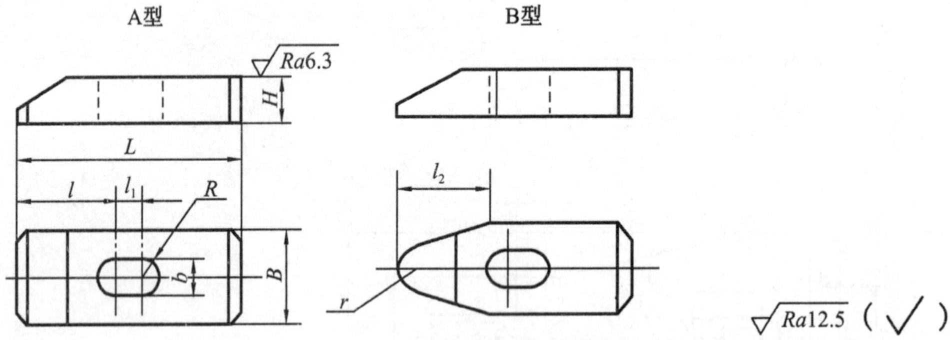

标记示例：
公称直径=20mm、L=200mm的A型平压板：
压板 A20×200 JB/T 8010.9-1999

技术条件：
1.材料：45钢按GB/T 699的规定。
2.热处理：35～40HRC。
3.其他技术条件按JB/T 8044的规定。

<table>
<tr><th>公称直径
（螺纹直径）</th><th>L</th><th>B</th><th>H</th><th>b</th><th>l</th><th>l1</th><th>l2</th><th>r</th></tr>
<tr><td rowspan="2">6</td><td>40</td><td>18</td><td>8</td><td rowspan="2">7</td><td>18</td><td rowspan="8">7</td><td>16</td><td rowspan="2">4</td></tr>
<tr><td>50</td><td rowspan="2">22</td><td>12</td><td>23</td><td>21</td></tr>
<tr><td rowspan="2">8</td><td>45</td><td>10</td><td rowspan="2">10</td><td>31</td><td>19</td><td rowspan="2">5</td></tr>
<tr><td rowspan="2">60</td><td rowspan="2">25</td><td rowspan="2">12</td><td rowspan="2">28</td><td rowspan="2">26</td></tr>
<tr><td rowspan="2">10</td><td rowspan="2">12</td><td rowspan="2">6</td></tr>
<tr><td rowspan="2">80</td><td>30</td><td rowspan="2">16</td><td rowspan="2">38</td><td rowspan="2">35</td></tr>
<tr><td rowspan="2">12</td><td>32</td><td rowspan="2">15</td><td rowspan="2">8</td></tr>
<tr><td>100</td><td>40</td><td>20</td><td>48</td><td>45</td></tr>
<tr><td rowspan="2">16</td><td>120</td><td rowspan="2">50</td><td rowspan="2">25</td><td rowspan="2">19</td><td>52</td><td>15</td><td>55</td><td rowspan="2">10</td></tr>
<tr><td>160</td><td>70</td><td rowspan="3">20</td><td>60</td></tr>
<tr><td rowspan="2">20</td><td>200</td><td>60</td><td>28</td><td rowspan="2">24</td><td>90</td><td>75</td><td rowspan="2">12</td></tr>
<tr><td rowspan="2">250</td><td>70</td><td>32</td><td rowspan="2">100</td><td>85</td></tr>
<tr><td rowspan="2">24</td><td rowspan="2">80</td><td rowspan="2">35</td><td rowspan="2">28</td><td rowspan="2">30</td><td>100</td><td rowspan="2">16</td></tr>
<tr><td rowspan="2">320</td><td rowspan="2">130</td><td rowspan="2">110</td></tr>
<tr><td rowspan="2">30</td><td rowspan="4">100</td><td rowspan="2">40</td><td rowspan="2">35</td><td rowspan="2">40</td><td rowspan="4">20</td></tr>
<tr><td>360</td><td>150</td><td>130</td></tr>
<tr><td rowspan="2">36</td><td>320</td><td rowspan="2">45</td><td rowspan="2">42</td><td>130</td><td rowspan="2">50</td><td>110</td></tr>
<tr><td>360</td><td>150</td><td>130</td></tr>
</table>

(10)弯头压板(JB/T 8010.10-1999)

弯头压板的结构形式和尺寸规格如表 2-40 所示。

表 2-40　弯头压板的结构形式和尺寸规格　单位:mm

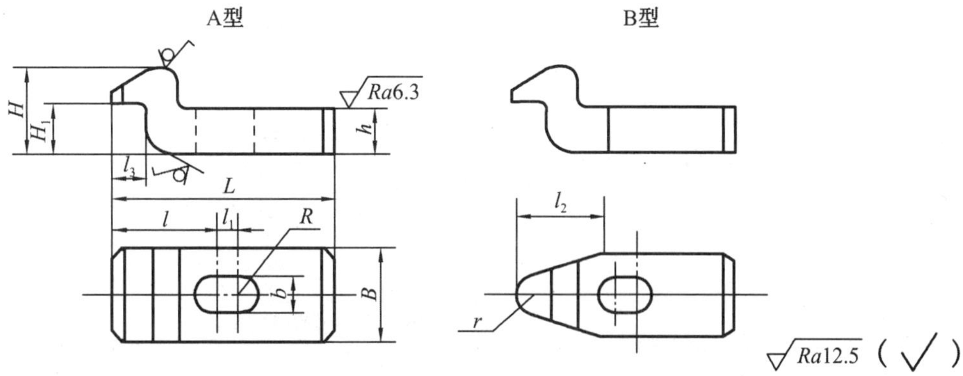

标记示例:
公称直径=20mm、L=200mm的A型弯头压板:
压板 A20×200 JB/T 8010.10-1999

技术条件:
1.材料:45钢按GB/T 699的规定。
2.热处理:35～40HRC。
3.其他技术条件按JB/T 8044的规定。

<table>
<tr><th>公称直径
(螺纹直径)</th><th>L</th><th>B</th><th>h</th><th>b</th><th>l</th><th>l_1</th><th>l_2</th><th>l_3</th><th>H</th><th>H_1</th><th>r</th></tr>
<tr><td rowspan="2">12</td><td>80</td><td>32</td><td>16</td><td rowspan="2">15</td><td>38</td><td rowspan="2">7</td><td>35</td><td>12</td><td>32</td><td>20</td><td rowspan="2">8</td></tr>
<tr><td>100</td><td>40</td><td>20</td><td>48</td><td>45</td><td>16</td><td>40</td><td>25</td></tr>
<tr><td rowspan="2">16</td><td>120</td><td rowspan="2">50</td><td rowspan="2">25</td><td rowspan="2">19</td><td>52</td><td>15</td><td>55</td><td rowspan="2">20</td><td rowspan="2">50</td><td rowspan="2">32</td><td rowspan="2">10</td></tr>
<tr><td>160</td><td>70</td><td rowspan="3">20</td><td>60</td></tr>
<tr><td rowspan="2">20</td><td>200</td><td>60</td><td>28</td><td rowspan="2">24</td><td>90</td><td>75</td><td rowspan="2">25</td><td>60</td><td>40</td><td rowspan="2">12</td></tr>
<tr><td rowspan="2">250</td><td>70</td><td>32</td><td rowspan="2">110</td><td>85</td><td>70</td><td>45</td></tr>
<tr><td rowspan="2">24</td><td rowspan="2">80</td><td rowspan="2">35</td><td rowspan="2">28</td><td rowspan="2">30</td><td>100</td><td rowspan="2">32</td><td rowspan="2">80</td><td rowspan="2">50</td><td rowspan="2">16</td></tr>
<tr><td rowspan="2">320</td><td rowspan="2">130</td><td rowspan="2">110</td></tr>
<tr><td rowspan="2">30</td><td rowspan="4">100</td><td rowspan="2">40</td><td rowspan="2">35</td><td rowspan="2">40</td><td rowspan="4">40</td><td rowspan="4">100</td><td rowspan="4">60</td><td rowspan="4">20</td></tr>
<tr><td>360</td><td>150</td><td>130</td></tr>
<tr><td rowspan="2">36</td><td>320</td><td rowspan="2">45</td><td rowspan="2">42</td><td>130</td><td rowspan="2">50</td><td>110</td></tr>
<tr><td>360</td><td>150</td><td>130</td></tr>
</table>

(11)U 形压板(JB/T 8010.11-1999)

U 形压板的结构形式和尺寸规格如表 2-41 所示。

表 2-41 U 形压板的结构形式和尺寸规格 单位:mm

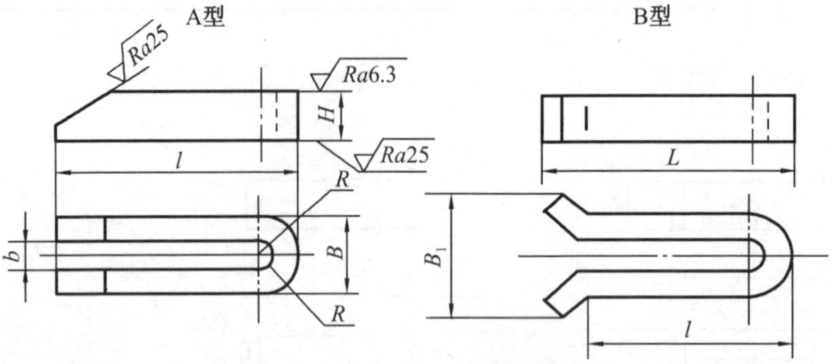

标记示例：
公称直径=24mm、L=250mm的A型U形压板：
压板 A24×250 JB/T 8010.11-1999

技术条件：
1.材料：45钢按GB/T 699的规定。
2.热处理：35～40HRC。
3.其他技术条件按JB/T 8044的规定。

$\sqrt{Ra12.5}$ ($\surd$)

<table>
<tr><th rowspan="2">公称直径（螺纹直径）</th><th rowspan="2">L</th><th rowspan="2">B</th><th rowspan="2">H</th><th rowspan="2">b</th><th rowspan="2">l</th><th rowspan="2">B₁≈</th><th colspan="2">展开长 L≈</th></tr>
<tr><th>A 型</th><th>B 型</th></tr>
<tr><td rowspan="2">12</td><td>100</td><td rowspan="2">42</td><td rowspan="2">22</td><td rowspan="2">14</td><td>65</td><td>93</td><td>202</td><td>221</td></tr>
<tr><td>120</td><td>70</td><td>117</td><td>242</td><td>265</td></tr>
<tr><td rowspan="2">16</td><td>160</td><td rowspan="2">54</td><td rowspan="2">28</td><td rowspan="2">18</td><td>105</td><td>138</td><td>323</td><td>351</td></tr>
<tr><td rowspan="2">200</td><td rowspan="2">130</td><td>168</td><td rowspan="2">403</td><td rowspan="2">444</td></tr>
<tr><td rowspan="3">20</td><td rowspan="3">66</td><td rowspan="3">35</td><td rowspan="3">22</td><td>177</td></tr>
<tr><td>250</td><td>170</td><td>197</td><td>503</td><td>553</td></tr>
<tr><td>320</td><td>220</td><td>237</td><td>643</td><td>709</td></tr>
<tr><td rowspan="3">24</td><td>250</td><td rowspan="3">84</td><td rowspan="3">42</td><td rowspan="3">28</td><td>170</td><td>198</td><td>504</td><td>534</td></tr>
<tr><td>320</td><td>220</td><td>238</td><td>644</td><td>690</td></tr>
<tr><td>400</td><td>270</td><td>303</td><td>804</td><td>872</td></tr>
<tr><td rowspan="3">30</td><td>320</td><td rowspan="3">105</td><td rowspan="3">50</td><td rowspan="3">35</td><td>220</td><td>260</td><td>645</td><td>696</td></tr>
<tr><td>400</td><td>265</td><td>325</td><td>805</td><td>878</td></tr>
<tr><td>500</td><td>335</td><td>390</td><td>1005</td><td>1110</td></tr>
<tr><td rowspan="3">36</td><td>400</td><td rowspan="3">120</td><td rowspan="3">60</td><td rowspan="3">40</td><td rowspan="9">—</td><td rowspan="9">—</td><td>846</td><td rowspan="9"></td></tr>
<tr><td>500</td><td>1046</td></tr>
<tr><td>630</td><td>1306</td></tr>
<tr><td rowspan="3">42</td><td>500</td><td rowspan="3">138</td><td rowspan="3">70</td><td rowspan="3">46</td><td>1007</td></tr>
<tr><td>630</td><td>1267</td></tr>
<tr><td>800</td><td>1607</td></tr>
<tr><td rowspan="3">48</td><td>630</td><td rowspan="3">156</td><td rowspan="3">80</td><td rowspan="3">52</td><td>1268</td></tr>
<tr><td>800</td><td>1608</td></tr>
<tr><td>1000</td><td>2008</td></tr>
</table>

(12)鞍形压板(JB/T 8010.12-1999)

鞍形压板的结构形式和尺寸规格如表 2-42 所示。

表 2-42　**鞍形压板的结构形式和尺寸规格**　单位:mm

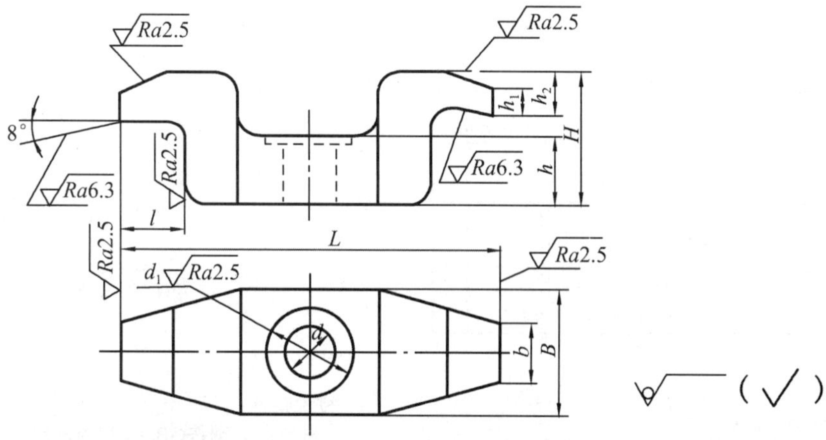

标记示例:
公称直径=16mm、L=180mm的鞍形压板:
压板 16×180 JB/T 8010.12-1999

技术条件:
1.材料:45钢按GB/T 699的规定。
2.热处理:35～40HRC。
3.其他技术条件按JB/T 8044的规定。

公称直径(螺纹直径)	L	B	H	b	d	d_1	h	h_1	h_2	l
8	70	25	25	13	10	18	12	6	10	12
10	90	32	32	16	12	22	15	8	12	16
12	120	40	40	20	15	25	20	10	15	20
16	140	50	50	25	19	32	25	12	20	25
	180	60		30						
20	200	70	60	35	24	40	30	16	25	35
	250	80		40						
24	250	90	70	45	28	48	35	20	30	40
	300	100		50						

(13)直压板(JB/T 8010.13-1999)

直压板的结构形式和尺寸规格如表 2-43 所示。

表 2-43 直压板的结构形式和尺寸规格 单位:mm

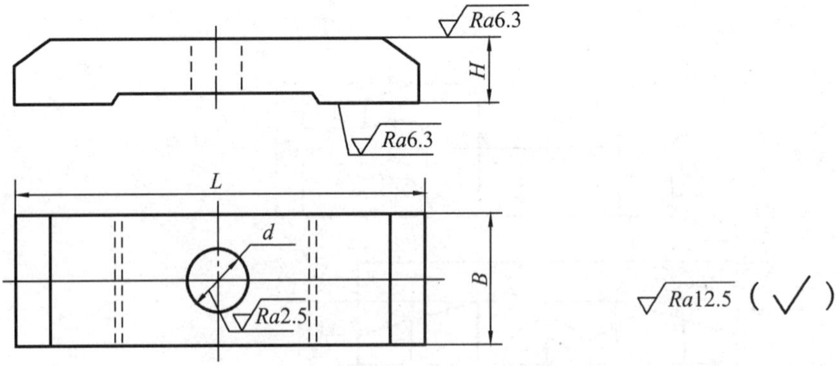

标记示例:
公称直径=8mm、*L*=80mm的直压板:
压板 8×80 JB/T 8010.13-1999

技术条件:
1.材料:45钢按GB/T 699的规定。
2.热处理:35~40HRC。
3.其他技术条件按JB/T 8044的规定。

<table>
<tr><th>公称直径
(螺纹直径)</th><th>L</th><th>B</th><th>H</th><th>d</th></tr>
<tr><td rowspan="3">8</td><td>50</td><td rowspan="3">25</td><td rowspan="3">12</td><td rowspan="3">9</td></tr>
<tr><td>60</td></tr>
<tr><td>80</td></tr>
<tr><td rowspan="3">10</td><td>60</td><td rowspan="6">32</td><td rowspan="2">16</td><td rowspan="3">11</td></tr>
<tr><td>80</td></tr>
<tr><td>100</td><td rowspan="3">20</td></tr>
<tr><td rowspan="3">12</td><td>80</td><td rowspan="3">14</td></tr>
<tr><td>100</td></tr>
<tr><td>120</td><td rowspan="5">25</td></tr>
<tr><td rowspan="3">14</td><td>100</td><td rowspan="3">40</td><td rowspan="3">18</td></tr>
<tr><td>120</td></tr>
<tr><td>160</td></tr>
<tr><td rowspan="3">20</td><td>120</td><td rowspan="3">50</td><td rowspan="3">22</td></tr>
<tr><td>160</td><td rowspan="2">32</td></tr>
<tr><td>200</td></tr>
</table>

(14)铰链压板(JB/T 8010.14-1999)

铰链压板的结构形式和尺寸规格如表 2-44 所示。

表 2-44　　**铰链压板的结构形式和尺寸规格**　　单位:mm

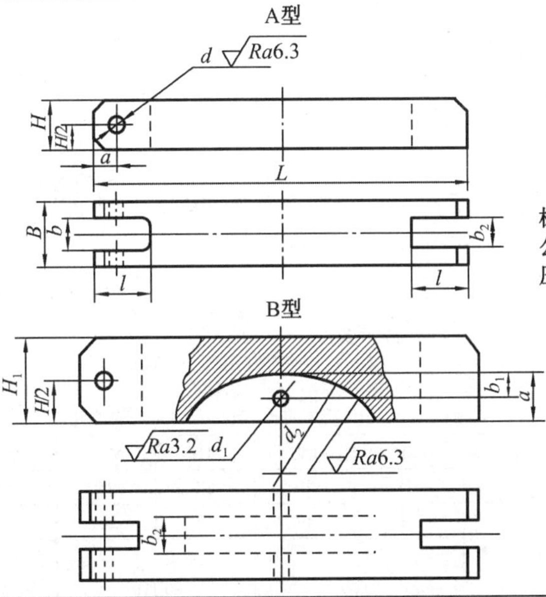

$\sqrt{Ra12.5}$ (√)

标记示例:
公称直径=8mm、L=100mm的A型铰链压板:
压板　A8×100　JB/T 8010.14-1999

技术条件:
1.材料:45钢按GB/T 699的规定。
2.热处理:35～40HRC。
3.其他技术条件按JB/T 8044的规定。

b 基本尺寸	b 极限偏差 H11	L	B	H	H_1	b_1	b_2	d 基本尺寸	d 极限偏差 H7	d_1 基本尺寸	d_1 极限偏差 H7	d_2	a	l	h	h_1
6	+0.075 0	70	16	12	—	6	—	4	+0.012 0	—	+0.010 0	—	5	12	—	—
		90														
8	+0.090 0	100	18	15	20	8	10	5		3		63	6	15	10	6.2
		120	24				14									
10				18		10	10	6					7	18		
							14									
12	+0.110 0	140	32	22	26	12	10	8	+0.012 0	4	+0.012 0	80	9	22	14	7.5
		160					14									
		180					18									
14		200		26	32	14	10	10		5		100	10	25	18	9.5
		220					14									
							18									
18		250	40	32	38	18	14	12	+0.015 0	6		125	14	32	22	10.5
	+0.130 0	280					16									
							20									
22		250	50	40	45	22	14	16		8	+0.015 0	160	18	40	26	12.5
		280					16									
		300					20									
26		320	60	45		26	16	20	+0.018 0			200	22	48		14.5
		360					20									

(15)回转压板(JB/T 8010.15-1999)

回转压板的结构形式和尺寸规格如表 2-45 所示。

表 2-45 回转压板的结构形式和尺寸规格 单位:mm

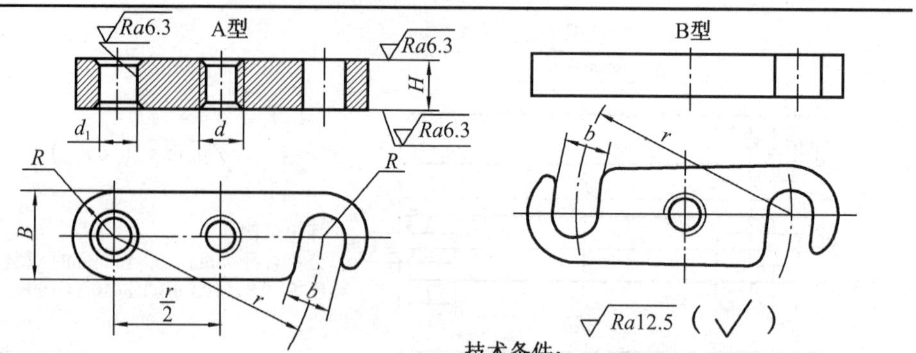

标记示例:

d=M10、r=50mm的A型回转压板:

压板 AM10×50 JB/T 8010.15-1999

技术条件:

1.材料:45钢按GB/T 699的规定。

2.热处理:35～40HRC。

3.其他技术条件按JB/T 8044的规定。

d		M5	M6	M8	M10	M12	M16
B		14	18	20	22	25	32
H	基本尺寸	6	8	10	12	16	20
	极限偏差 h11	0 -0.075	0 -0.090		0 -0.110		0 -0.130
b		5.5	6.6	9	11	14	18
d_1	基本尺寸	6	8	10	12	14	18
	极限偏差 H11	+0.075 0	+0.090 0		+0.110 0		
		20					
		25					
		30	30				
		35	35				
		40	40	40			
			45	45			
			50	50	50		
				55	55		
				60	60	60	
				65	65	65	
				70	70	70	
					75	75	
					80	80	80
					85	85	85
					90	90	90
						100	100
							110
							120
配用螺钉 GB/T 830		M5×6	M6×8	M8×10	M10×12	M12×16	M16×20

(16)双向压板(JB/T 8010.16-1999)

双向压板的结构形式和尺寸规格如表 2-46 所示。

表 2-46　**双向压板的结构形式和尺寸规格**　单位:mm

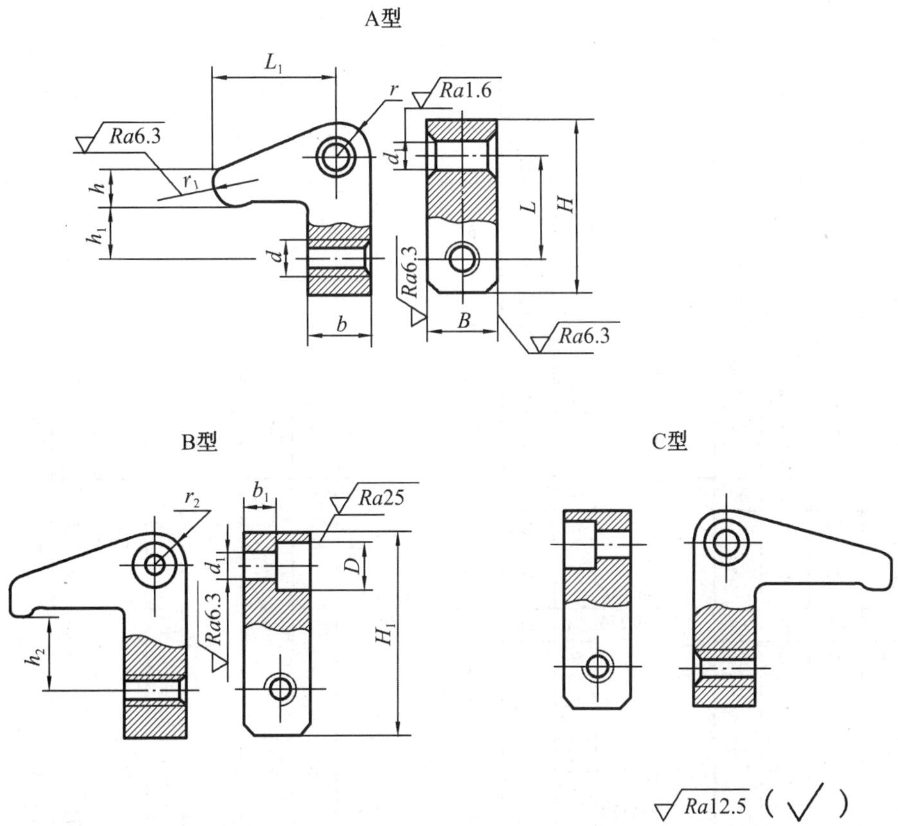

标记示例:

d=M12、L=48mm的A型双向压板:

压板 AM12×48 JB/T 8010.16-1999

技术条件:

1.材料:45钢按GB/T 699的规定。

2.热处理:35~40HRC。

3.其他技术条件按JB/T 8044的规定。

续表

d	L		L_1		B		H	H_1	D_1		D	b	b_1		h	h_1	h_2	r	r_1	r_2
	A型	BC型	A型	BC型	基本尺寸	极限偏差 b12			基本尺寸	极限偏差 B11			基本尺寸	极限偏差						
M4	12	—	14		8	−0.150 −0.300	20	—	4	+0.215 +0.140	—	7	—	−0.100 −0.200	4	8	—	4	2	—
	—		—																	
M5	15	15	18	22	10		25	27	5		10	9	6		5	6	8	5		7
	20	20	25	30			30	32									12			
	—	25	—	38			—	37									16			
M6	18	22	22	30	12	−0.150 −0.330	30	36	6		12	11	8		7	8	12	6	3	8
	24	30	30	45			36	44									20			
	—	40	—	60			—	54									30			
M8	24	25	28	38	15		39	42	8	+0.240 +0.150	15	14	10		9	10	15	7.5		9.5
	30	35	38	52			45	52									25			
	—	45	—	68			—	62									35			
M10	30	30	35	45	18		48	50	10		18	18	12		12	12	20	9	4	11
	38	45	45	68			56	65									35			
	—	60	—	90			—	80									50			
M12	38	40	42	60	22	−0.016 −0.370	60	64	12	+0.260 +0.150	22	22	16		15	15	28	11	4	13
	48	55	52	82			70	79									42			
	—	70	—	105			—	94									57			
M16	48	45	52	68	36		74	74	16		28	28			18	20	32	13	—	18
	60	60	65	90			86	89									47			
	—	75	—	112			—	104									62			
M20	60	—	65	—	32	−0.170 −0.420	92	—	20	+0.290 +0.160	—	34	—		22	25	—	16		—
	—		—				—													
M24	76		80		38		115					40			26	30		19		
	—		—				—													

(17)自调式压板(JB/T 8010.17-1999)

自调式压板的结构形式和尺寸规格如表 2-47 所示。

表 2-47　　自调式压板的结构形式和尺寸规格　　单位:mm

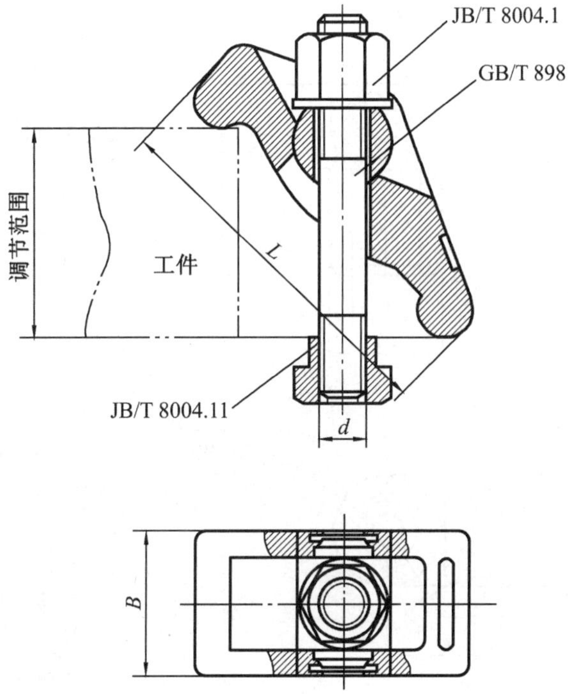

标记示例:

调节范围0~70mm的自调式压板:

压板 0~70 JB/T 8010.17-1999

调节范围	d	L	B
0～70	M12	115	40
0～110	M16	160	50
0～140	M20	210	63
0～200	M24	292	80

注:双头螺柱的长度可根据其调节范围,按 GB/T 898 选取。

(18)钩形压板(JB/T 8012.1-1999)

钩形压板的结构形式和尺寸规格如表 2-48 所示。

表 2-48　　**钩形压板的结构形式和尺寸规格**　　单位:mm

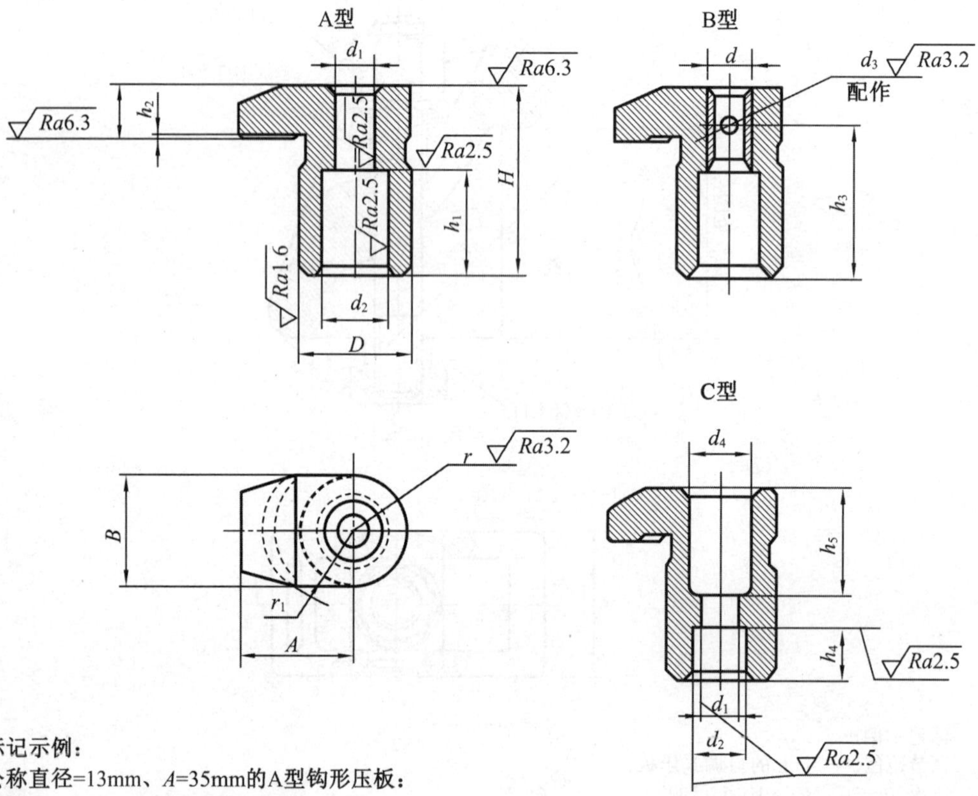

标记示例:

公称直径=13mm、A=35mm的A型钩形压板:

压板　A13×35　JB/T 8012.1-1999

d=M12、A=35mm的B型钩形压板:

压板　BM12×35　JB/T 8012.1-1999

$\sqrt{Ra12.5}$ ($\sqrt{}$)

技术条件:

1.材料:45钢按GB/T 699的规定。

2.热处理:35～40HRC。

3.其他技术条件按JB/T 8044的规定。

续表

AC型	d_1	6.6		9		11		13		17		21		25	
B 型	d	M6		M8		M10		M12		M16		M20		M24	
A		18	24		28		36		45		55		65		75
B		16		20		25		30		35		40		50	
D	基本尺寸	16		20		25		30		35		40		50	
	极限偏差 f9	−0.015 −0.059		−0.020 −0.072						−0.025 −0.087					
H		28	35		45		58	55	70		90	80	100	95	120
h		8	10	11	13		16		20	22	25	28	30	32	35
r	基本尺寸	8		10		12.5		15		17.5		20		25	
	极限偏差 h11	0 −0.090				0 −0.110						0 −0.130			
r_1		14	20	18	24	22	30	26	36	35	45	42	52	50	60
d_2		10		14		16		18		23		28		34	
d_3	基本尺寸	2		3		4				5		6			
	极限偏差 H7	+0.010 0				+0.012 0									
D_4		10.5		14.5		18.5		22.5		25.5		30.5		35	
h_1		16	21	20	28	25	36	30	42	40	60	45	60	50	75
h_2		1								1.5				2	
h_3		22	28		35		45	42	55		75	60	75	70	95
h_4		8	14	11	20	16	25	20	30	24	40	24	40	28	50
h_5		16		20		25		30		40		50		60	
配用螺钉		M6		M8		M10		M12		M16		M20		M24	

(19)钩形压板(组合)(JB/T 8012.2-1999)

钩形压板(组合)的结构形式和尺寸规格如表 2-49 所示。

表 2-49　　钩形压板(组合)的结构形式和尺寸规格　　单位:mm

A型

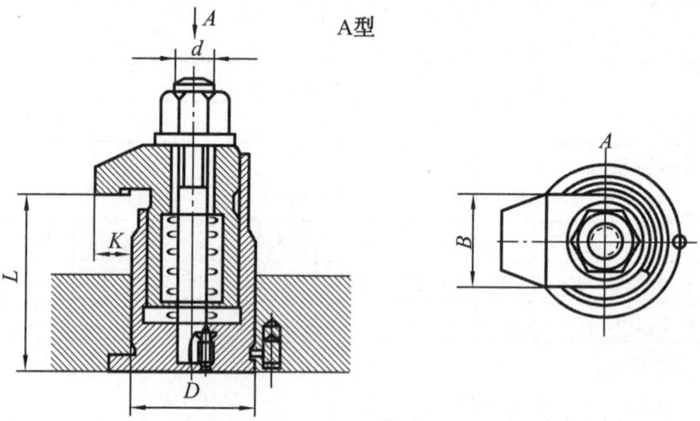

B型

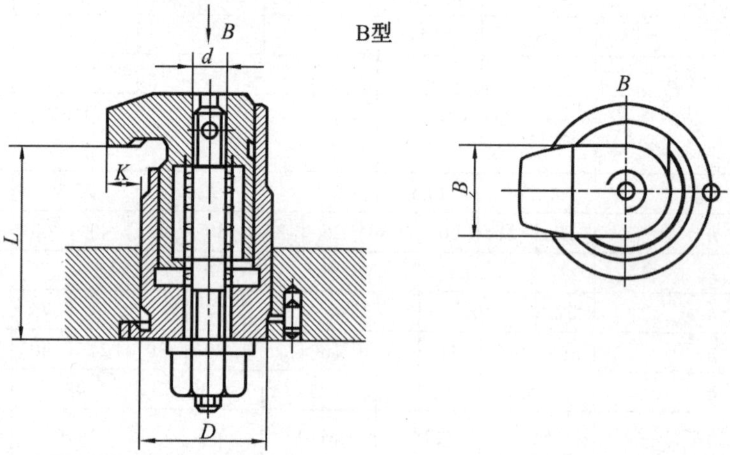

C型

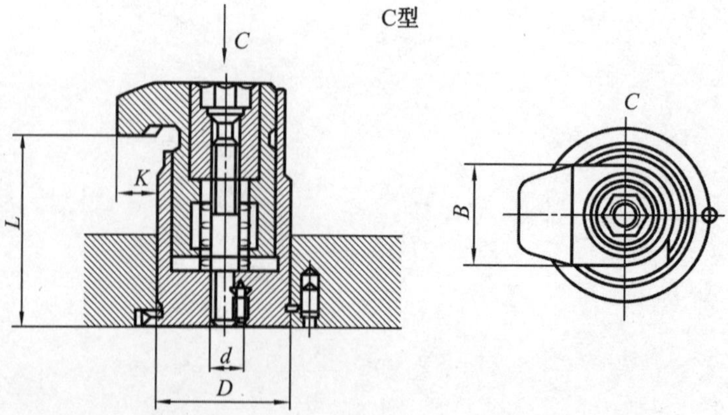

标记示例:

d=M12、K=14mm的A型钩形压板(组合):

压板 A M12×14 JB/T 8012.2-1999

续表

<table>
<tr><th rowspan="2">d</th><th rowspan="2">K</th><th rowspan="2">D</th><th rowspan="2">B</th><th colspan="2">L</th></tr>
<tr><th>min</th><th>max</th></tr>
<tr><td rowspan="2">M6</td><td>7</td><td rowspan="2">22</td><td rowspan="2">16</td><td>31</td><td>36</td></tr>
<tr><td>13</td><td>36</td><td>42</td></tr>
<tr><td rowspan="2">M8</td><td>10</td><td rowspan="2">28</td><td rowspan="2">20</td><td>37</td><td>44</td></tr>
<tr><td>14</td><td>45</td><td>52</td></tr>
<tr><td rowspan="2">M10</td><td>10.5</td><td rowspan="2">35</td><td rowspan="2">25</td><td>48</td><td>58</td></tr>
<tr><td>17.5</td><td>58</td><td>70</td></tr>
<tr><td rowspan="2">M12</td><td>14</td><td rowspan="2">42</td><td rowspan="2">30</td><td>57</td><td>68</td></tr>
<tr><td>24</td><td rowspan="2">70</td><td>82</td></tr>
<tr><td rowspan="2">M16</td><td>21</td><td rowspan="2">48</td><td rowspan="2">35</td><td>86</td></tr>
<tr><td>31</td><td>87</td><td>105</td></tr>
<tr><td rowspan="2">M20</td><td>27.5</td><td rowspan="2">55</td><td rowspan="2">40</td><td>81</td><td>100</td></tr>
<tr><td>37.5</td><td>99</td><td rowspan="2">120</td></tr>
<tr><td rowspan="2">M24</td><td>32.5</td><td rowspan="2">65</td><td rowspan="2">50</td><td>100</td></tr>
<tr><td>42.5</td><td>125</td><td>145</td></tr>
</table>

2.4.3　导向元件

2.4.3.1　钻套

(1)固定钻套(JB/T 8045.1-1999)

固定钻套的结构形式和尺寸规格如表 2-50 所示。

表 2-50　　**固定钻套的结构形式和尺寸规格**　　单位:mm

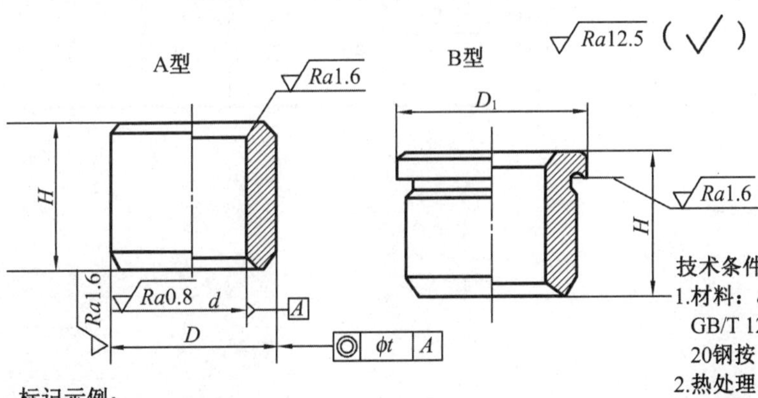

技术条件:

1.材料:$d \le 26$mm时,T10A按GB/T 1298的规定;$d > 26$mm时,20钢按 GB/T 699的规定。
2.热处理:T10A为58~64HRC;20钢渗碳深度为0.8~1.2mm,58~64HRC。
3.其他技术条件按JB/T 8044的规定。

标记示例:

d=18mm、H=16mm的A型固定钻套:

钻套　A18×16 JB/T 8045.1-1999

续表

<table>
<tr><th colspan="2">d</th><th colspan="2">D</th><th rowspan="2">D_1</th><th colspan="3" rowspan="2">H</th><th rowspan="2">t</th></tr>
<tr><th>基本尺寸</th><th>极限偏差 F7</th><th>基本尺寸</th><th>极限偏差D6</th></tr>
<tr><td>>0～1</td><td rowspan="4">+0.016
+0.006</td><td>3</td><td>+0.010
+0.004</td><td>6</td><td rowspan="3">6</td><td rowspan="3">9</td><td rowspan="3">—</td><td rowspan="12">0.008</td></tr>
<tr><td>>1～1.8</td><td>4</td><td rowspan="4">+0.016
+0.008</td><td>7</td></tr>
<tr><td>>1.8～2.6</td><td>5</td><td>8</td></tr>
<tr><td>>2.6～3</td><td rowspan="2">6</td><td rowspan="2">9</td><td rowspan="4">8</td><td rowspan="4">12</td><td rowspan="4">16</td></tr>
<tr><td>>3～3.3</td><td rowspan="4">+0.022
+0.010</td></tr>
<tr><td>>3.3～4</td><td>7</td><td rowspan="3">+0.019
+0.010</td><td>10</td></tr>
<tr><td>>4～5</td><td>8</td><td>11</td></tr>
<tr><td>>5～6</td><td>10</td><td>13</td><td rowspan="2">10</td><td rowspan="2">16</td><td rowspan="2">20</td></tr>
<tr><td>>6～8</td><td rowspan="2">+0.028
+0.013</td><td>12</td><td rowspan="3">+0.023
+0.012</td><td>15</td></tr>
<tr><td>>8～10</td><td>15</td><td>18</td><td rowspan="2">12</td><td rowspan="2">20</td><td rowspan="2">25</td></tr>
<tr><td>>10～12</td><td rowspan="3">+0.034
+0.016</td><td>18</td><td>22</td></tr>
<tr><td>>12～15</td><td>22</td><td rowspan="3">+0.028
+0.015</td><td>26</td><td rowspan="2">16</td><td rowspan="2">28</td><td rowspan="2">36</td></tr>
<tr><td>>15～18</td><td>26</td><td>30</td><td rowspan="7">0.012</td></tr>
<tr><td>>18～22</td><td rowspan="3">+0.041
+0.020</td><td>30</td><td>34</td><td rowspan="2">20</td><td rowspan="2">36</td><td rowspan="2">45</td></tr>
<tr><td>>22～26</td><td>35</td><td rowspan="3">+0.033
+0.017</td><td>39</td></tr>
<tr><td>>26～30</td><td>42</td><td>46</td><td rowspan="2">25</td><td rowspan="2">45</td><td rowspan="2">56</td></tr>
<tr><td>>30～35</td><td rowspan="4">+0.050
+0.025</td><td>48</td><td>52</td></tr>
<tr><td>>35～42</td><td>55</td><td rowspan="5">+0.039
+0.020</td><td>59</td><td rowspan="4">30</td><td rowspan="4">56</td><td rowspan="4">67</td></tr>
<tr><td>>42～48</td><td>62</td><td>66</td></tr>
<tr><td>>48～50</td><td rowspan="2">70</td><td rowspan="2">74</td><td rowspan="7">0.040</td></tr>
<tr><td>>50～55</td><td rowspan="4">+0.060
+0.030</td></tr>
<tr><td>>55～62</td><td>78</td><td>82</td><td rowspan="2">35</td><td rowspan="2">67</td><td rowspan="2">78</td></tr>
<tr><td>>62～70</td><td>85</td><td rowspan="4">+0.045
+0.023</td><td>90</td></tr>
<tr><td>>70～78</td><td>95</td><td>100</td><td rowspan="3">40</td><td rowspan="3">78</td><td rowspan="3">105</td></tr>
<tr><td>>78～80</td><td rowspan="2">+0.071
+0.036</td><td rowspan="2">105</td><td rowspan="2">110</td></tr>
<tr><td>>80～85</td></tr>
</table>

(2)可换钻套(JB/T 8045.2-1999)

可换钻套的结构形式和尺寸规格如表 2-51 所示。

表 2-51　　**可换钻套的结构形式和尺寸规格**　　单位:mm

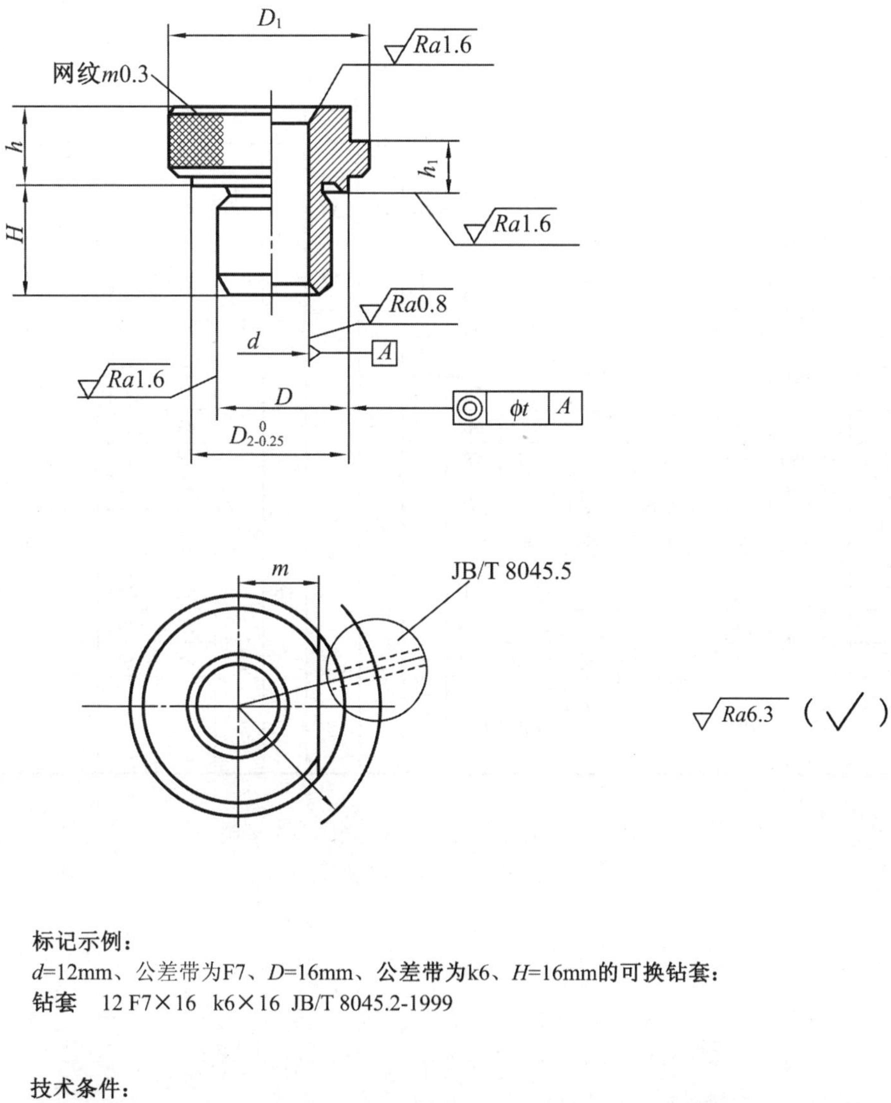

标记示例:

d=12mm、公差带为F7、D=16mm、公差带为k6、H=16mm的可换钻套:

钻套　12 F7×16　k6×16　JB/T 8045.2-1999

技术条件:

1.材料：d≤26mm时，T10A按GB/T 1298的规定；d>26mm时，20钢按 GB/T 699的规定。

2.热处理：T10A为58～64HRC；20钢渗碳深度为0.8～1.2mm,58～64HRC。

3.其他技术条件按JB/T 8044的规定。

续表

<table>
<tr><th colspan="2">d</th><th colspan="3">D</th><th rowspan="2">D_1
滚花前</th><th rowspan="2">D_2</th><th rowspan="2" colspan="3">H</th><th rowspan="2">h</th><th rowspan="2">h_1</th><th rowspan="2">r</th><th rowspan="2">m</th><th rowspan="2">t</th><th rowspan="2">配用螺钉
JB/T 8045.5</th></tr>
<tr><th>基本尺寸</th><th>极限偏差
F7</th><th>基本尺寸</th><th>极限偏差
m6</th><th>极限偏差
k6</th></tr>
<tr><td>>0～3</td><td>+0.016
+0.006</td><td rowspan="2">8</td><td rowspan="3">+0.015
+0.006</td><td rowspan="3">+0.010
+0.001</td><td rowspan="2">15</td><td rowspan="2">12</td><td rowspan="2">10</td><td rowspan="2">16</td><td rowspan="2">—</td><td rowspan="3">8</td><td rowspan="3">3</td><td rowspan="2">11.5</td><td rowspan="2">4.2</td><td rowspan="7">0.008</td><td rowspan="3">M5</td></tr>
<tr><td>>3～4</td><td rowspan="2">+0.022
+0.010</td></tr>
<tr><td>>4～6</td><td>10</td><td>18</td><td>15</td><td rowspan="2">12</td><td rowspan="2">20</td><td rowspan="2">25</td><td>13</td><td>5.5</td></tr>
<tr><td>>6～8</td><td rowspan="2">+0.028
+0.013</td><td>12</td><td rowspan="3">+0.018
+0.007</td><td rowspan="3">+0.012
+0.001</td><td>22</td><td>18</td><td rowspan="3">10</td><td rowspan="3">4</td><td>16</td><td>7</td><td rowspan="3">M6</td></tr>
<tr><td>>8～10</td><td>15</td><td>26</td><td>22</td><td rowspan="2">16</td><td rowspan="2">28</td><td rowspan="2">36</td><td>18</td><td>9</td></tr>
<tr><td>>10～12</td><td rowspan="3">+0.034
+0.016</td><td>18</td><td>30</td><td>26</td><td>20</td><td>11</td></tr>
<tr><td>>12～15</td><td>22</td><td rowspan="3">+0.021
+0.008</td><td rowspan="3">+0.015
+0.002</td><td>34</td><td>30</td><td rowspan="2">20</td><td rowspan="2">36</td><td rowspan="2">45</td><td rowspan="5">12</td><td rowspan="5">5.5</td><td>23.5</td><td>12</td><td rowspan="5">M8</td></tr>
<tr><td>>15～18</td><td>26</td><td>39</td><td>35</td><td>26</td><td>14.5</td><td rowspan="7">0.012</td></tr>
<tr><td>>18～22</td><td rowspan="3">+0.041
+0.020</td><td>30</td><td>46</td><td>42</td><td rowspan="2">25</td><td rowspan="2">45</td><td rowspan="2">56</td><td>29.5</td><td>18</td></tr>
<tr><td>>22～26</td><td>35</td><td rowspan="3">+0.025
+0.009</td><td rowspan="3">+0.018
+0.002</td><td>52</td><td>46</td><td>32.5</td><td>21</td></tr>
<tr><td>>26～30</td><td>42</td><td>59</td><td>53</td><td rowspan="3">30</td><td rowspan="3">56</td><td rowspan="3">67</td><td>36</td><td>24.5</td></tr>
<tr><td>>30～35</td><td rowspan="4">+0.050
+0.025</td><td>48</td><td>66</td><td>60</td><td rowspan="10">16</td><td rowspan="10">7</td><td>41</td><td>27</td><td rowspan="10">M10</td></tr>
<tr><td>>35～42</td><td>55</td><td rowspan="5">+0.030
+0.011</td><td rowspan="5">+0.021
+0.002</td><td>74</td><td>68</td><td>45</td><td>31</td></tr>
<tr><td>>42～48</td><td>62</td><td>82</td><td>76</td><td rowspan="3">35</td><td rowspan="3">67</td><td rowspan="3">78</td><td>49</td><td>35</td></tr>
<tr><td>>48～50</td><td rowspan="2">70</td><td rowspan="2">90</td><td rowspan="2">84</td><td rowspan="2">53</td><td rowspan="2">39</td><td rowspan="7">0.040</td></tr>
<tr><td>>50～55</td><td rowspan="5">+0.060
+0.030</td></tr>
<tr><td>>55～62</td><td>78</td><td>100</td><td>94</td><td rowspan="5">40</td><td rowspan="5">78</td><td rowspan="5">105</td><td>58</td><td>44</td></tr>
<tr><td>>62～70</td><td>85</td><td rowspan="4">+0.035
+0.013</td><td rowspan="4">+0.025
+0.003</td><td>110</td><td>104</td><td>63</td><td>49</td></tr>
<tr><td>>70～78</td><td>95</td><td>120</td><td>114</td><td>68</td><td>54</td></tr>
<tr><td>>78～80</td><td rowspan="2">105</td><td rowspan="2">130</td><td rowspan="2">124</td><td rowspan="2">73</td><td rowspan="2">59</td></tr>
<tr><td>>80～85</td><td>+0.071
+0.036</td></tr>
</table>

(3)快换钻套

快换钻套的结构形式和尺寸规格如表 2-52 所示。

表 2-52　快换钻套的结构形式和尺寸规格　单位:mm

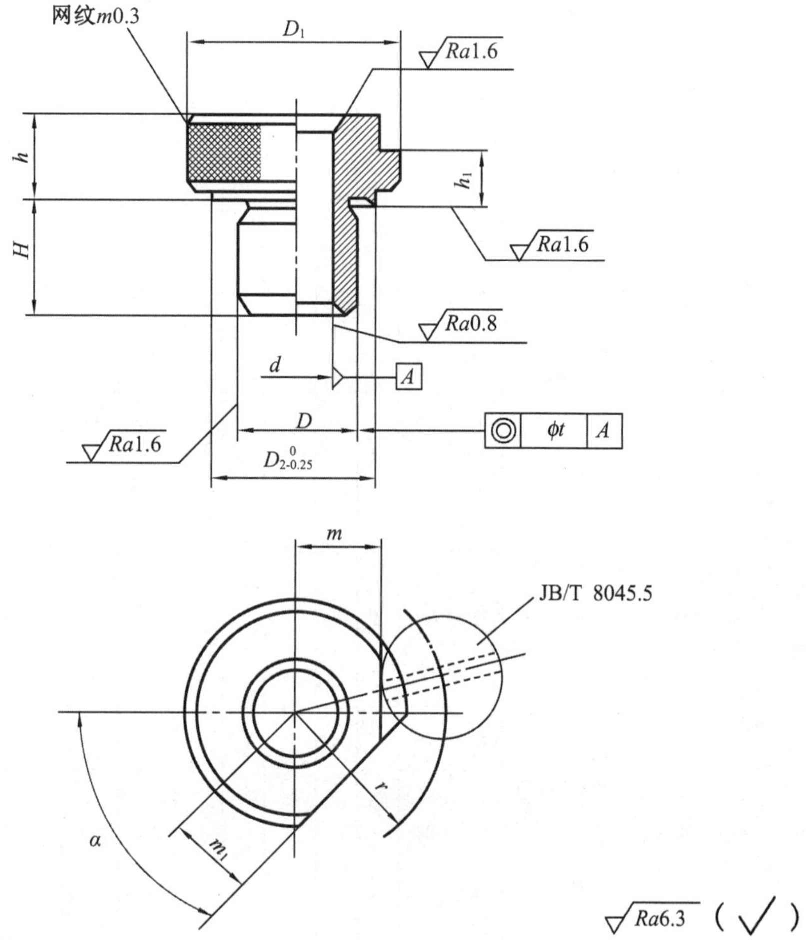

标记示例：

d=12mm、公差带为F7、D=18mm、公差带为k6、H=16mm 的快换钻套：

钻套　12 F7×18　k6×16　JB/T 8045.2-1999

技术条件：

1.材料：d≤26mm时，T10A按GB/T 1298的规定；d>26mm时，20钢按 GB/T 699的规定。

2.热处理：T10A为58～64HRC；20钢渗碳深度为0.8～1.2mm,58～64HRC。

3.其他技术条件按JB/T 8044的规定。

续表

d		D			D_1滚花前	D_2	H			h	h_1	r	m	t	m_1	α	配用螺钉JB/T 8045.5
基本尺寸	极限偏差F7	基本尺寸	极限偏差m6	极限偏差k6													
>0～3	+0.016 +0.006	8	+0.015 +0.006	+0.010 +0.001	15	12	10	16	—	8	3	11.5	4.2	0.008	4.2	50°	M5
>3～4	+0.022 +0.010																
>4～6		10			18	15	12	20	25			13	5.5		5.5		
>6～8	+0.028 +0.013	12	+0.018 +0.007	+0.012 +0.001	22	18				10	4	16	7		7		M6
>8～10		15			26	22	16	28	36			18	9		9	55°	
>10～12	+0.034 +0.016	18			30	26						20	11		11		
>12～15		22	+0.021 +0.008	+0.015 +0.002	34	30	20	36	45	12	5.5	23.5	12		12		M8
>15～18		26			39	35						26	14.5	0.012	14.5		
>18～22	+0.041 +0.020	30			46	42	25	45	56			29.5	18		18		
>22～26		35	+0.025 +0.009	+0.018 +0.002	52	46						32.5	21		21		
>26～30		42			59	53	30	56	67			36	24.5		24.5	65°	
>30～35	+0.050 +0.025	48			66	60				16	7	41	27		28		M10
>35～42		55	+0.030 +0.011	+0.021 +0.002	74	68						45	31		32		
>42～48		62			82	76	35	67	78			49	35		36	70°	
>48～50		70			90	84						53	39	0.040	40		
>50～55	+0.060 +0.030																
>55～62		78			100	94	40	78	105			58	44		45		
>62～70		85	+0.035 +0.013	+0.025 +0.003	110	104						63	49		50		
>70～78		95			120	114						68	54		55	75°	
>78～80		105			130	124						73	59		60		
>80～85	+0.071 +0.036																

(4)薄壁钻套

薄壁钻套的结构形式和尺寸规格如表 2-53 所示。

表 2-53　　薄壁钻套的结构形式和尺寸规格　　单位:mm

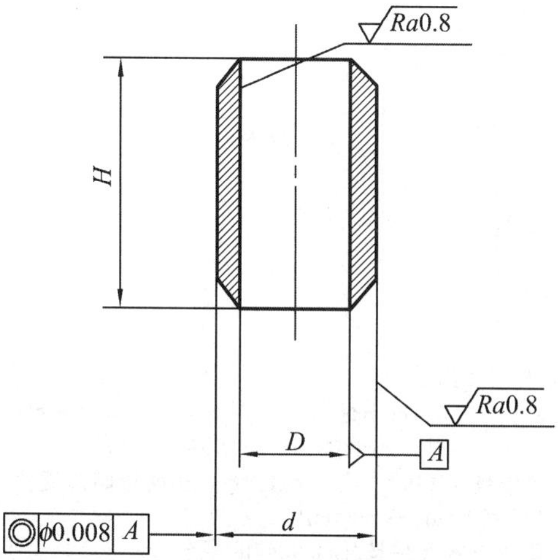

技术条件:
1.材料:CrMn按GB/T 1299的规定。
2.热处理:58～62HRC。
3.其他技术条件按JB/T 8044的规定。

Ra6.3 (√)

D	d		H
	基本尺寸	极限偏差 n6	
>0.5～1	2	+0.010 +0.004	6
			8
>1～1.2	2.5		6
			8
>1.2～1.5	3		6
			8
>1.5～2	3.5	+0.016 +0.008	6
			8
>2～2.5	4		6
			8
>2.5～3	5		6
			8
>3～4	6		8
			12
>4～5	7	+0.019 +0.010	8
			12
>5～6	8		8
			12
>6～7	9		8
			12

2.4.3.2 衬套

钻套用衬套的结构形式和尺寸规格如表 2-54 所示。

表 2-54 钻套用衬套的结构形式和尺寸规格 单位:mm

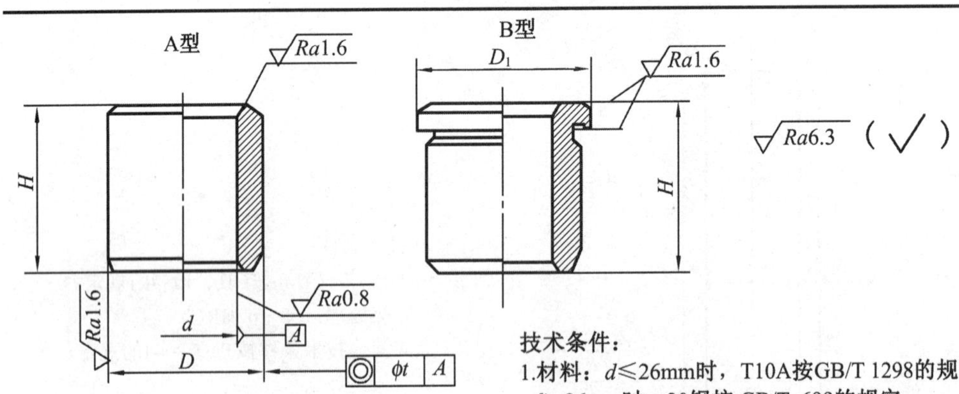

技术条件:

1.材料:d≤26mm时,T10A按GB/T 1298的规定;d>26mm时,20钢按 GB/T 699的规定。

2.热处理:T10A为58~64HRC;20钢渗碳深度为0.8~1.2mm,58~64HRC。

3.其他技术条件按JB/T 8044的规定。

标记示例:

d=18mm、H=28mm的A型钻套用衬套:

衬套 A18×28 JB/T 8045.4-1999

<table>
<tr><th colspan="2">d</th><th colspan="2">D</th><th rowspan="2">D₁</th><th colspan="3" rowspan="2">H</th><th rowspan="2">t</th></tr>
<tr><th>基本尺寸</th><th>极限偏差 F7</th><th>基本尺寸</th><th>极限偏差 n6</th></tr>
<tr><td>8</td><td rowspan="2">+0.028
+0.013</td><td>12</td><td rowspan="3">+0.023
+0.012</td><td>15</td><td>10</td><td>16</td><td>—</td><td rowspan="4">0.008</td></tr>
<tr><td>10</td><td>15</td><td>18</td><td rowspan="2">12</td><td rowspan="2">20</td><td rowspan="2">25</td></tr>
<tr><td>12</td><td rowspan="3">+0.034
+0.016</td><td>18</td><td>22</td></tr>
<tr><td>(15)</td><td>22</td><td rowspan="3">+0.028
+0.015</td><td>26</td><td rowspan="2">16</td><td rowspan="2">28</td><td rowspan="2">36</td></tr>
<tr><td>18</td><td>26</td><td>30</td><td rowspan="8">0.012</td></tr>
<tr><td>22</td><td rowspan="3">+0.041
+0.020</td><td>30</td><td>34</td><td rowspan="2">20</td><td rowspan="2">36</td><td rowspan="2">45</td></tr>
<tr><td>(26)</td><td>35</td><td rowspan="3">+0.033
+0.017</td><td>39</td></tr>
<tr><td>30</td><td>42</td><td>46</td><td rowspan="2">25</td><td rowspan="2">45</td><td rowspan="2">56</td></tr>
<tr><td>35</td><td rowspan="3">+0.050
+0.025</td><td>48</td><td>52</td></tr>
<tr><td>(42)</td><td>55</td><td rowspan="4">+0.039
+0.020</td><td>59</td><td rowspan="3">30</td><td rowspan="3">56</td><td rowspan="3">67</td></tr>
<tr><td>(48)</td><td>62</td><td>66</td></tr>
<tr><td>55</td><td rowspan="4">+0.060
+0.030</td><td>70</td><td>74</td></tr>
<tr><td>62</td><td>78</td><td>82</td><td rowspan="2">35</td><td rowspan="2">67</td><td rowspan="2">78</td><td rowspan="6">0.040</td></tr>
<tr><td>70</td><td>85</td><td rowspan="4">+0.045
+0.023</td><td>90</td></tr>
<tr><td>78</td><td>95</td><td>100</td><td rowspan="2">40</td><td rowspan="2">78</td><td rowspan="2">105</td></tr>
<tr><td>(85)</td><td rowspan="3">+0.071
+0.036</td><td>105</td><td>110</td></tr>
<tr><td>95</td><td>115</td><td>125</td><td rowspan="2">45</td><td rowspan="2">89</td><td rowspan="2">112</td></tr>
<tr><td>105</td><td>125</td><td>+0.052
+0.027</td><td>130</td></tr>
</table>

2.4.3.3　钻套螺钉

钻套螺钉的结构形式和尺寸规格如表 2-55 所示。

表 2-55　　钻套螺钉的结构形式和尺寸规格　　单位：mm

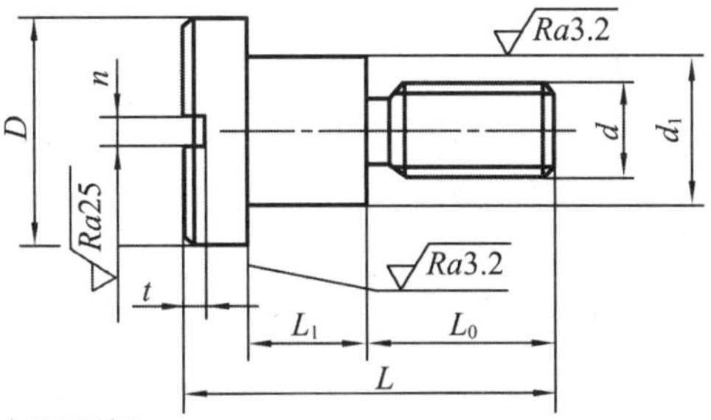

技术条件：
1.材料：45钢按 GB/T 699的规定。
2.热处理：35～40HRC。
3.其他技术条件按JB/T 8044的规定。

$\sqrt{Ra12.5}$ (√)

标记示例：
d=M10、L_1=13mm的钻套螺钉：
螺钉　M10×13　JB/T 8045.5-1999

d	L_1		d_1		D	L	L_0	n	t	钻套内径
	基本尺寸	极限偏差	基本尺寸	极限偏差 d11						
M5	3	+0.200 +0.050	7.5	−0.040 −0.130	13	15	9	1.2	1.7	>0～6
	6					18				
M6	4		9.5		16	18	10	1.5	2	>6～12
	8					22				
M8	5.5		12	−0.050 −0.160	20	22	11.5	2	2.5	>12～30
	10.5					27				
M10	7		15		24	32	18.5	2.5	3	>30～85
	13					38				

2.5　主要钻床的规格及联系尺寸

2.5.1　台式钻床

台式钻床的联系尺寸如表 2-56 所示。

表 2-56　　台式钻床的联系尺寸　　单位:mm

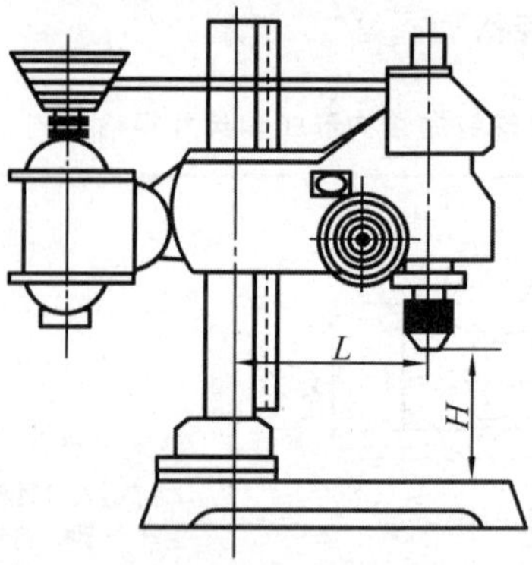

机床型号	加工范围				主轴			头架手动升降距离	工作台						
	最大钻孔直径	主轴中心至立柱距离 L	主轴端面至可动工作台距离	主轴端面至底座工作台距离 H	主轴最大行程	主轴套锥度号（莫氏）	主轴下端孔锥度号（莫氏）		可动工作台面尺寸	可动工作台在垂直面内回转角度	可动工作台绕立柱回转角度	底座工作台面尺寸	底座 T 形槽		
													槽数	槽宽	槽距
Z406	6	125	—	200	65	—	1	100	—	—	—	250×250	2	12	120
Z4012	12	200	—	170～355	—	—	短圆锥 HB	400	—	—	—	280×280	2	12	120
Z512	12	185	—	20～422	—	—	1	400	—	—	—	350×350	2	12	120
Z512-B	12.7	177.5	0～254	41～457	—	—	2	240	250×265	360°	360°	270×340	2	14	160
Z515	15	185	—	20～422	—	—	1	400	—	—	—	350×350	2	14	160
Z4015	15	193	—	0～475	—	1	2		—	—	—	220×300	2	14	140

2.5.2　立式钻床

立式钻床的联系尺寸和主轴尺寸如表 2-57 所示。

表 2-57　　**立式钻床的联系尺寸和主轴尺寸**　　单位:mm

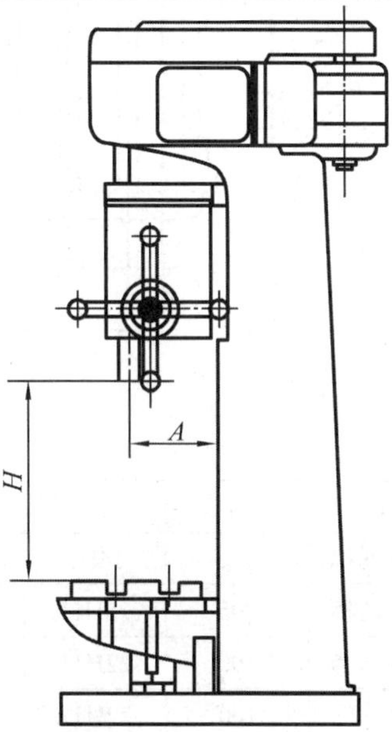

机床型号	加工范围				主轴		主轴箱行程	底座面积（长×宽）	工作台				
	最大钻孔直径	主轴中心至立柱距离 L	主轴端面至可动工作台距离	主轴端面至底座工作台距离 H	主轴最大行程	主轴套锥度号（莫氏）			工作台面尺寸	最大升降距离	底座 T 形槽		
											槽数	槽宽	槽距
Z525	25	250	0～700	725～1100	175	3	200	600×400	500×375	325	2	14	200
Z525B	25	315	0～415	965	200	3	0	440×500	ϕ410	385	—	14	—
Z535	35	300	0～750	705～1130	225	4	200	650×745	—	—	2	18	240
Z550	50	350	0～800	650～1200	300	5	250	1245×756	—	—	3	22	150
Z575	75	400	0～850	800～1300	500	5	500	660×714	—	—	3	22	200

立式钻床的工作台尺寸如表 2-58 所示。

表 2-58　　立式钻床的工作台尺寸　　单位：mm

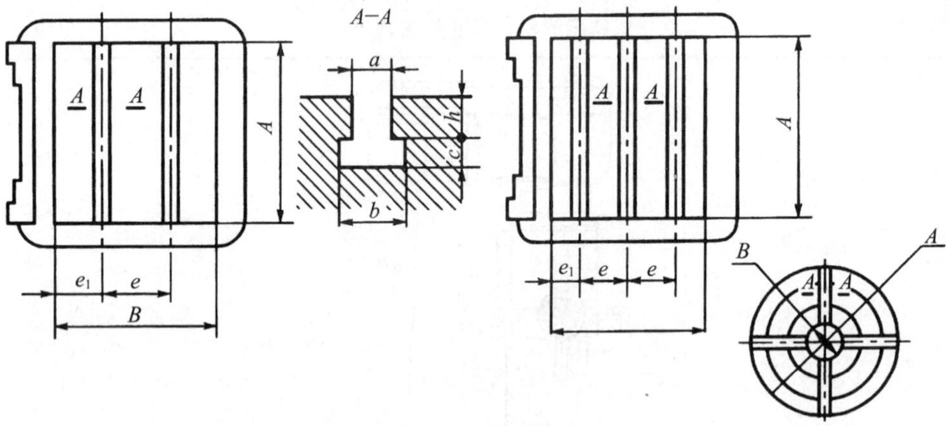

型号	A	B	e	e_1	a	b	c	h
Z525	500	375	200 两槽	87.5	14H9	24	11	15
Z535	500	450	240 两槽	105	18H11	30	14	18
Z550	600	500	150 三槽	100	22H11	36	16	19
Z575	750	600	200 三槽	100	22H11	36	16	22

2.5.3 摇臂钻床

摇臂钻床的联系尺寸如表 2-59 所示。

表 2-59　　摇臂钻床的联系尺寸　　单位：mm

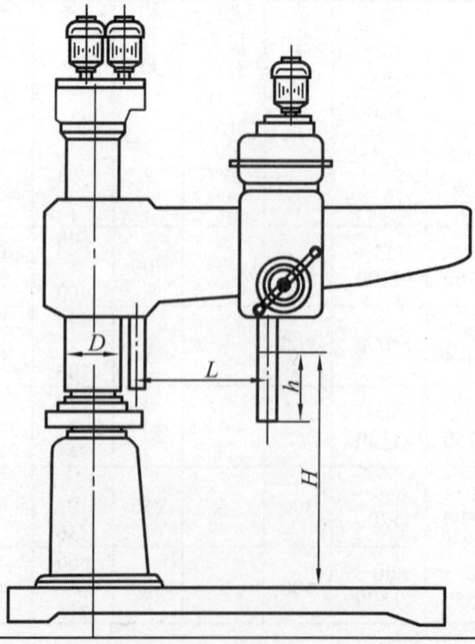

续表

机床型号	加工范围							主轴箱最大水平移动量	横臂	
	最大钻孔直径	主轴轴线至立柱母线的距离 L		主轴下端面至底座工作面距离 H		最大行程 h	主轴莫氏锥度号		最大升降距离	回转角
		最大	最小	最大	最小					
Z32K	25	830	340	870	25	130	2	500	830	360°
Z3025	25	900	280	1000	250	250	3	630	525	
Z33-1	35	1200	350	1500	500	300	4	850	700	
Z3035B	35	1300	350	1250	350	300	4	950	600	
Z35	50	1600	450	1500	470	350	5	1150	680	
ZP3350	50	1600	450	1632	290	350	5	1150	1000	
Z37	75	2000	500	1750	600	450	6	1500	700	
Z3080	80	2500	500	1800	550	450	6	2000	800	
Z310	100	3150	500	2580	730	500	6	2650	1343	

摇臂钻床工作台底座及 T 形槽尺寸如表 2-60 所示。

表 2-60　摇臂钻床工作台底座及 T 形槽尺寸　单位：mm

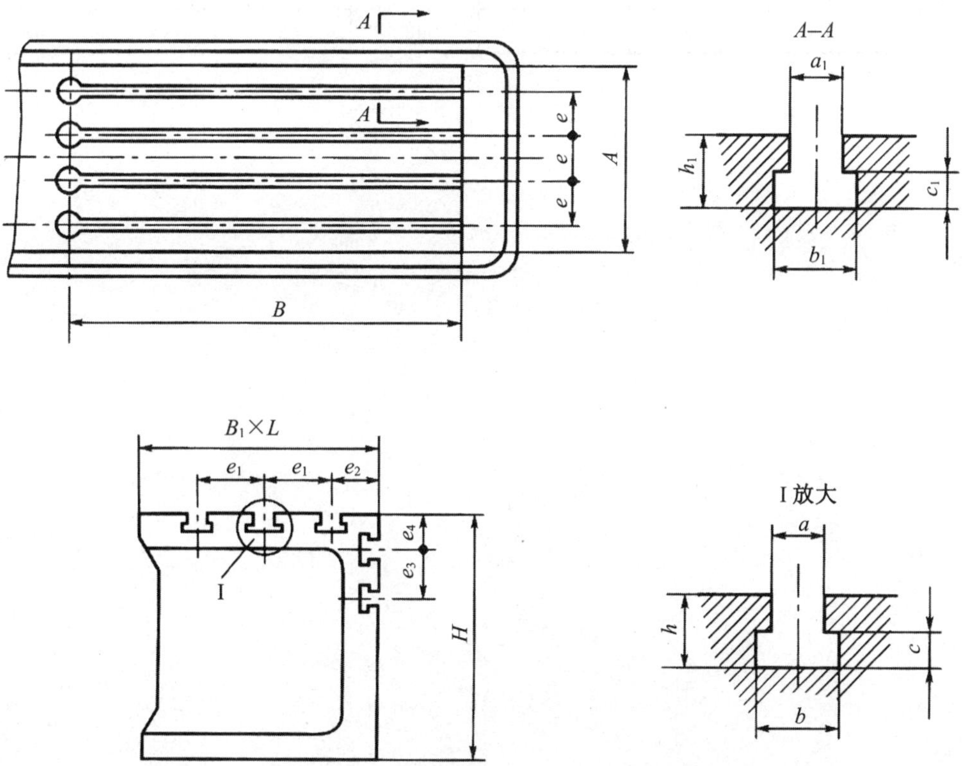

续表

机床型号	Z3050	Z33-1	Z3035B	Z35	Z37	Z3080	Z310
A	604	750	740	780	1300	1200	1480
B	942	1220	1270	1545	2000	2450	3255
e	200	180	190	180	300	279	300
$B_1 \times L$	450×450	500×500	500×600	550×630	590×750	590×750	1000×960
H	450	500	500	500	500	500	600
e_1	140 三槽	150 三槽	150 三槽	150 三槽	150 四槽	150 四槽	200 五槽
e_2	85	100	100	100	50	50	100
e_3	140 二槽	150 二槽	150 二槽	150 二槽	150 三槽	150 三槽	200 三槽
e_4	85	100	75	100	100	105	100
a	18	22	24	22	22	22	22
b	30	36	42	36	36	36	36
c	14	16	20	16	16	16	16
h	32	43	41	43	43	42	43
a_1	22	28	24	28	28	28	28
b_1	36	46	42	46	46	45	46
c_1	16	20	20	20	20	20	20
h_1	38	48	45	48	48	48	48

任务3　铣床专用夹具的设计

任务导入：铣床专用夹具是指用于各类铣床上安装工件的机床夹具，这类夹具主要用于加工零件上的平面、沟槽、缺口、直线成形面和立体成形面等。图3-1所示为车床尾座顶尖套筒铣键槽和油槽的工序图，本工序采用两把铣刀同时进行加工。图3-2所示为铣车床尾座顶尖套筒双槽的铣床夹具，是用于大批生产中的夹具。

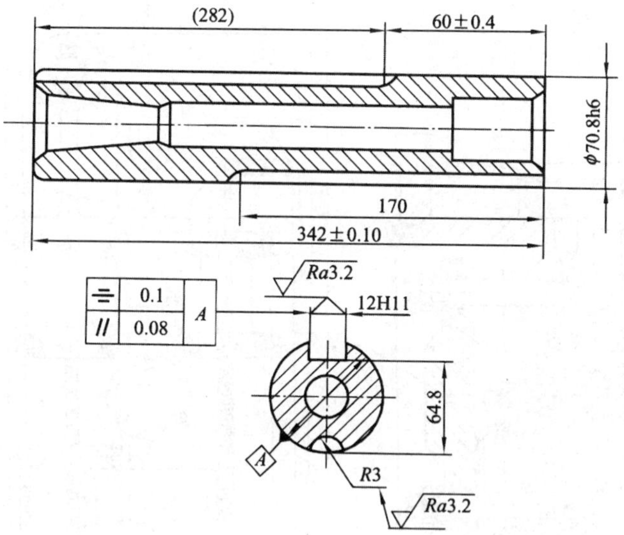

图3-1　车床尾座顶尖套筒铣键槽和油槽的工序图

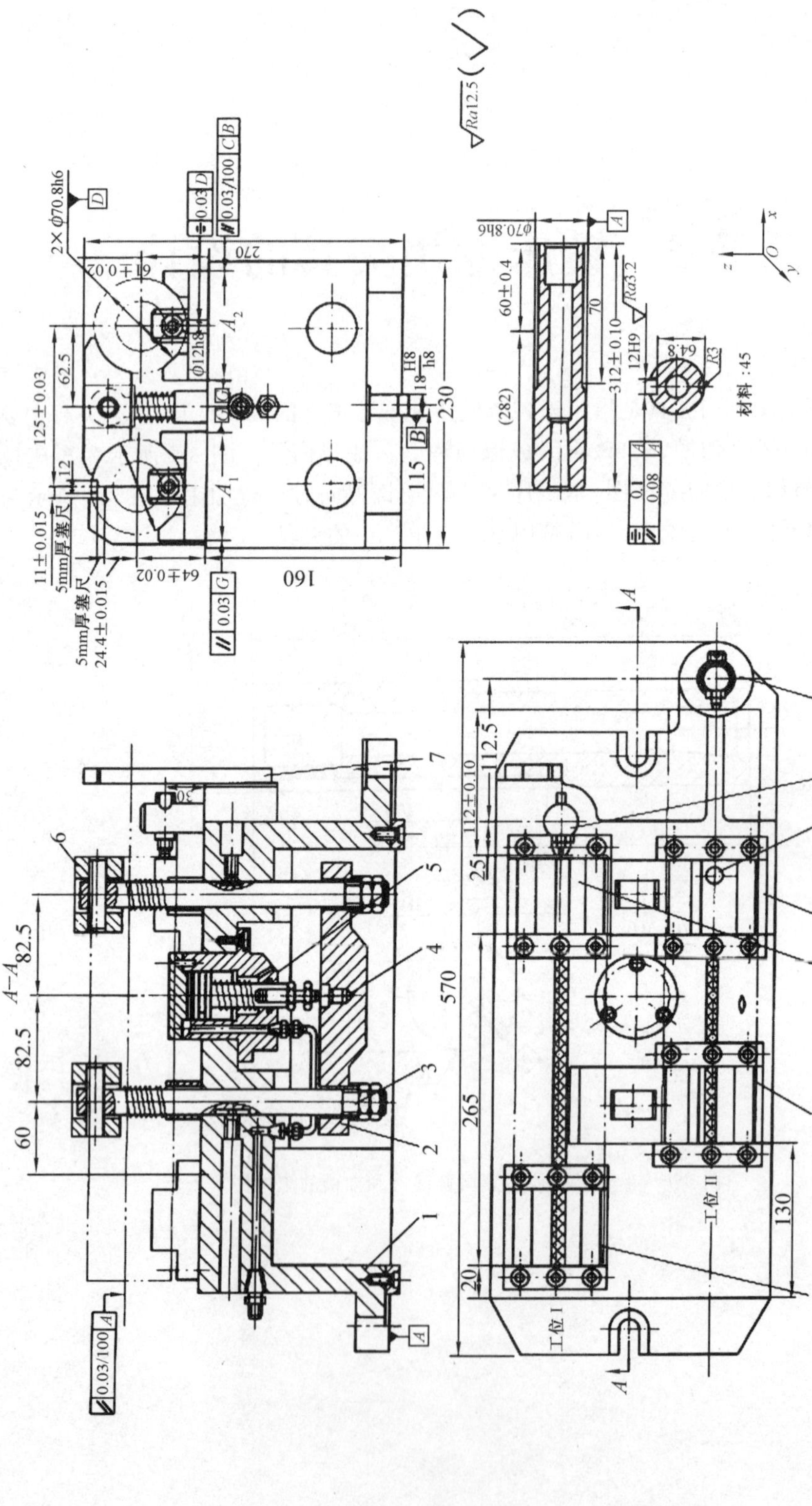

图 3-2　铣车床尾座顶尖套筒双槽的铣床夹具

1—夹具体　2—浮动杠杆　3—螺杆　4—支钉　5—液压缸　6—双压板　7—对刀块　8～11—V形块　12—定位销　13、14—止推销

3.1 铣床专用夹具的基本类型

由于在铣削加工中多数情况是夹具和工作台一起送进，而夹具的整体结构又在很大程度上取决于铣削加工的送进方式，故将铣床夹具分为直线送进式、圆周送进式和沿曲线靠模送进式三种类型。

3.1.1 直线送进式铣床夹具

图 3-3 所示为一种铣键槽夹具。夹具体 1 安装在铣床工作台面上，用定位键 2 嵌在工作台中央 T 形槽内，并用螺钉紧固。用对刀装置 10 及塞尺调整铣刀相对于夹具的位置，使铣刀两端刃的对称面与 V 形槽的对称面重合，且使铣削深度满足铣槽深度要求。安装工件时，只要将工件放在 V 形槽内且将端面顶在支承钉 8 上即可方便地确定工件在夹具中的正确位置。然后扳动手柄 11 通过偏心轮 6、杠杆 5、拉杆 7 带动压板 4 将工件夹紧。工件加工后反向扳动手柄 11 即可松开夹具取下工件。

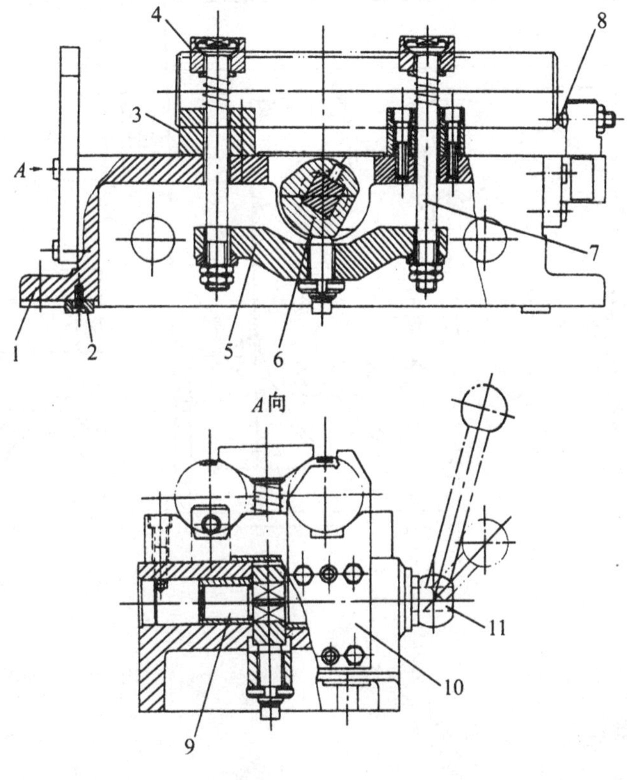

图 3-3 铣键槽夹具

1—夹具体 2—定位键 3—V 形块 4—压板 5—杠杆 6—偏心轮 7—拉杆 8—支承钉 9—轴 10—对刀装置 11—手柄

3.1.2　圆周进给式铣床夹具

图 3-4 所示为一种圆周进给式铣床夹具的简图。回转工作台 5 带动工件(拨叉)做圆周连续进给运动,将工件依次送入切削区,当工件离开切削区时加工完成。在非切削区内,可将加工好的工件卸下,并装上待加工的工件。这种加工方法使机动时间与辅助时间相重合,从而提高了机床效率。

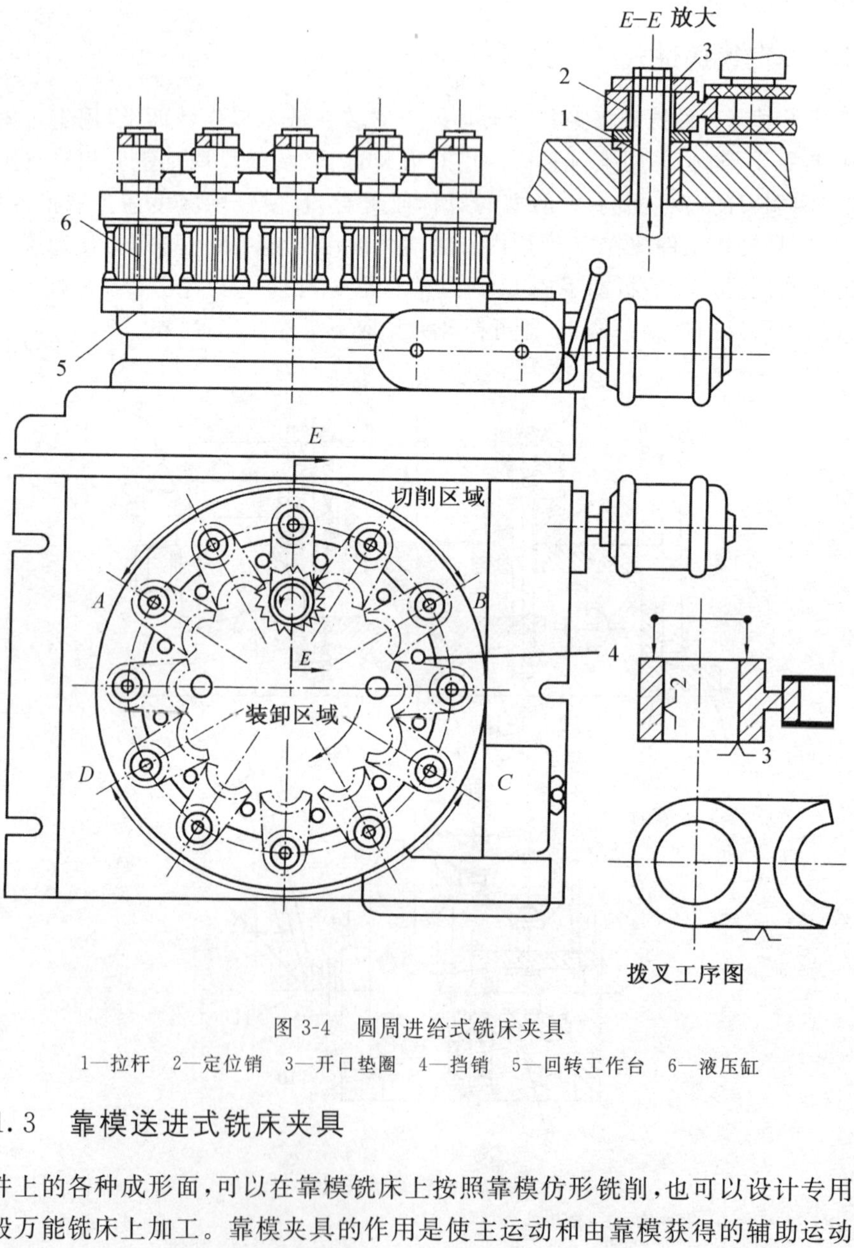

图 3-4　圆周进给式铣床夹具

1—拉杆　2—定位销　3—开口垫圈　4—挡销　5—回转工作台　6—液压缸

3.1.3　靠模送进式铣床夹具

零件上的各种成形面,可以在靠模铣床上按照靠模仿形铣削,也可以设计专用靠模夹具在一般万能铣床上加工。靠模夹具的作用是使主运动和由靠模获得的辅助运动合成为加工所需的仿形运动,如图 3-5 所示。

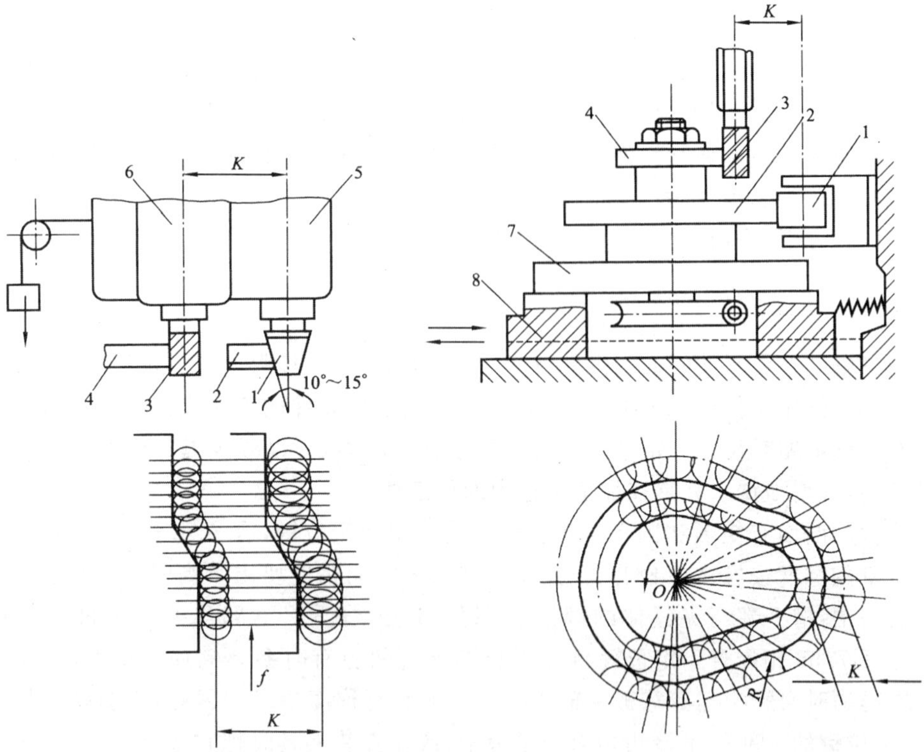

(a) 直线进给式靠模铣床夹具　　(b) 圆周进给式靠模铣床夹具

图 3-5　靠模铣床夹具

1—滚柱　2—靠模板　3—铣刀　4—工件　5—滚柱滑座　6—铣刀滑座　7—回转台　8—滑座

3.2　铣床专用夹具的设计要点

3.2.1　铣床夹具设计的总体要求

由于铣削过程不是连续切削，加工余量和切削力较大，且切削力的方向随时都可能变化，所以夹具应有足够的刚性和强度，夹具的重心应尽量低，夹具的高度与宽度之比应为 1∶1.25，并应有足够的排屑空间。

3.2.2　定位装置的设计

由于铣削时切削用量和切削力较大，又是多刃断续切削，因此铣削时极易产生振动。设计定位装置时，应特别注意工件定位的稳定性及定位装置的刚性。如尽量增大主要支承的面积，导向支承的两个支承点要尽量相距远些，止推支承应布置在工件刚性较好的部位并要有利于减少夹紧力；还可以通过增大定位元件和夹具体厚度的尺寸，增大元件之间的连接刚性，必要时可采用辅助支承等措施来提高工件的安装刚性。

3.2.3 夹紧装置的设计

夹紧装置能提供的夹紧力应足够大，且要有较好的自锁性能，以防止夹紧机构因振动等而松动；夹紧力的作用方向和作用点要合理，必要时可采用辅助支承或浮动夹紧机构，以提高夹紧刚度。由于夹紧元件和传递机构等要直接承受较大的切削力，因此，要有足够的强度和刚度。为了提高夹具的工作效率，应尽可能采用机动夹紧机构和联动夹紧机构，并在可能的情况下，采用多件夹紧和多件加工。

3.2.4 连接元件的设计

定位键安装在夹具体底面的纵向槽中，一般使用两个，其距离应尽可能布置得远些。通过定位键与铣床工作台 T 形槽的配合，使夹具上定位元件的工作表面对工作台的进给方向具有正确的相对位置。定位键还能承受部分切削力矩，以减少夹具体与工作台连接螺栓的负荷，并增强铣床夹具在加工过程中的稳定性。

定位键的断面有矩形和圆形两种。常用的为矩形定位键，有 A 型和 B 型两种结构。A 型定位键的宽度按尺寸 B 制作，适用于对夹具的定向精度要求不高时。B 型定位键的侧面开有沟槽，槽上部与夹具体的键槽按 H7/h6 公差配合，下部与工作台的 T 形槽按 H8/h8 或 H7/h6 相配合。定位键与 T 形槽的配合间隙有时会影响加工精度，如在轴类零件上铣键槽时会影响键槽对工件轴线的平行度和对称度要求。因此，为提高夹具的定位精度，定位键的下部尺寸 B 可留有修配余量，或在安装夹具时把它推向一边，以避免间隙的影响。

(1)定位键(JB/T 8016-1999)

常用矩形定位键的结构形式如图 3-6 所示，尺寸规格如表 3-1 所示。

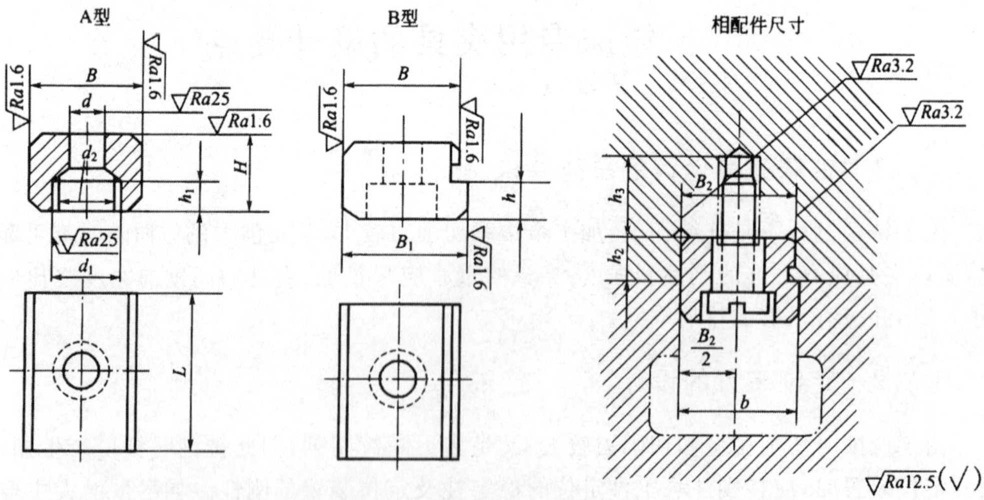

图 3-6 常用矩形定位键的结构形式

表 3-1 常用矩形定位键的尺寸规格 单位:mm

B			B_1	L	H	h	h_1	d	d_1	d_2	相配件						
											T 形槽宽度	B_2			h_2	h_3	螺钉 GB/T 65
基本尺寸	极限偏差 h6	极限偏差 h8									b	基本尺寸	极限偏差 H7	极限偏差 JS6			
8	0 −0.009	0 −0.022	8	14	8	3	3.4	3.4	6	—	8	8	+0.015 0	±0.0045	4	8	M3×10
10			10	16			4.6	4.5	8		10	10					M4×10
12	0 −0.011	0 −0.027	12	20			5.7	5.5	10		12	2	+0.018 0	±0.0055		10	M5×12
14			14								14	14					
16			16	25	10	4	6.8	6.6	11		(16)	16			5	13	M6×10
18			18		12	5					18	18			6		
20	0 −0.013	0 −0.033	20	32							20	20	+0.021 0	±0.065			
22			22								22	22					
24			24	40	14	6	9	9	15		24	(24)			7	15	M8×20
28			28		16	7					28	28			8		
36	0 −0.016	0 −0.039	36	50	20	9		13	16	16	36	36	+0.025 0	±0.008	10	18	M12×25
42			42	60	24	10	10				42				12		M12×40
48			48	70	28	12	12	17.5	18	18	48	48			14	22	
54	0 −0.019	0 −0.046	54	80	32	14	14				54	54	+0.030 0	±0.0095	16		—

注:①尺寸 B_1 留磨量 0.5mm 按机床 T 形槽宽度配作,公差带为 h6 或 h8。
②括号内尺寸尽量不采用。

(2)定向键(JB/T 8017-1999)

定向键的结构形式如图 3-7 所示,尺寸规格如表 3-2 所示。

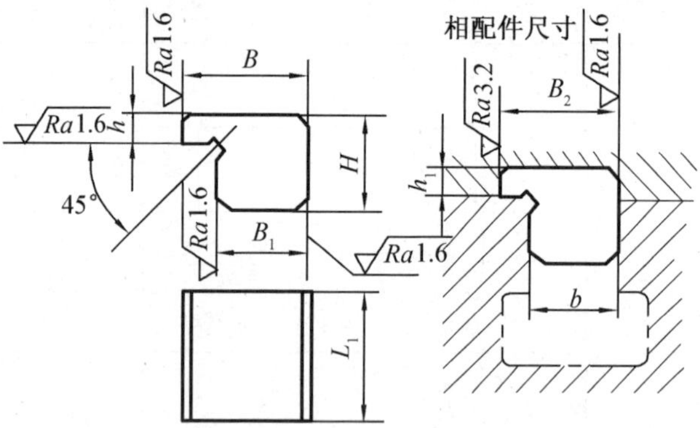

图 3-7　定向键的结构形式

表 3-2　　**定向键的尺寸规格**　　单位:mm

B 基本尺寸	B 极限偏差 h6	B_1	L	H	h	相配件 T形槽宽度 b	相配件 B_2 基本尺寸	相配件 B_2 极限偏差 H7	相配件 h_1
18	0 −0.011	8	20	12	4	8	18	+0.018 0	6
		10				10			
		12				12			
		14				14			
24	0 −0.013	16	25	18	5.5	(16)	24	+0.021 0	7
		18				18			
		20				(20)			
28		22	40	22	7	22	28		9
		24				(24)			
36	0 −0.016	28				28	36	+0.025 0	
48		36	50	35	10	36	48		12
		42				42			
60	0 −0.019	48	65	50	12	48	60	+0.030 0	14
		54				54			

注:①尺寸 B_1 留磨量 0.5mm 按机床 T 形槽宽度配作,公差带为 h6 或 h8。

②括号内尺寸尽量不采用。

3.2.5　对刀与导向元件的设计

对刀装置用于确定工件相对于刀具的位置。铣床夹具的对刀装置主要由对刀块和塞尺构成。图 3-8 所示为几种对刀块的使用情况，其中图 3-8(a)和图 3-8 (b)是最常用的高度对刀块和直角对刀块，图 3-8(c)(d) 是用于铣削成形面的特殊对刀块，图 3-8(e)是组合刀具对刀块。

常见的标准对刀块有：圆形对刀块，用于加工单一平面时对刀；方形对刀块，用于调整组合铣刀位置时对刀；直角对刀块，安装在夹具体顶面，用于加工两相互垂直面或铣槽时对刀；侧装对刀块，它安装在夹具体侧面，用于加工两相互垂直面或铣槽时对刀。

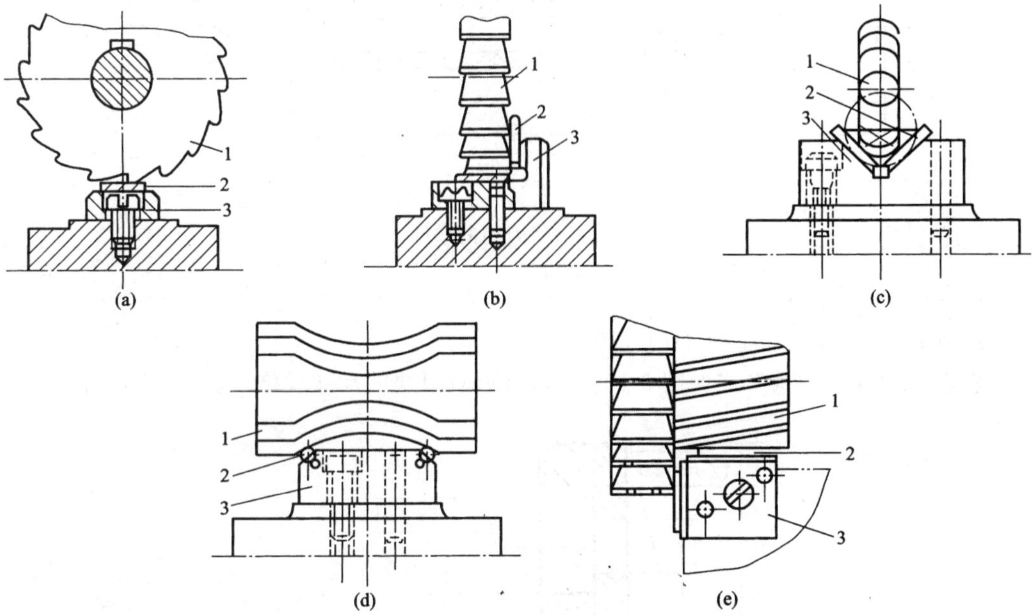

图 3-8　夹具的对刀装置

1—铣刀　2—塞尺　3—对刀块

图 3-9 所示为对刀用的塞尺，其中图 3-9(a)为平塞尺，厚度常用 1mm、2mm 和 3mm；图 3-9(b)为圆柱塞尺，直径常用 3mm 和 5mm。两种塞尺的尺寸均按 2 级精度基准轴公差制造。对刀块和塞尺的材料可用 T7A，对刀块淬火后硬度应达到 55～60HRC，塞尺淬火后硬度应达到 60～64HRC。

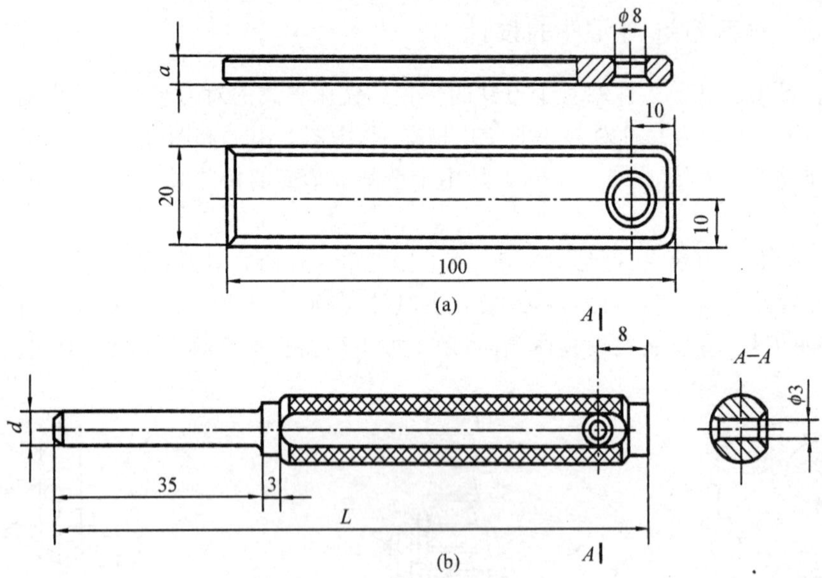

图 3-9　对刀用的塞尺

3.2.5.1　对刀块

(1)圆形对刀块(JB/T 8031.1-1991)

圆形对刀块的结构形式如图 3-10 所示，圆形对刀块的尺寸规格如表 3-3 所示。

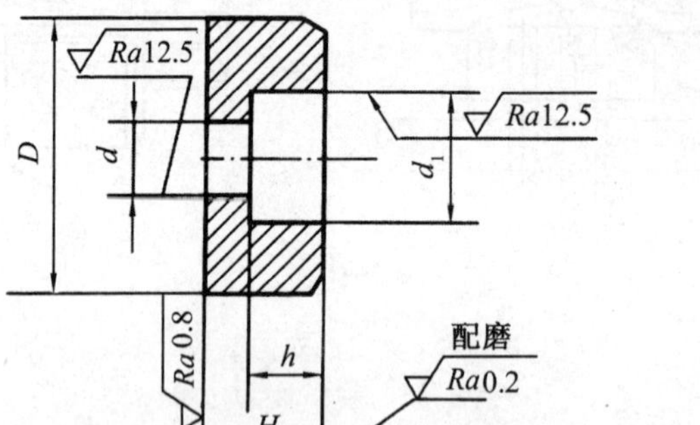

图 3-10　圆形对刀块的结构形式

表 3-3　　**圆形对刀块的尺寸规格**　　单位:mm

D	H	h	d	d_1
16	10	6	5.5	10
25		7	6.6	11

(2)方形对刀块

方形对刀块的结构形式如图 3-11 所示。

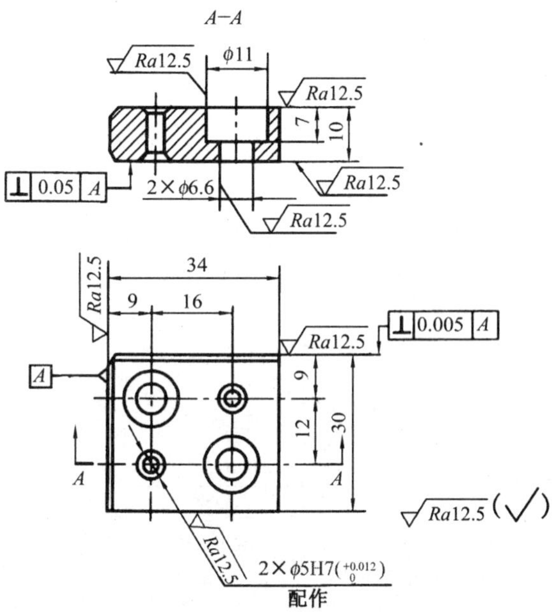

图 3-11　方形对刀块的结构形式

(3)直角对刀块

直角对刀块的结构形式如图 3-12 所示。

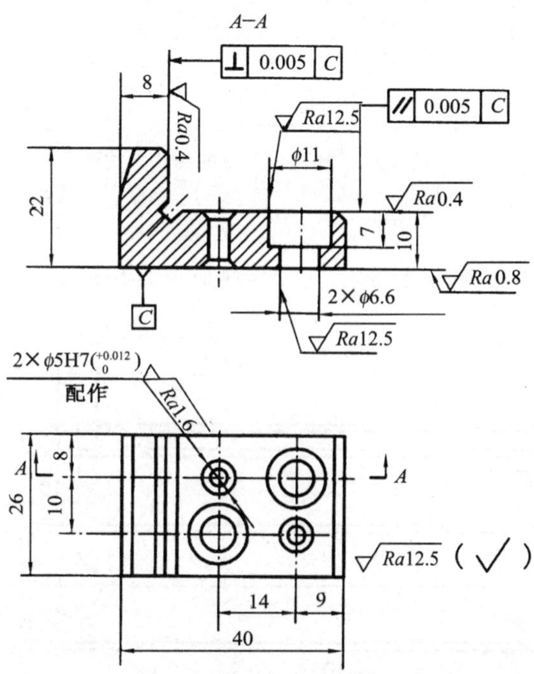

图 3-12　直角对刀块的结构形式

(4)侧装对刀块

侧装对刀块的结构形式如图 3-13 所示。

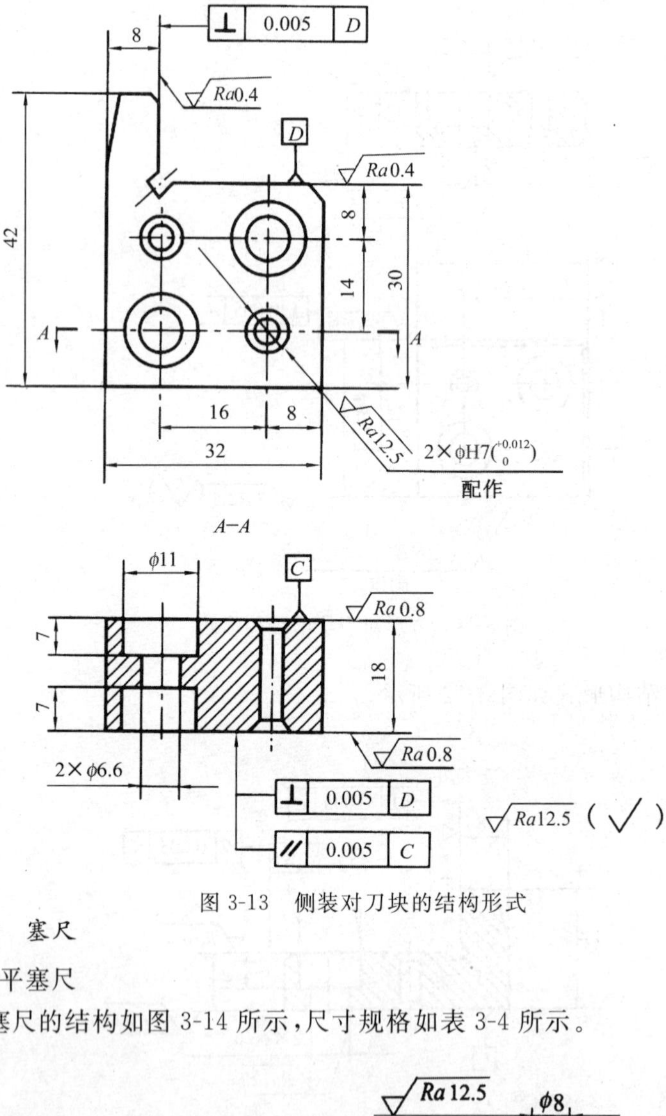

图 3-13 侧装对刀块的结构形式

3.2.5.2 塞尺

(1)对刀平塞尺

对刀平塞尺的结构如图 3-14 所示,尺寸规格如表 3-4 所示。

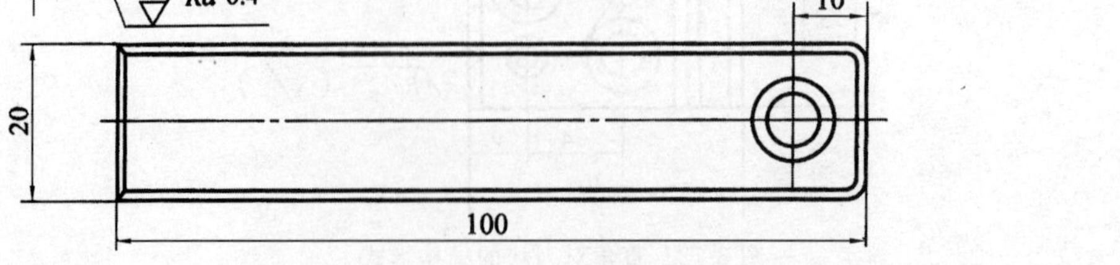

图 3-14 对刀平塞尺的结构

表 3-4　　对刀平塞尺的尺寸规格　　单位：mm

基本尺寸	极限偏差 h8
1	0 −0.014
2	
3	
4	0 −0.018
5	

(2)对刀圆柱塞尺

对刀圆柱塞尺的结构如图 3-15 所示，尺寸规格如表 3-5 所示。

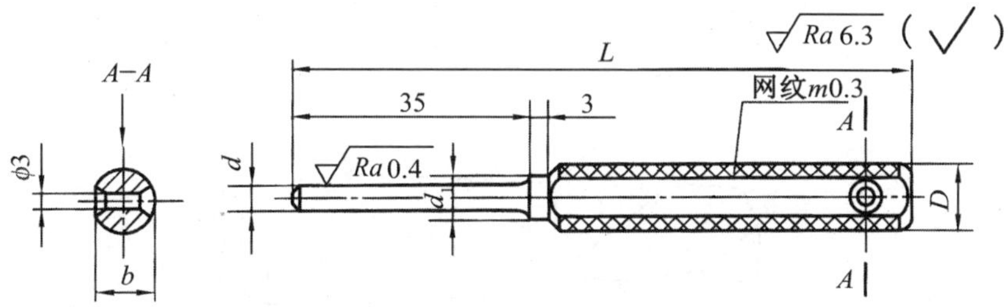

图 3-15　对刀圆柱塞尺的结构

表 3-5　　对刀圆柱塞尺的尺寸规格　　单位：mm

基本尺寸	极限尺寸 h8	D(滚花前)	L	d_1	b
3	0 −0.014	7	90	5	6
5	0 −0.018	10	100	8	9

采用对刀块和塞尺对刀时，尺寸精度低于 IT8 级。当对刀要求较高时，夹具上可不设对刀装置，而采用试切法或百分表来找正定位元件相对刀具的位置。

在设计夹具时，夹具总图上应标明对刀块工作表面至定位表面间的距离尺寸 H、L 及塞尺的尺寸和公差。

对刀时，刀具不能与对刀块的工作表面直接接触，应通过塞尺来校准它们之间的相互位置。

3.2.6　夹具体的设计

由于铣削时，铣床夹具的夹具体要承受较大的切削力，因此铣床夹具体不仅要有足够的强度、刚度和稳定性，还应使工件的加工面尽可能靠近工作台面，以降低夹具的重心，提高加工时夹具的稳定性。因此，其高度与宽度之比应恰当，一般为 $H/B \leqslant 1 \sim 1.25$，如图 3-16 所示。在夹具体上还要适当地布置筋板，夹具体的安装面应足够大，且尽可能做成周边接触的形式。铣床夹具通常通过定位键与铣床工作台 T 形槽的配合来确定夹具在机床上的位置。定位键与夹具体的配合多采用 H7/h6。为了提高夹具的安装精度，定位键的下部（与工作台 T 形槽配合部分）可留有余量以便进行修配，或在安装夹具时使定位键一侧与工作台 T 形槽靠紧，以消除间隙的影响。

此外，为了方便铣床夹具在铣床工作台上的固定，夹具体上大都设计有耳座，并通过螺栓将夹具牢固地紧固在机床工作台的 T 形槽中，图 3-17 所示为常见的几种连接定位方式。由于铣削时产生大量切屑，故夹具应具有足够的排屑空间，以便清理切屑。对于重型铣床夹具，夹具体两端还应设置吊装孔或吊环等，以便搬运。铣床夹具的设计要点同样适用于刨床夹具，其中主要方面也适用于平面磨床夹具。

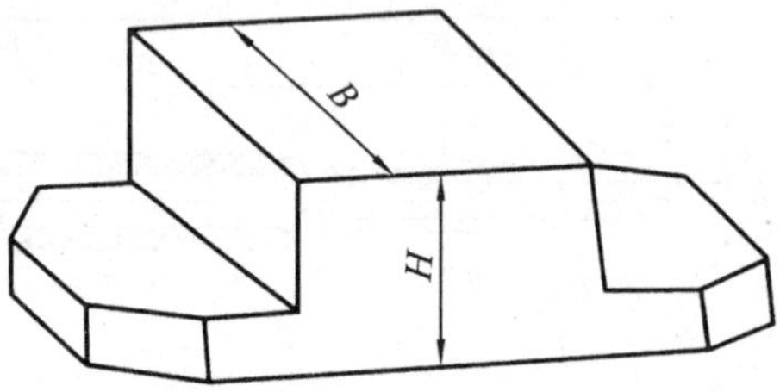

图 3-16　铣床夹具体

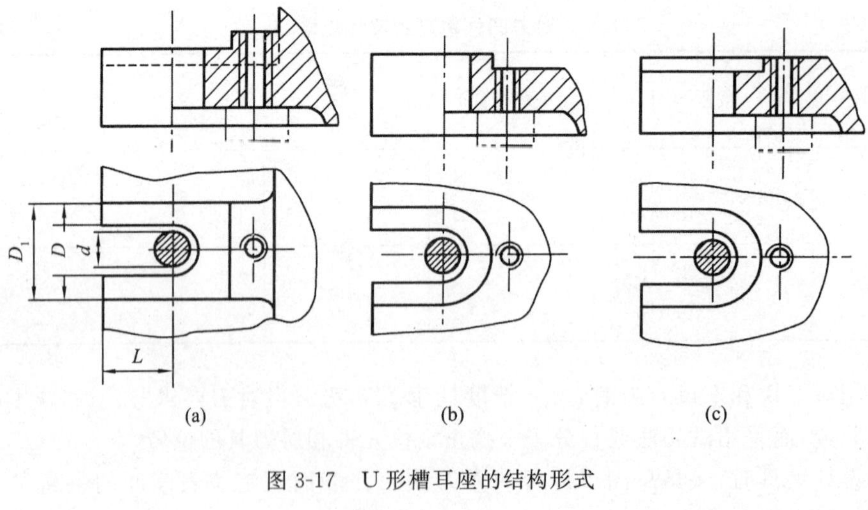

图 3-17　U 形槽耳座的结构形式

3.3　铣床专用夹具的设计实例

图 3-1 所示为车床尾座顶尖套筒铣键槽和油槽的工序图，本工序采用两把铣刀同时进行加工，试设计大批生产时在同一道工序中铣两条槽的直线送进式双工位铣床夹具。图 3-2 所示为用于大批生产时该工序加工所用的铣床专用夹具。

3.3.1　工件的加工工艺性分析

根据工艺规程，在铣键槽和油槽之前，其他表面均已加工好，本工序的加工要求如下：

(1)键槽宽为 12H11，槽侧面对ϕ70.8h6 轴线的对称度为 0.10mm，平行度为 0.08mm，槽深控制尺寸为 64.8mm，键槽长度为(60±0.4)mm。

(2)油槽半径为 3mm，圆心在轴的圆柱面上，油槽长度为 170mm。

(3)键槽与油槽的对称面应在同一平面内。

3.3.2　定位方案与定位元件的设计

若先铣键槽(工位Ⅰ)后铣油槽(工位Ⅱ)，按加工要求，铣键槽(工位Ⅰ)时应限制除$\widehat{x}$外的五个自由度，而铣油槽(工位Ⅱ)时应限制六个自由度。

因为是大批生产，为了提高生产率，可在铣床主轴上安装两把直径相等的铣刀，同时对两个工件铣键槽和油槽，每进给一次，即能得到一个键槽和油槽均已加工好的工件，这类夹具称为多工位加工铣床夹具。图 3-18 所示为铣顶尖套上双槽的两种定位方案。

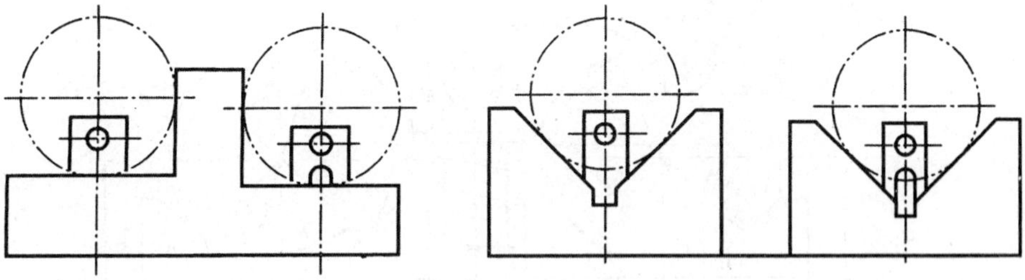

(a)　　(b)

图 3-18　铣顶尖套上键槽和油槽的定位方案

方案一：工件以ϕ70.8h6 外圆柱面在两个相互垂直的平面上定位，端面加止推销，如图 3-18a 所示。

方案二：工件以ϕ70.8h6 外圆柱面在两组双 V 形块 8～11 上定位，端面加止推销，但为保证双槽的对称平面在同一平面内，第Ⅱ工位还增设了一个定位销 12 配合在已铣好的键槽内，以限制工件的$\widehat{x}$自由度，如图 3-18(b)所示。由于键槽和油槽的长度不等，要同时进给完毕，需将两个止推销 13、14 前后错开 112mm，如图 3-19 所示。

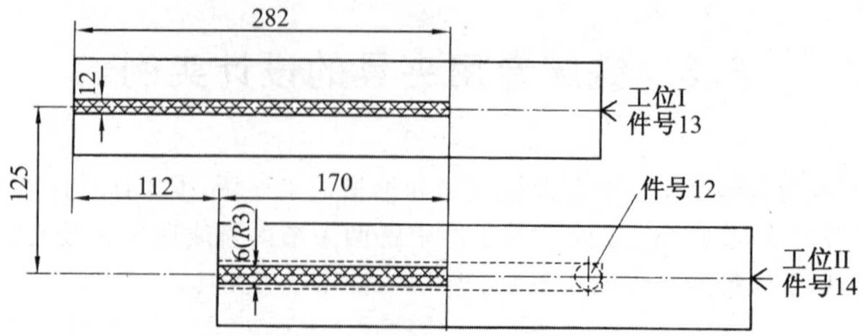

图 3-19　两止推销错开的位置示意图

比较以上两种方案可知，方案一使加工尺寸为 64.8mm 的 $\Delta_D=0$，方案 2 则使对称度的 $\Delta_D=0$。由于 64.8mm 未注公差，加工精度要求低，而对称度的公差较小，故选用方案二较好，从承受切削力的角度看，方案二也较可靠。

3.3.3　夹紧方案及夹紧装置的设计

根据夹紧力的方向应朝向主要限位面以及作用点应落在定位元件的支承范围内的原则，要使工件在双 V 形块上同时夹紧，必须设计如图 3-20 所示的铰链式浮动弧线压板，其弧面的半径 R 应大于工件外径的一半，使夹紧时压板与工件外圆为一段短窄的圆弧面接触。另外，夹紧力的作用线应落在 β 区域内（N' 为接触点），如图 3-20 所示。夹紧力与垂直方向的夹角应尽量小，即 $\alpha<45°$，以保证夹紧稳定可靠。由于顶尖套较长，须在工件全长上设置两块浮动压板在两处同时夹紧的联动夹紧装置。

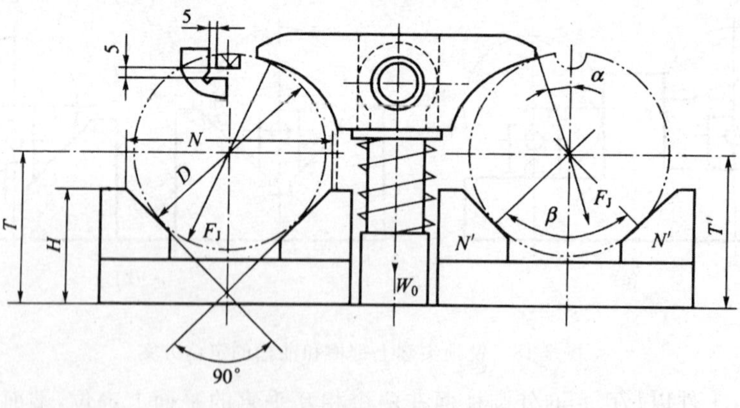

图 3-20　夹紧力的方向和作用点分析

如果采用手动夹紧装置，则工件装卸所花时间较多，不能适应大批生产的要求；若用气动夹紧装置，则夹具体积太大，不便安装在铣床工作台上，因此宜采用液压作为驱动力，如图 3-2 所示。固定在Ⅰ、Ⅱ工位之间的法兰式液压缸 5 推动活塞向下运动产生足够的原始作用力，通过浮动杠杆 2 和螺杆 3，同时使双压板 6 向下移动，从而将工件夹紧。由于联动夹紧装置的 3、4、5 各环节均采用活动连接，这可保证工件上各夹紧点获得均匀的夹紧力。

3.3.4　对刀与导向方案及夹具的总体设计

3.3.4.1　对刀方案

键槽铣刀需两个方向对刀，故应采用侧装直角对刀块 7（见图 3-2）配以 5mm 塞尺对好铣刀位置，再按照（125±0.03）mm 的距离调整好圆弧铣刀的位置。由于两铣刀的直径相等，油槽 $R3$ 深度由Ⅱ工位 V 形块定位高度 T' 与Ⅰ工位 V 形块定位高度 T 之差保证，也就是 $T-T'=3$mm。两铣刀的距离（125±0.03）mm 则由两铣刀间的轴套长度确定。因此，只需设置一个对刀块即能满足键槽和油槽的加工要求。

如果考虑 V 形块的制造方便，两个工位的 V 形块定位高度也可以制造得相等（即 $T=T'$），但此时要保证油槽深度就要采用两把直径相差 6mm 的圆盘铣刀来加工。

3.3.4.2　夹具体及其在机床上的安装（定位键）

为了在夹具体上安装液压缸和联动夹紧机构，夹具体应有适当高度，中部应有较大的空间。为保证夹具在工作台上安装稳定，应降低夹具的重心。为防止变形和振动，应按照夹具体的高宽比不大于 1.25 的原则确定其宽度，即 $H/B\leqslant 1\sim 1.25$，并在两端设置耳座，以便固定。

为了保证槽的对称度要求，夹具体底面应设置安装矩形定位键的沟槽，两者的配合为 18H8/h8，两定位键的侧面应与 V 形块的对称面平行。定位键与定向元件之间无联系尺寸。

3.3.5　夹具总图上的尺寸、公差和技术要求的标注

图 3-2 所示的直线送进式双工位铣双槽夹具总图中必须标注以下尺寸：

（1）夹具最大轮廓尺寸：570mm、230mm、270mm。

（2）影响工件定位精度的尺寸和公差：两组双 V 形块 8～11 的设计心轴直径 ϕ70.79mm和定位高度（64±0.02）mm 与（61±0.02）mm，两止推销 13、14 的距离（112±0.1）mm，定位销 12 与工件上键槽的配合尺寸 ϕ12h8。

（3）影响夹具在机床上安装精度的尺寸和公差：定位键与铣床工作台 T 形槽的配合尺寸 18H8/h8（矩形定位键为 18h8，T 形槽为 18H8）。

（4）影响夹具精度的尺寸和公差：工位Ⅰ的双 V 形块心轴轴线对夹具底面 A 的平行度 0.05mm，工位Ⅰ与工位Ⅱ V 形块的距离尺寸（125±0.03）mm，其心轴轴线间的平行度 0.03mm 及对定位键侧面 B 的平行度 0.03mm，对刀块的位置尺寸 $11_{-0.077}^{-0.047}$ mm、$24.5_{-0.02}^{+0.01}$ mm[或（10.938±0.015）mm、（24.495±0.015）mm]及塞尺厚度尺寸 5h8。

按图 3-19 所示的两个尺寸链，将各环转化为平均尺寸（对称偏差的基本尺寸），分别算出 h_1 和 h_2 的平均尺寸，然后取工件相应尺寸公差的 1/5～1/2 作为 h_1 和 h_2 的公差，即可确定对刀块的位置尺寸和公差。

本例中，由于工件定位基面直径 $\phi70.8\text{h6}=\phi70.8_{-0.019}^{\ 0}$ mm＝（ϕ70.7905±0.095）mm，塞尺厚度 $s=5\text{h8}=5_{-0.018}^{\ 0}$ mm＝（4.91±0.09）mm，键槽宽 $12\text{H11}=12_{\ 0}^{+0.011}$ mm＝（12.055

±0.055)mm，槽深控制尺寸 64.8JS12＝(64.8±0.15)mm，所以对刀块水平方向的位置尺寸为

$$H_1=12.055/2\text{mm}=6.0275\text{mm}$$

$$h_1=(6.0275+4.91)\ \text{mm}=10.938\text{mm}(\text{基本尺寸})$$

对刀块垂直方向的位置尺寸为

$$H_2=(64.8-70.79/2)\ \text{mm}=29.405\text{mm}$$

$$h_2=(29.405-4.91)\ \text{mm}=24.495\text{mm}(\text{基本尺寸})$$

取工件相应尺寸公差的 1/5～1/2，得

$$h_1=(10.938\pm0.015)\text{mm}=11^{-0.047}_{-0.077}\text{mm}$$

$$h_2=(24.495\pm0.015)\text{mm}=24.5^{+0.047}_{-0.077}\text{mm}$$

(5)夹具总图上除用形位公差符号标明上述位置精度外，还应用文字标注的技术要求是：键槽铣刀和油槽铣刀的直径应相等。

(6)工序精度分析：由于本工序中，键槽两侧面对ϕ70.8h6 轴线的对称度和平行度要求较高，故应进行工序精度分析，其他加工要求可省略。

①键槽侧面对ϕ70.8h6 轴线的对称度精度

a. 定位误差 Δ_D。对称度的工序基准是ϕ70.8h6 的轴线，定位基准也是该轴线，故 $\Delta_B=0$；又因 V 形块的对中性，$\Delta_Y=0$。于是 $\Delta_D=0$。

b. 安装误差 Δ_A。Δ_A是夹具的安装基面偏离了规定位置，从而使工序基准发生移动而在工序尺寸方向上产生的误差。

本例中，定向键在铣床工作台 T 形槽中可能有两种位置：当两键处于图 3-21 (a)位置时，$\Delta_A=0$；而处于图 3-21(b)位置时 $\Delta_D=0$，产生最大间隙 x_{max}，因槽为 18H8($^{+0.027}_{0}$)，键为 18h8($^{0}_{-0.027}$)，故

$$x_{max}=0.027\text{mm}+0.027\text{mm}=0.054\text{mm}$$

$$\Delta_A=(\frac{0.054}{400}\times282)\ \text{mm}=0.038\text{mm}$$

式中的 282mm 为一次进给的长度。

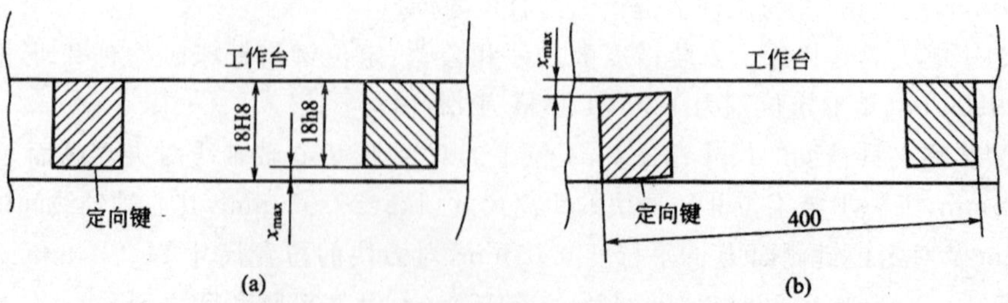

图 3-21　顶尖套筒铣双槽夹具的安装误差

c. 对刀误差 Δ_T。对称度的 Δ_T 等于塞尺厚度的公差，因 5h8＝$5_{-0.018}^{\ 0}$mm，故 $\Delta_T=0.018$mm。

d. 夹具制造误差 Δ_Z。影响对称度的 Δ_Z 有工位Ⅰ的 V 形块心轴轴线对定向键侧面 B 的平行度 0.03mm 和对刀块水平位置尺寸(11±0.015)mm 的公差 0.03mm。故 Δ_Z

=0.03mm+0.03mm=0.06mm。

e. 加工方法误差 Δ_G。Δ_G=0.1mm×1/3=0.033mm。

②键槽侧面 B 对 ϕ70.8h6 轴线的平行度误差分析

a. 定位误差 Δ_D。由于同组双 V 形块一般都在装配后一起磨平 V 形面，它们的相互位置误差极小，可看作为一长 V 形块，故 Δ_D=0。

b. 安装误差 Δ_A。与上面分析相同。

c. 对刀误差 Δ_T。由于平行度不受塞尺厚度的影响，故 Δ_T=0。

d. 夹具制造误差 Δ_Z。影响平行度制造误差的是工位 Ⅰ 的 V 形块心轴轴线与定位键侧面 B 的平行度 0.03mm，故 Δ_Z=0.03mm。

e. 加工方法误差。取 Δ_G=0.08mm×1/3=0.027mm。

总加工误差 $\sum\Delta$ 和精度储备 J_C 的计算如表 3-6 所示。

表 3-6　顶尖套铣双槽夹具的加工误差　单位：mm

加工要求 / 误差代号	对称度 0.1	平行度 0.08
Δ_D	0	0
Δ_A	0.038	0.038
Δ_T	0.018	0
Δ_Z	0.06	0.03
Δ_G	0.033	0.027
$\sum\Delta$	0.088	0.055
J_C	0.012	0.025

从表 3-6 可知，顶尖套筒铣键槽夹具不仅可以保证加工要求，还有一定的精度储备（J_C）。为使夹具能可靠地保证加工精度和有合理的寿命，加工总误差与加工尺寸公差之间应有一合适的数值 J_C，J_C 包括夹具的磨损公差。

3.4　分度装置的设计

在机械加工中，每当加工完一个表面后，能使夹具连同工件转过一定角度或移动一定距离的装置称为分度装置。其中，实现角分度的分度装置应用最为普遍。

3.4.1　分度装置的基本形式

分度装置的基本形式主要是指由分度板和分度定位器所组成的分度副的形式。分度装置的工作精度也主要取决于分度副的结构形式和制造精度。

在分度副中，分度板可以绕一定的轴线回转，而分度定位器则是装在固定不动的分度装置底座中。常见的转角分度装置的基本形式如表 3-7 所示。

表 3-7　分度装置的基本形式

类型	对定形式	简图	工作特点及使用说明
	钢球（球头销）对定	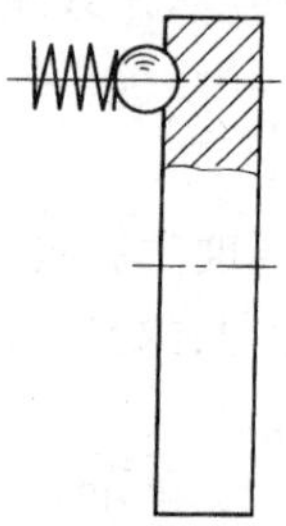	结构简单，操作方便。锥坑较浅，其深度不大于钢球的半径，因而定位不大可靠，仅适用于切削负荷很小而分度精度要求不高的场合
轴向分度	圆柱销对定	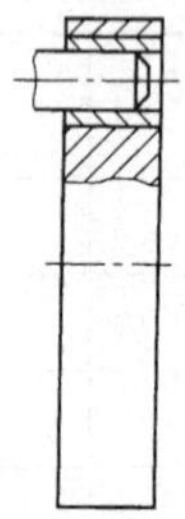	结构简单，制造容易，分度副间有污物时不直接影响分度副的接触，缺点是无法补偿分度副的配合间隙对分度精度的影响。分度板孔中一般压入耐磨衬套，与圆柱定位销采用 H7/g6 配合
	圆锥销对定	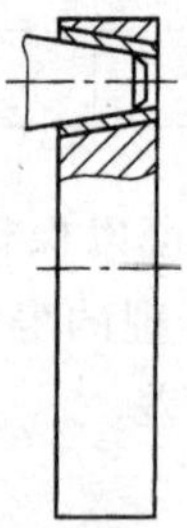	圆锥销与分度孔接触时，能消除两者间配合间隙，但圆锥销面上有污物时，将影响分度精度，制造也较困难

续表

径向分度	钢球（球头销）对定	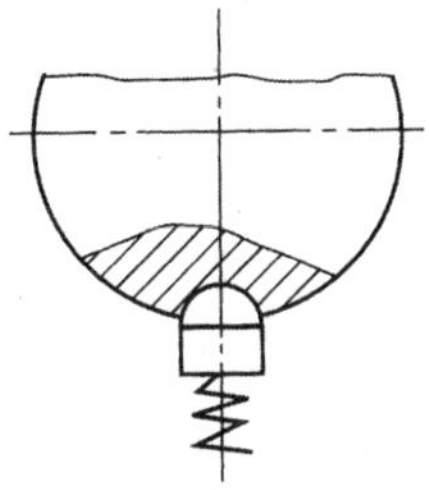	结构简单，操作方便。锥坑较浅，其深度不大于钢球的半径，因而定位不大可靠，仅适用于切削负荷很小而分度精度要求不高的场合
	单斜面对定	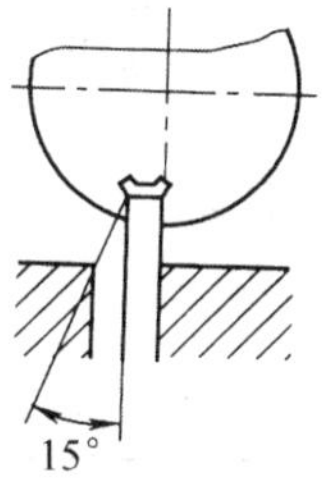	能将分度的转角误差始终分布在斜面一侧，分度盘的直边始终与楔的直边保持接触，故分度精度较高，多用于分度精度要求较高的分度装置中
	双斜面对定	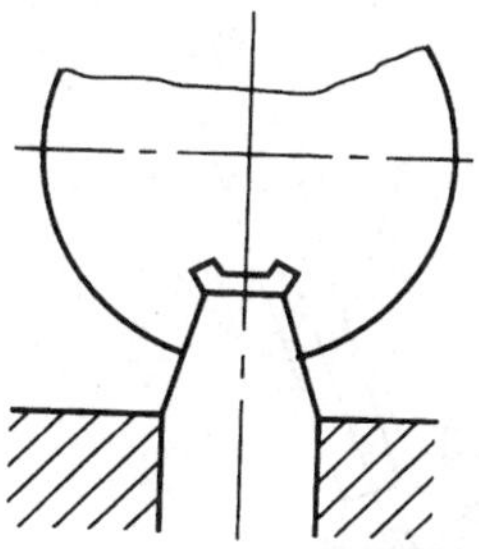	圆锥销与分度孔接触时，能消除两者间配合间隙，但圆锥销锥面上有污物时，将影响分度精度，制造也较困难。在结构上应考虑必要的防屑和防尘装置
	正多边形对定	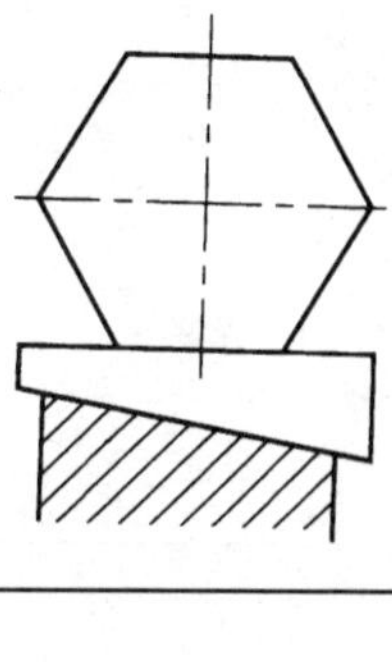	结构简单，制造容易，但分度精度不高，分度数目不宜过多

3.4.2 分度对定的操纵机构

分度对定的操纵机构形式很多，有手动式、脚踏式、气动式、液压式和电动式。常见的手动操纵机构如表3-8所示。

表 3-8　　分度对定的操纵机构

结构形式	简图	工作原理
手拉式	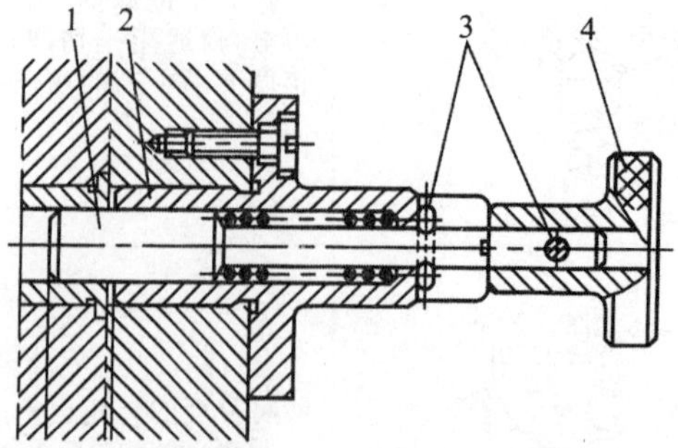 1—对定销　2—导套　3—横销　4—手柄	手柄 4 向外拉出时，对定销 1 从衬套中退出。导套 2 的右端铣有一狭槽，使横销 3 从狭槽中移出，手柄旋转 90°，使横销在弹簧作用下搁在导套的顶端平面上，此时即可转动分度盘进行分度
枪栓式	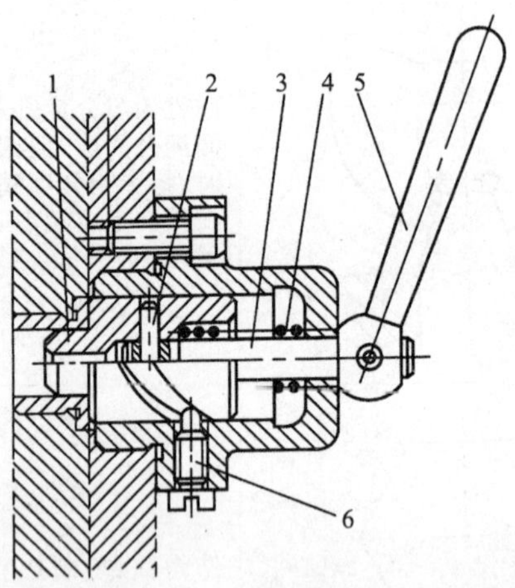 1—定位销　2—销　3—轴　4—弹簧 5—手柄　6—定位螺钉	转动手柄 5 时，轴 3 一起回转，通过销 2 带动定位销 1 回转。由于定位销外圆柱上有曲线槽，定位螺钉 6 圆柱头嵌在曲线槽中，故定位销回转时便向右移动，压缩弹簧 4 而退出定位孔。完成分度后，重新返向转动手柄，定位销在弹簧作用下沿曲线槽重新插入定位孔中

续表

齿条式	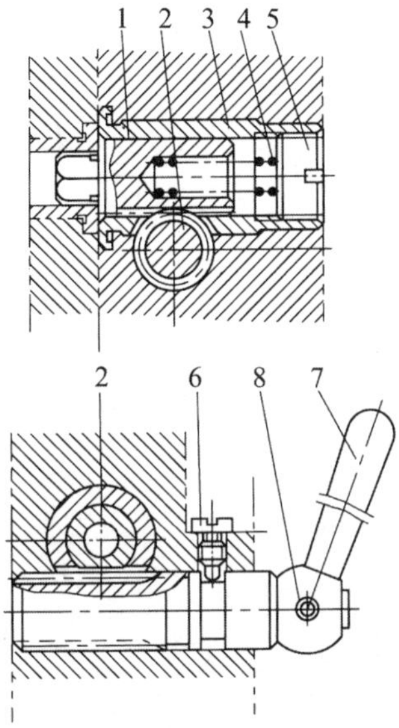 1—定位销　2—手柄转轴　3—导套　4—弹簧 5—锁紧螺钉　6—螺钉　7—手柄　8—销	定位销1上铣有齿条，它与手柄转轴相啮合。当向右转动手柄时，定位销向右移动而从定位孔中退出。完成分度后，松开手柄则定位销在弹簧4的作用下，重新插入定位孔中
杠杆式	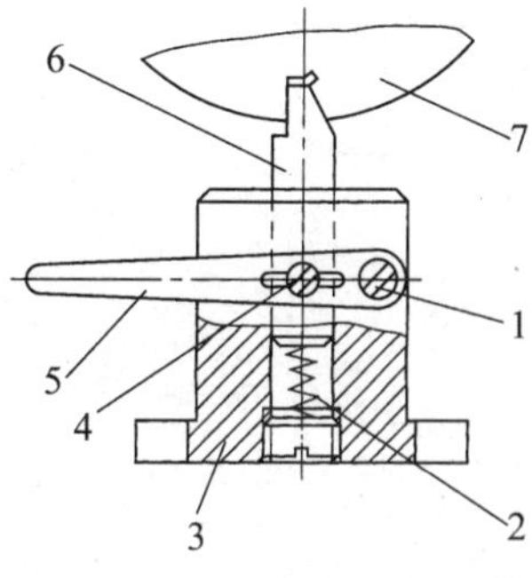 1—支点螺钉　2—弹簧　3—壳体　4—螺钉 5—手柄　6—定位销　7—分度板	定位销6在弹簧2的作用下被嵌入分度板7的分度槽中。压下手柄5可使定位销退出。完成分度后，定位销在弹簧的作用下，重新插入分度槽中

续表

脚踏式	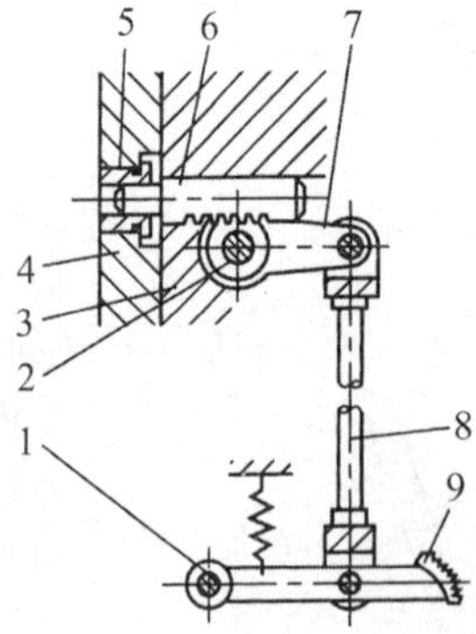 1—轴　2—齿轮　3—座梁　4—分度板　5—定位衬套 6—定位销　7—摇臂　8—连杆　9—踏板	带齿条的定位销 6 是靠踏板 9 使之从定位孔中退出。松开踏板靠弹簧力复位，定位销重新插入定位孔中。定位销装在分度装置的座梁 3 中，适用于大型分度装置

3.4.3　典型分度装置的实例

典型分度装置的实例如表 3-9 所示。

表 3-9　　典型分度装置的实例

装置形式	典型结构
卧轴式回转分度装置	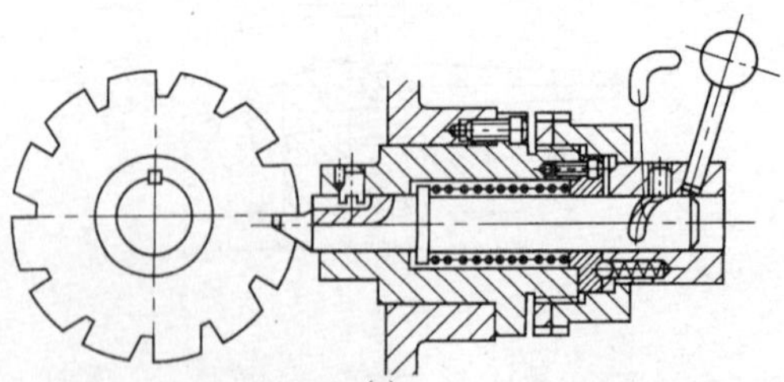 (a) 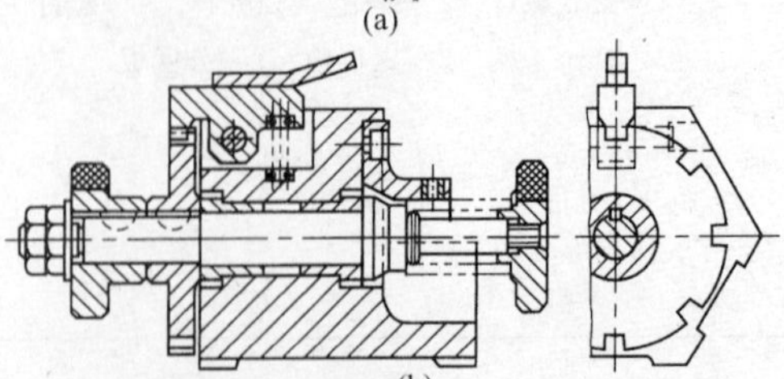 (b)

续表

<table>
<tr>
<td>卧轴式回转分度装置</td>
<td>

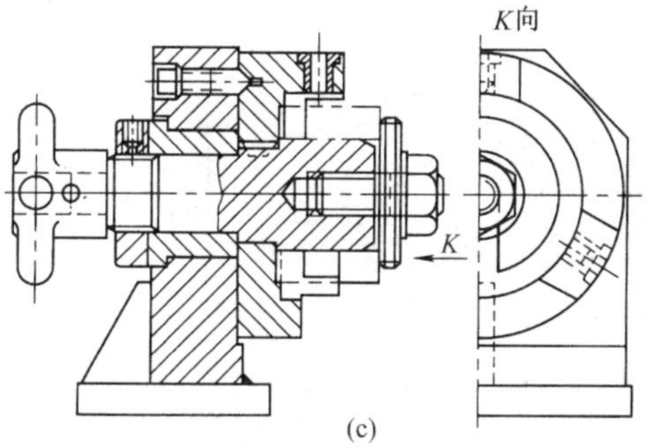

(c)

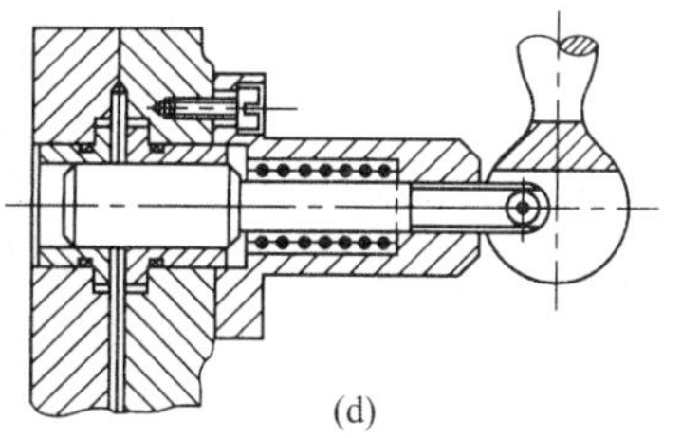
(d)

</td>
</tr>
<tr>
<td>立轴式回转分度装置</td>
<td>

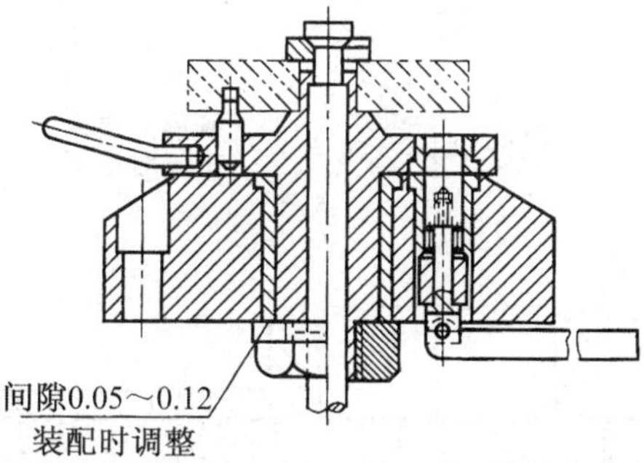

(a)

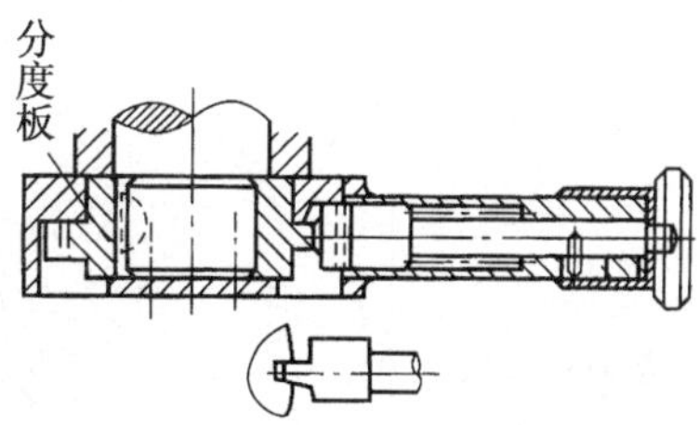

(b)

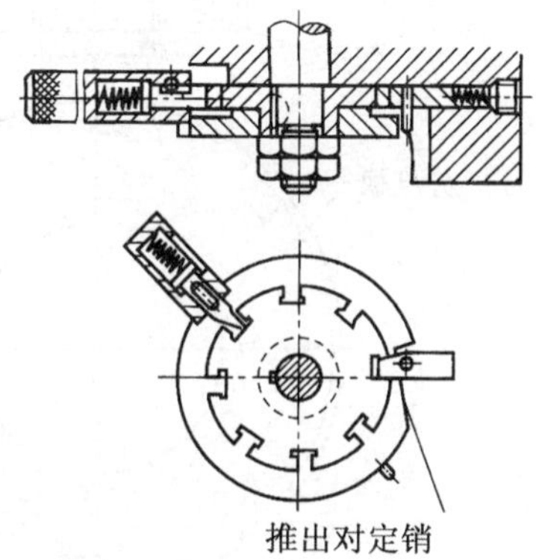

(c)

</td>
</tr>
</table>

续表

立轴式回转分度装置

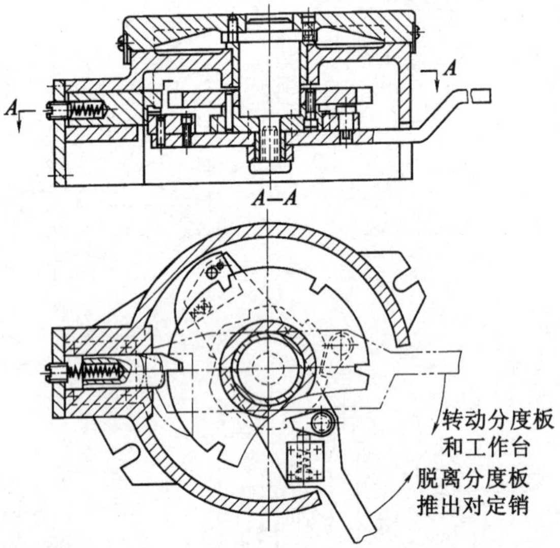

(d)

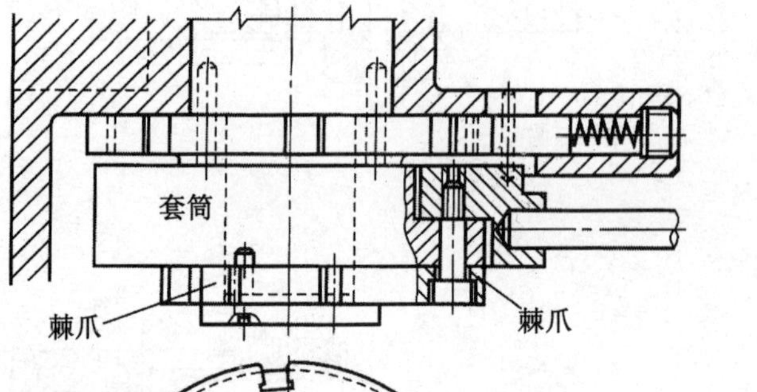

(e)

续表

斜轴式回转分度装置	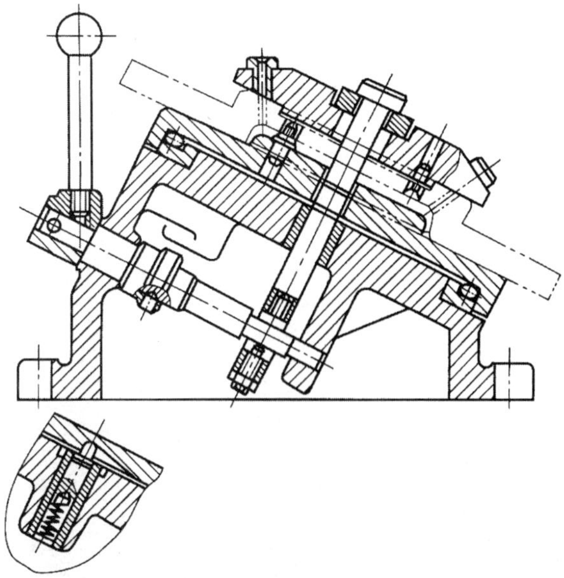

3.5　主要铣床的规格及联系尺寸

3.5.1　卧式铣床

3.5.1.1　卧式铣床的立体图

卧式铣床的立体图如图 3-22 所示，其联系尺寸如表 3-10 所示。

图 3-22　卧式铣床的立体图

表 3-10　卧式铣床的联系尺寸　单位:mm

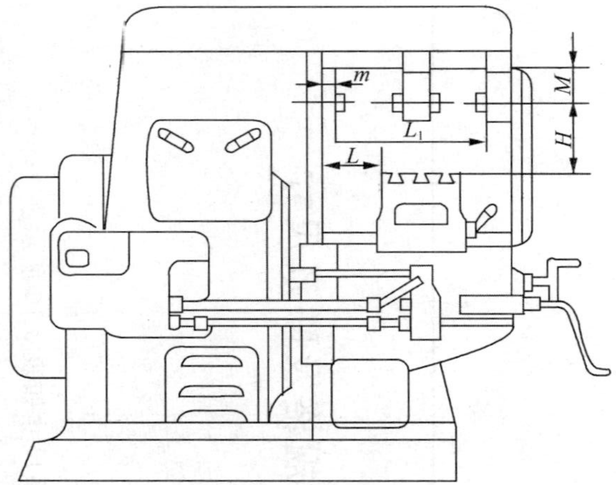

型号	主轴轴线到工作台的高度 H		立柱面到工作台后面的距离 L		主轴到吊架最大距离 L_1	悬梁面到主轴轴线距离 M	主轴凸出部分长度 m	工作台最大移动量(手动)			工作台最大回转角度	主轴孔锥度	心轴直径
	最大	最小	最大	最小				纵向	横向	垂直			
X60	300	0	240	80	447	140	—	500	160	300	—	7∶24 莫氏 2 号	$\phi16,\phi22,\phi27,\phi32$
X6030	420	30	275	25	515	150	—	650	250	390	—	7∶24 莫氏 2 号	$\phi16,\phi22,\phi27$
X60W	300	0	240	80	447	140	—	500	160	300	±45°	7∶24 莫氏 2 号	$\phi22,\phi27$
X61	380	30	230	40	470	150	40	620	190	330	—	7∶24 莫氏 2 号	$\phi16,\phi22,\phi27,\phi32$
X61W	350	30	235	50	470	150	40	620	185	310	±45°	7∶24 莫氏 2 号	$\phi16,\phi22,\phi32$
X62	390	30	310	55	700	155	50	700	255	360	—	7∶24 莫氏 3 号	$\phi22,\phi27,\phi32,\phi40$
X62W	350	30	310	50	700	155	50	700	250	320	±45°	7∶24 莫氏 3 号	$\phi32,\phi50$
X63	420	30	350	50	770	190	55	900	315	390	—	7∶24 莫氏 3 号	$\phi32,\phi50$
X63W	380	30	350	50	770	190	55	900	315	390	±45°	7∶24 莫氏 3 号	$\phi32,\phi50$
X602	395	0	195	45	375	125	—	490	150	375	—	7∶24	
X6130	370	30	275	25	515	150	—	650	250	340	±45°	7∶24	$\phi16,\phi22,\phi27$
XA6132	350	30	310	55	—	155	—	700	255	320	±45°	7∶24	$\phi20,\phi27,\phi32$

3.5.1.2　卧式铣床工作台尺寸

卧式铣床工作台结构尺寸如表 3-11 所示。

表 3-11　卧式铣床工作台尺寸参数　单位:mm

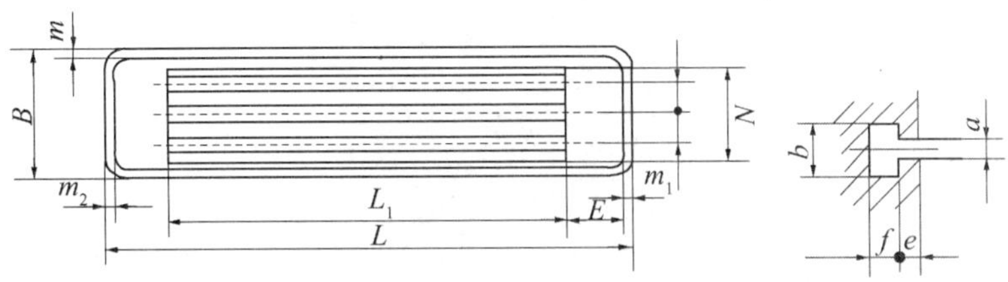

型号	L	L_1	E	B	N	t	m	m_1	m_2	a	b	f	e	T 形槽数量
X60	870	710	85	200	140	45	10	30	40	14	25	11	14	3
X6030	1120	900	—	300	222	60	—	40	40	14	24	11	16	3
X60W	870	710	85	200	140	45	10	30	40	14	23	11	12	3
X61	1120	940	90	260	185	50	10	48	50	14	24	11	14	3
X61W	1120	1000	90	260	185	50	10	50	53	14	24	11	14	3
X62	1325	1125	70	320	225	70	16	50	25	18	30	14	18	3
X62W	1325	1120	70	320	220	70	15	50	25	18	30	14	18	3
X63	1600	1385	115	400	290	90	15	30	40	18	30	14	18	3
X63W	1600	1385	115	400	290	90	15	30	40	18	30	14	18	3
X602	750	610	70	225	150	50	15	30	30	14	24	11	15	2
X6130	1120	900	110	300	222	60	11	40	40	14	24	11	15	3
XA6132	1250	—	—	320	—	70	—	—	—	18	30	14	18	3

3.5.2　立式铣床

3.5.2.1　立式铣床的立体图

立式铣床的立体图如图 3-23 所示，其联系尺寸如表 3-12 所示。

图 3-23　立式铣床的立体图

表 3-12　　**立式铣床联系尺寸**　　单位：mm

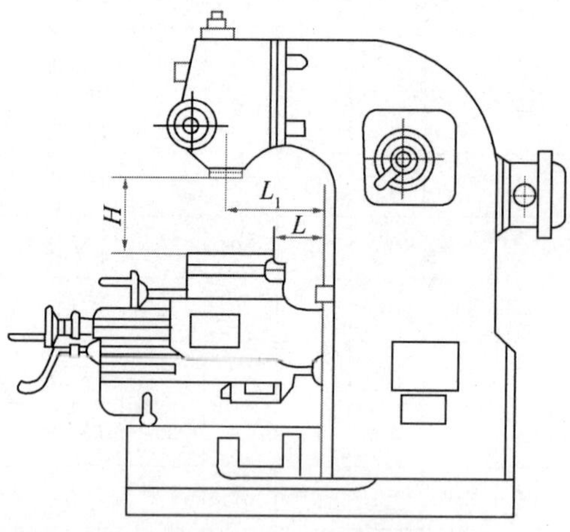

型号	主轴轴线到工作台的高度 H		立柱面到工作台后面的距离 L		主轴轴线到床身导轨距离 L_1	铣头回转角度	工作台最大移动量（手动）		
	最大	最小	最大	最小			纵向	横向	垂直
X50	400	10	240	80	270	—	500	150	390
X502	330	30	195	45	240	±45°	450	150	300
X5025A	470	70	275	45	280	±45°	600	230	400
X5028	302	30	280	30	310	±45°	660	250	450
XS5040	500	30	370	55	450	±45°	900	315	385

续表

X51	380 400	30	230 240	40	270 280	—	620	170 190	350 320
X52	450	30	295	45	320	±45°	700	230	400
X52K	400	30	300	55	350	±45°	680	240	350
X53	450	30	350	50	450	±45°	900	320	420
X518	800	50	765	65	750	±45°	2150	700	750
X53K	520	30	370	50	450	±45°	900	300	400
X5030	420	30	275	25	300	—	650	250	390
X53T	550	60	350	50	450	±45°	1260	410	410

3.5.2.2　立式铣床工作台联系尺寸

立式铣床工作台联系尺寸如表 3-13 所示。

表 3-13　　**立式铣床工作台联系尺寸**　　单位:mm

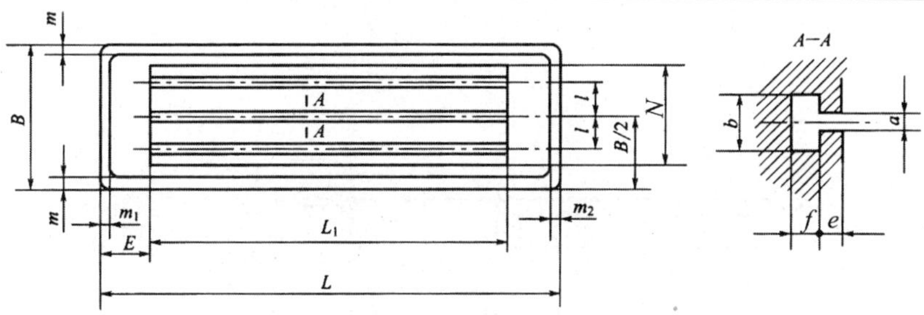

型号	L	L_1	B	N	m	b	a	f	e	m_1	m_2	T 形槽数量
X50	870	715	200	135	45	25	14	11	12	25	40	3
X502	750	610	225	150	50	24	14	11	14	30	30	3
X5025A	1120	940	250	170	50	24	14	11	14	—	—	3
X5028	1120	900	280	190	60	24	14	11	14	40	40	3
XS5040	1700	1480	400	290	60	30	18	14	16	30	50	3
X51	1120	940	260	180	50	24	14	11	14	48	50	3
X52	1320	1250	320	225	70	32	18	15	19	30	50	3
X52K	1325	1250	320	225	70	30	18	14	18	30	50	3
X53	1700	1480	400	285	90	30	18	14	18	30	50	3
X518	2800	2500	980	800	150	46	28	20	32	55	55	4
X53K	1700	1600	400	285	90	32	18	17	16	30	50	3
X5030	1120	900	300	222	60	24	14	11	16	40	40	3
X53T	—	—	425	—	—	30	18	14	18	—	—	3

任务4　数控机床组合夹具的设计

任务导入:组合夹具早在20世纪50年代便已出现,现在已是一种标准化、系列化、柔性化程度很高的夹具。它由一套预先制造好的具有不同几何形状、不同尺寸的高精度元件与合件组成,包括基础件、支承件、定位件、导向件、压紧件、紧固件、其他件、合件等。使用时按照工件的加工要求,采用组合的方式组装成所需的夹具。图4-1所示为风机壳体两个ϕ180H7与ϕ150mm的台阶孔,以及12个ϕ18mm通孔的工序图。设计任务是用长、宽、高分别为650mm、360mm、635mm的双面基础角铁为机体,组装双工位孔系组合夹具,如图4-2所示。

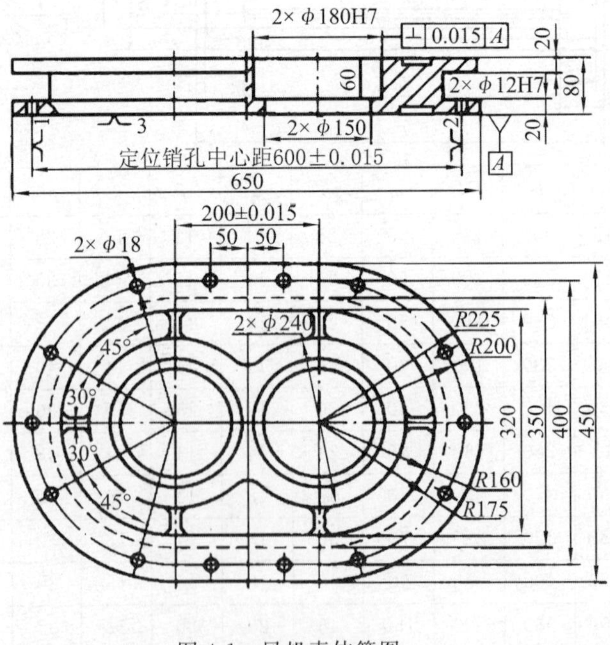

图4-1　风机壳体简图

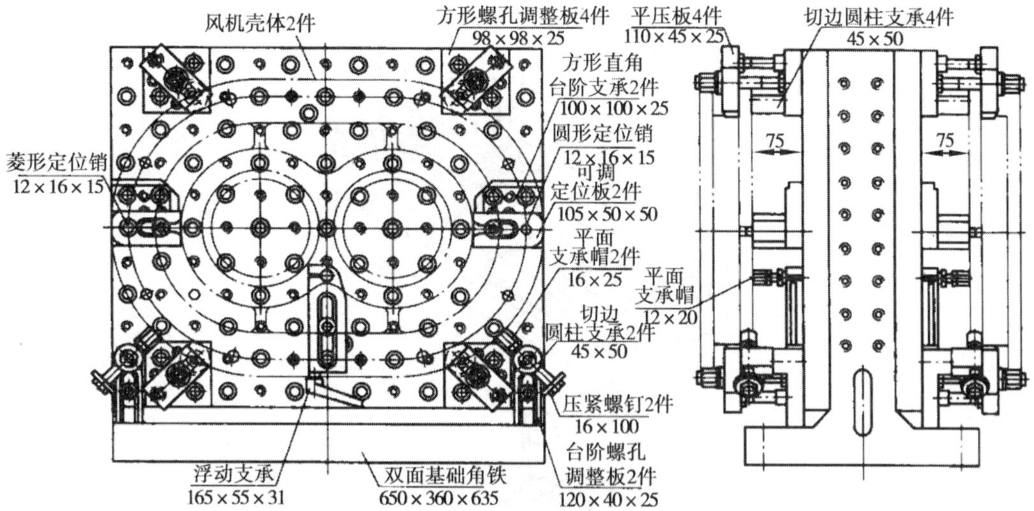

图 4-2　加工风机壳体的孔系组合夹具

4.1　数控机床组合夹具的使用特点和分类

4.1.1　数控机床组合夹具概述

组合夹具是利用预先制造好的系列化、标准化元件，根据零件加工的工艺要求，以搭积木的方法，快速、灵活地组装加工零件所需要的数控机床、加工中心等机床夹具。夹具使用后拆散元件，又能重新组装新的夹具，如图 4-3 所示，因此，组合夹具是一种可以多次重复使用的夹具。高精度、高硬度和耐磨的组合夹具元件，反复组装的使用寿命可达几十年，符合当代节约自然资源、推行循环经济的要求。图 4-4 所示为我国使用多年的槽系列组合夹具及其分解图。

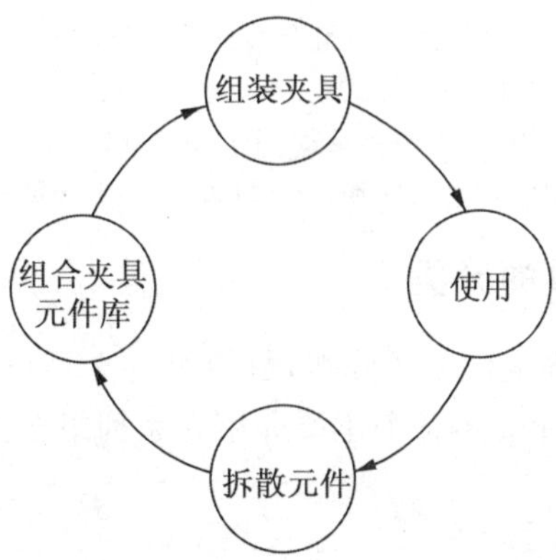

图 4-3　组合夹具使用原理图

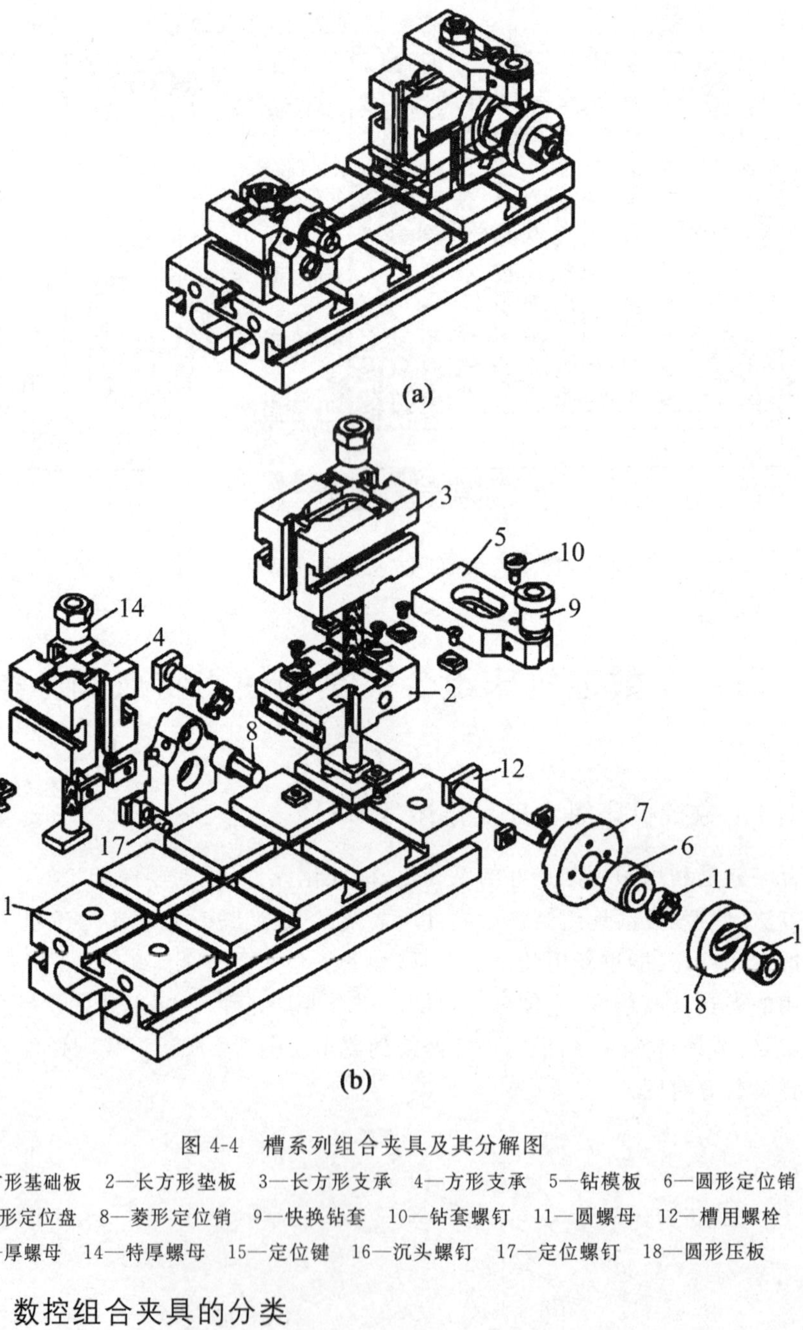

图 4-4　槽系列组合夹具及其分解图

1—长方形基础板　2—长方形垫板　3—长方形支承　4—方形支承　5—钻模板　6—圆形定位销　7—圆形定位盘　8—菱形定位销　9—快换钻套　10—钻套螺钉　11—圆螺母　12—槽用螺栓　13—厚螺母　14—特厚螺母　15—定位键　16—沉头螺钉　17—定位螺钉　18—圆形压板

4.1.2　数控组合夹具的分类

按组合夹具元件的结构和定位方式分类，数控组合夹具可分为槽系列、孔系列和槽、孔系列结合三种，如表 4-1 所示。本任务主要介绍孔系列组合夹具系统。

表 4-1 数控组合夹具的分类

分类名称	定位方式	系列标准	应用范围和说明
槽系列组合夹具	定位键与槽确定元件之间的相互位置	按定位槽的宽度尺寸划分，有 16mm、12mm、8mm 和 6mm 四种型号槽系列组合夹具元件	通过对元件的改进与创新，槽系列组合夹具在数控机床上的应用不断扩大
孔系列组合夹具	定位销与定位孔确定元件之间的相互位置	按连接螺纹的直径划分，有 M16、M12、M8 三种型号的组合夹具元件	由于孔心已构成坐标系，零件加工的位置尺寸依靠数控编程易于自动控制，孔系列组合夹具定位精度高，刚性好，组装简单，已成为加工中心和数控机床的配套夹具，并得到越来越广泛的应用
槽、孔系列组合夹具	可用槽系和孔系两种定位方式确定元件之间的相互位置		槽、孔组合使得元件的定位和组装更加灵活，但元件的制造难度加大，元件成本和价格增高

4.2 孔系列组合夹具系统

4.2.1 孔系列组合夹具的特点

孔系列组合夹具是数控机床和加工中心大量使用后根据其使用要求，在槽系列组合夹具的基础上，经过多年的研制和改进，逐步成为当代新型柔性化夹具。孔系列组合夹具不仅具有槽系列组合夹具的灵活多变、能快速组装成机床夹具，以及元件能反复组装使用、夹具设计周期短等优点外，由于它的元件以孔和销定位，螺栓连接，故它还具有元件定位精度高、夹具组装简单、刚性好，又便于数控机床编制加工程序的优点。因此，它特别适合数控机床、加工中心使用。

4.2.1.1 孔系列组合夹具元件的主要技术参数

孔系列组合夹具元件的主要技术参数如表 4-2 所示。

表 4-2 孔系列组合夹具元件的主要技术参数

项目名称	公差等级或公差值	表面粗糙度 Ra(μm)
定位孔	F6、H6	0.8
定位销	IT5、IT6	0.4
起支承或定位作用的外廓尺寸	±0.01mm	0.8
定位孔中心距尺寸	±0.01～±0.02mm	—

续表

定位孔对基面的平行度、垂直度	IT4	—
表面粗糙度 *Ra* 值为 0.8μm、0.4μm 的工作面相互的平行度、垂直度		

我国孔系列组合夹具元件按连接螺纹的直径划分为 M16、M12、M8 三种型号，即大、中和小型孔系列组合夹具元件。目前 M16 和 M12 的孔系列组合夹具使用比较普遍，如表 4-3 所示。

表 4-3 孔系列组合夹具元件分类及参数 单位：mm

项目＼型号	M16（大型）	M12（中型）
连接螺纹	M16（粗牙螺纹）	M12×1.5
定位孔直径	ϕ16.01H6	ϕ12.01H6
定位销直径	ϕ16k6	ϕ12k5
定位孔中心距尺寸	50±0.01，100±0.01	40±0.01，80±0.01

4.2.1.2 孔系列组合夹具元件

孔系列组合夹具元件分为基础件、支承件、定位件、调整件、压紧件、紧固件、其他件、合件及组装工具九大类。下面以 M16 孔系列组合夹具为主，介绍各类元件的结构、规格和组装功能。

(1)基础件

基础件共七个品种，如表 4-4 所示。

表 4-4 基础件的结构和在组装中的应用

名称	结构示意图	使用说明
方形、长方形和圆形基础板	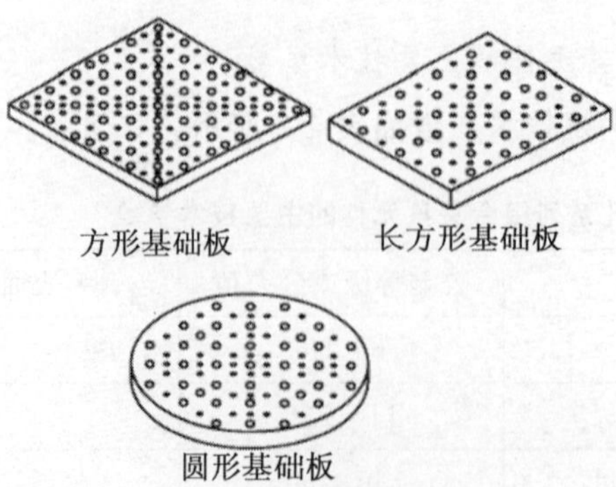	方形、长方形和圆形基础板采用 45 钢，调质处理。大型、中型基础板的厚度分别为(50±0.02)mm 和(40±0.02)mm

续表

基础角铁、双面T形基础角铁和方箱	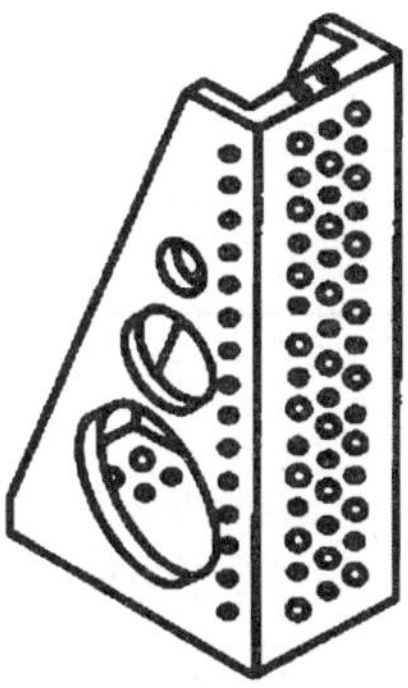 基础角铁 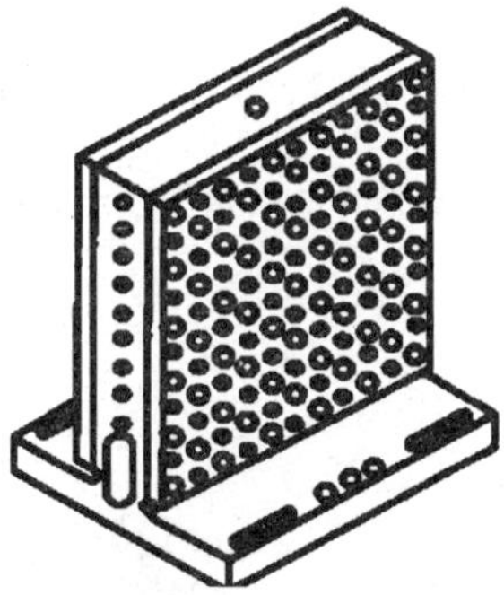 双面T形基础角铁 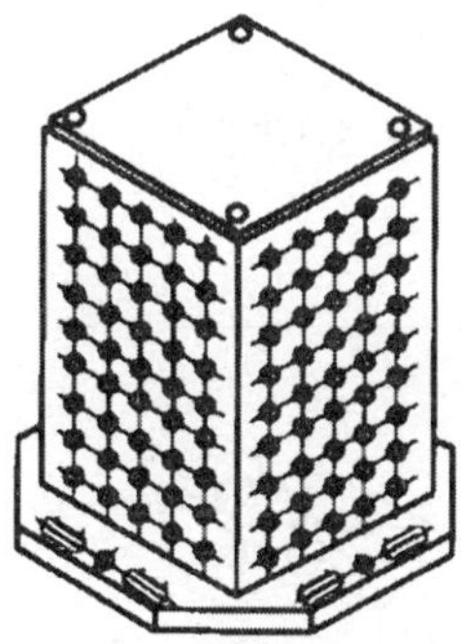 方箱	基础角铁、双面T形基础角铁和方箱的基体是HT200。基础角铁的最大高度是1m。双面T形基础角铁和方箱既要根据机床工作台面尺寸选用，又要兼顾加工零件和夹具尺寸不超过加工中心的最大回转直径
光面基础板、双面T形基础角铁和方箱	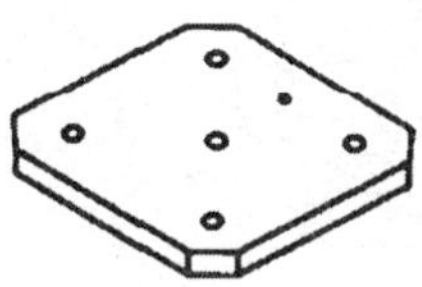 光面基础板 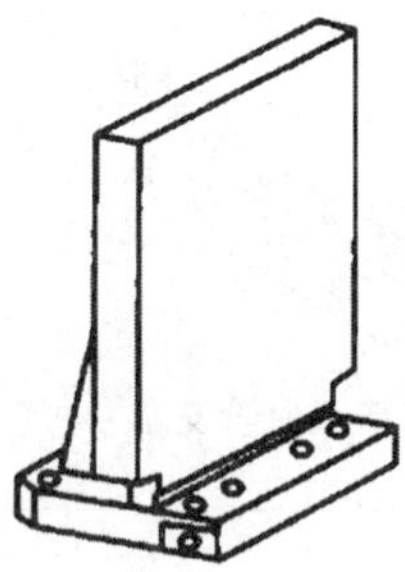 光面基础角铁 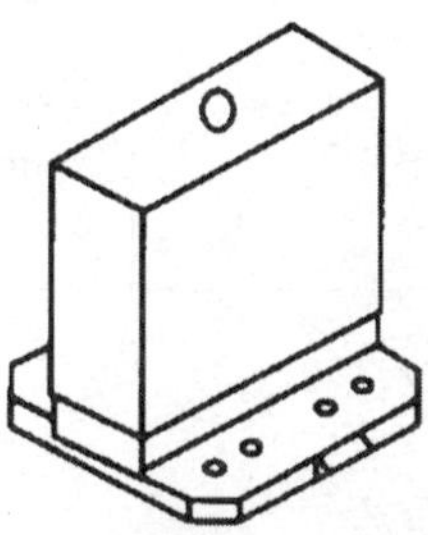 光面T形基础角铁 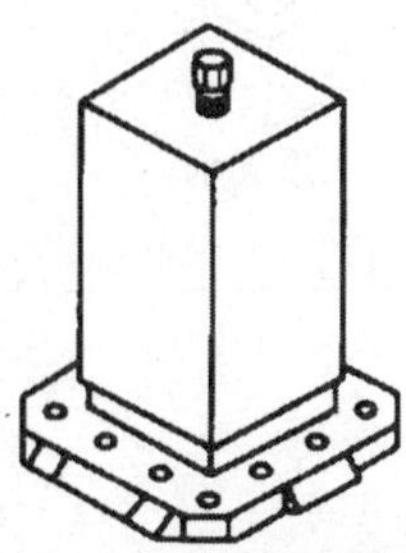 光面方箱	将光面基础件找正安装固定在加工中心工作台面上，按加工零件的定位与夹紧装置，在光面基础件上，用加工中心自己加工定位孔或螺纹孔，利用定位孔和螺纹孔装夹工件，组成所需的夹具

(2)支承件

孔系列组合夹具元件的支承件有方形支承、长方形支承、L 形支承、角铁形支承、圆形支承、扇形角度支承板，以及四面、五面支承和槽孔过渡支承等 22 种，如表 4-5 所示。除宽角铁是铸件以外，其他支承件的材料均为 20CrMnTi，并渗碳淬火。

表 4-5　　支承件的结构和在组装中的应用

名称	结构示意图	使用说明
方形支承	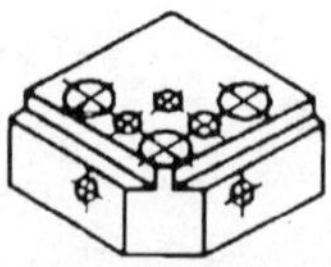 方形直角台阶支承  方形双台阶支承	方形支承有方形直角台阶支承和方形双台阶支承。方形直角台阶支承长×宽为 100mm×100mm，高度有 25mm 和 50mm 两种 方形双台阶支承长×宽为 50mm×50mm，高度有 75mm 和 100mm 两种
长方形支承	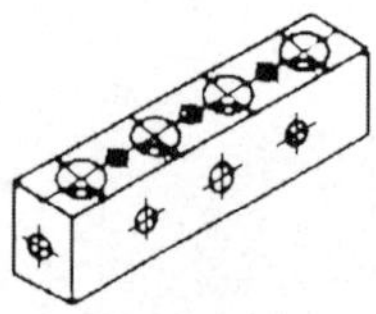 长方形支承 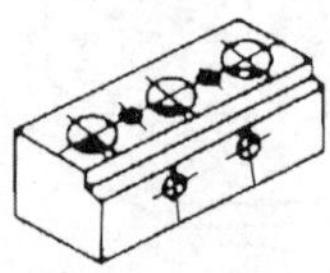 长方形台阶支承 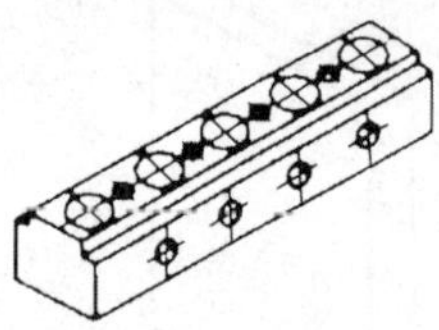 长方形双台阶支承	长方形支承有三种结构。不带台阶的长方形支承宽度为 40mm，长方形台阶支承的宽度为 50mm，长方形双台阶支承的宽度为 60mm。这三种支承的长度有 150mm、200mm 和 250mm 三种，高度有 25mm 和 50mm 两种
L 形支承	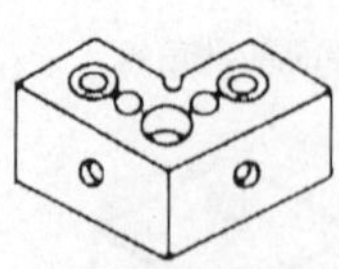 L形支承	L 形支承相当于将方形直角支承切去 1/4 方块，其直角边尺寸为 100mm×100mm，高度有 25mm 和 50mm 两种

续表

角铁形支承	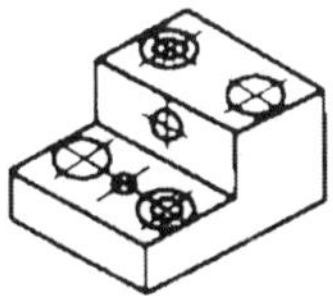 角铁形支承 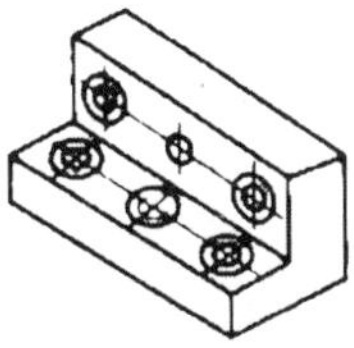 角铁 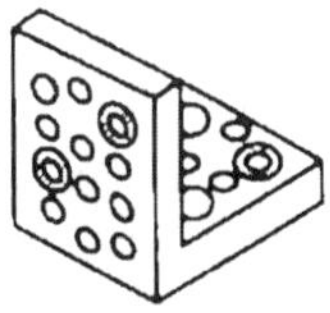 支承角铁	角铁形支承、角铁、支承角铁的长×宽×高外廓尺寸，依次为124mm × 98mm × 124mm、148mm × 75mm × 75mm 和100mm×80mm×60mm
扇形左右角度支承板	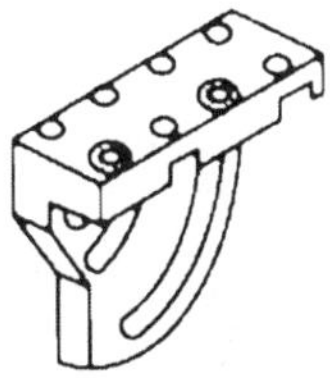 左右角度支承板	该元件用于组装角度结构，其外廓尺寸长×宽×高为200mm×76mm×188mm
大角铁和多面体支承件	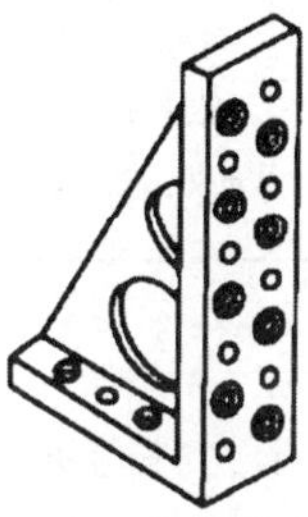 左右支承角铁 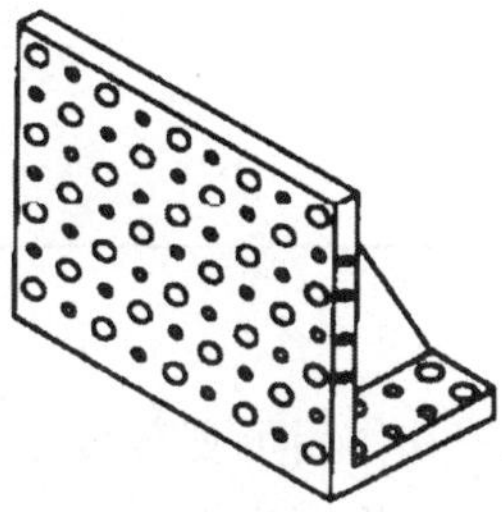 宽角铁  四面支承 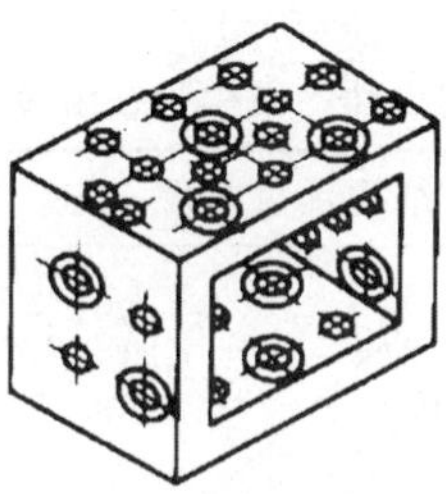 五面支承	左右支承角铁有长×宽×高为174mm × 98mm × 274mm 和248mm × 98mm × 474mm 两种，宽角铁的长×宽×高为448mm × 224mm × 374mm。这两种角铁用于组装弯板基体结构 四面支承是个方形元件，其长×高为180mm×180mm，宽度有98mm 和148mm 两种。四面支承增加一个组装工作面，即成为五面支承，其长×宽×高外廓尺寸有 200mm×125mm×150mm 和 350mm×125mm×150mm 两种

续表

圆形支承	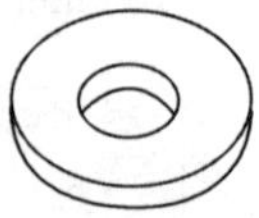 圆形垫片  圆柱支承 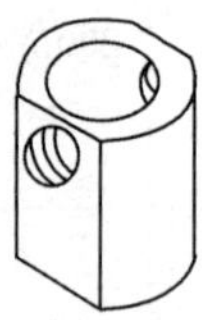 切边圆柱支承 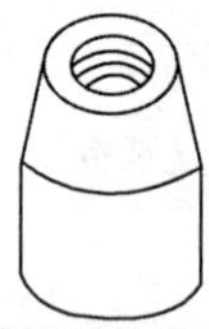 磁性圆柱支承	圆形支承有圆形垫片、圆柱支承、切边圆柱支承和磁性圆柱支承四种。圆形垫片用于调整组装尺寸，其外圆直径是ϕ45mm，中心孔直径是ϕ18mm，厚度有1mm、1.5mm、2mm、3mm、5mm、10mm和15mm 圆柱支承的外圆直径是(ϕ50±0.01)mm，中心孔是ϕ16.01H6和ϕ26mm沉孔，其高度有(25±0.01)mm、(40±0.01)mm和(50±0.01)mm 切边圆柱支承的外圆直径是ϕ45mm、中心孔是ϕ18mm和ϕ26mm沉孔，其高度是(50±0.01)mm，两切边距离是40mm 磁性圆柱支承的外圆直径是ϕ30mm，其高度是(50±0.01)mm

(3)定位件

孔系列组合夹具的定位件，按其作用可划分成三种：用于元件与元件定位的定位销；用于工件定位的元件；用于基础板与机床工作台定位和紧固的元件即T形定位键。定位件的结构和在组装中的应用如表4-6所示。

表4-6 定位件的结构和在组装中的应用

名称	结构示意图	使用说明
元件与元件定位的定位销	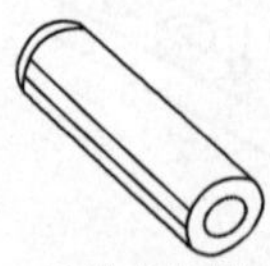 元件定位销	元件定位销的直径为ϕ16k5，长度有30mm、44mm、54mm、80mm、100mm和120mm六种。定位销一端有M8的螺纹孔，用于拔销器拔销

续表

圆形、菱形定位销和定位盘	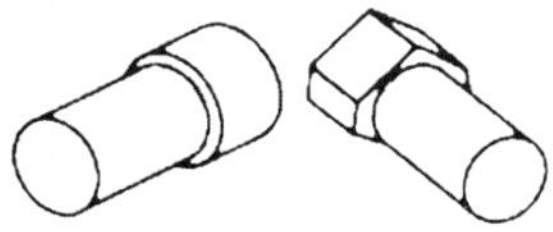 圆形、菱形定位销 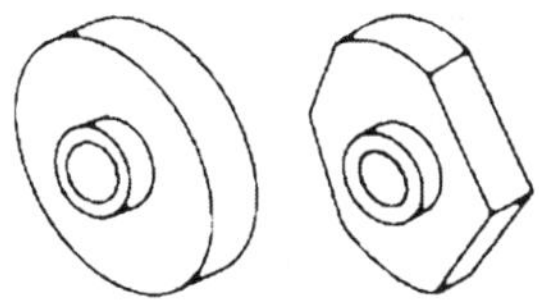 圆形、菱形定位盘	用于工件孔定位。圆形和菱形定位销的长度为 39mm，一端直径是ϕ16k5，另一端按工件的定位孔制造。工件定位孔直径大于ϕ25mm 时，用圆形和菱形定位盘定位，该元件高为 20mm，外圆尺寸为ϕ25h6～ϕ135h6，中心孔直径为ϕ16.01H6，用于插定位销定位
连接定位盘	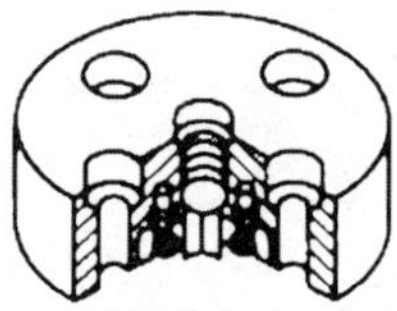 连接定位盘	连接定位盘由高为（50±0.01)mm、外圆直径为ϕ140h6、中心孔直径为ϕ25H6的定位盘座，以及用螺钉装在定位盘座中心孔内的定位销组成。定位销顶端增加了 M16 螺孔
V 形铁	 V形板  V形拼块  V形角铁	用于工件外圆定位的 V 形铁有三种，V 形角度都是 120°，如左图所示。V 形板的长×宽×高尺寸为 148mm×25mm×92mm，该元件与角铁可组装成 V 形角铁 V 形拼块的长×宽×高尺寸为 160mm×50mm×20mm V 形角铁的长×宽×高尺寸为 148mm×70mm×80mm，用于长轴的双 V 形定位

续表

可调定位板	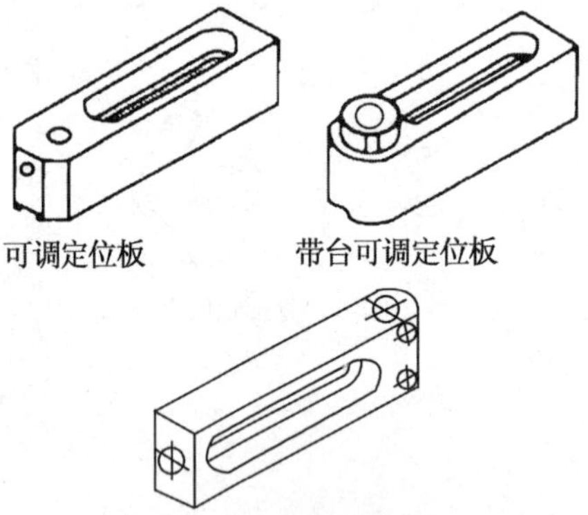	用于组装销定位的可调定位板有三种，如左图所示，在这三个定位板上都有ϕ16.06H6的定位孔 可调定位板的宽×高尺寸为50mm × 50mm，长度有105mm和175mm两种规格 带台可调定位板的长×宽×高尺寸为175mm×50mm×60mm，其顶面上有直径为ϕ40h6、高为10mm的凸台 侧装可调定位板的宽×高尺寸为30mm×50mm，长度有95mm和170mm两种规格
T形定位键	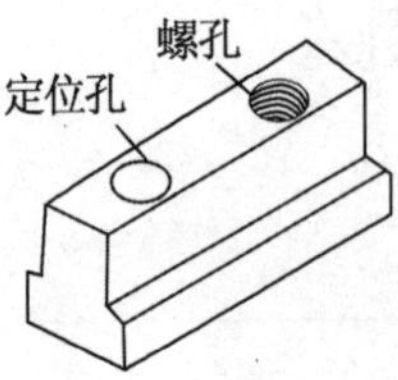	T形定位键是用于基础板与工作台的定位与紧固的元件，长度为100mm，其余按机床工作台的T形槽尺寸制造。在T形定位键的顶面中间，加工了ϕ16.01H6的定位孔和M16的螺纹孔，两孔的中心距为50mm

(4)调整件

调整件按其功能可划分为螺纹孔调整板、预制调整板和定位连接板三种不同结构的元件。表4-7为调整件的结构和在组装中的应用。

表 4-7　　　　　　调整件的结构和在组装中的应用

名称	结构示意图	使用说明
方形、长方形、扇形和圆形多螺纹孔调整板	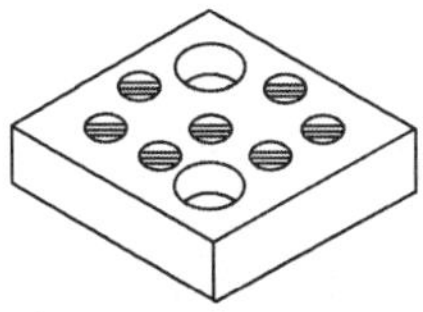 方形螺纹孔调整板 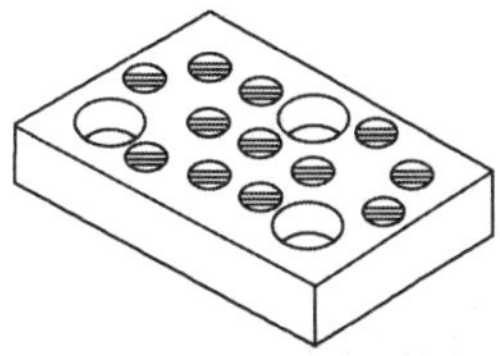 长方形螺纹孔调整板 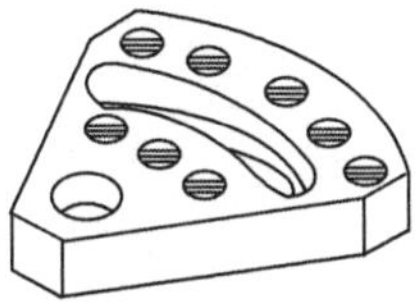 扇形螺纹孔调整板  圆形螺纹孔调整板	可以用来调整夹具的支承定位点，以及夹紧螺栓的位置。这四种螺纹孔调整板的高度有25mm和40mm两种 方形和长方形螺纹孔调整板的长×宽尺寸依次为 98mm × 98mm 和 148mm×98mm 扇形螺纹孔调整板的长×宽尺寸为 135mm ×130mm，扇形的夹角是 60° 圆形螺纹孔调整板的外圆直径为ϕ100mm
单、双螺纹孔调整板	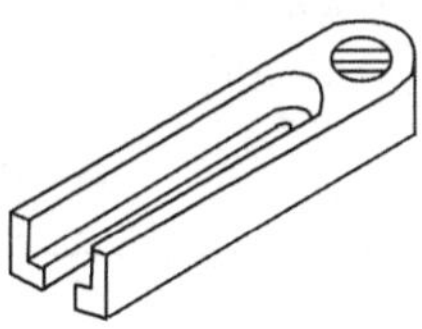 单螺纹孔调整板 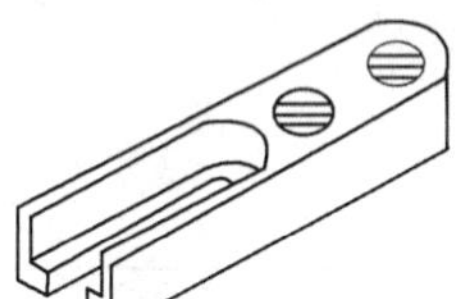 双螺纹孔调整板 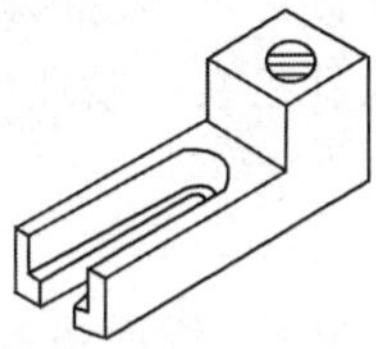 台阶螺纹孔调整板	单螺纹孔调整板的宽×高尺寸为 40mm ×25mm，长度有 85mm 和 140mm 两种规格 双螺纹孔调整板的长×宽×高尺寸为 160mm × 40mm ×40mm，两螺纹孔的孔距为 40mm 台阶螺纹孔调整板的长×宽×高尺寸为 120mm ×40mm ×45mm

续表

方形定位连接板	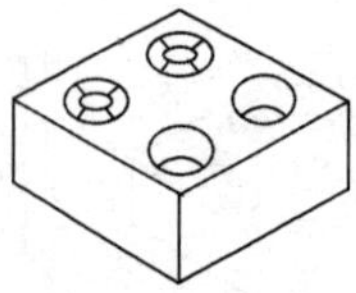 方形定位连接板 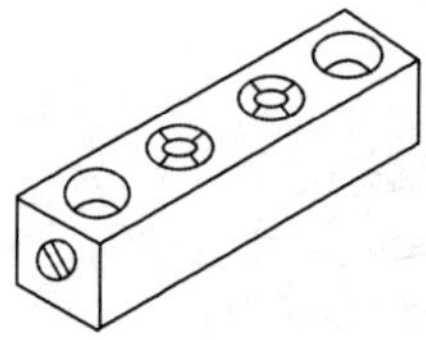 长方形定位连接板	方形定位连接板的长×宽×高尺寸为 100mm×100mm×40mm 长方形定位连接板的长×宽×高尺寸为 200mm×50mm×40mm
预制调整板和预制调整角铁	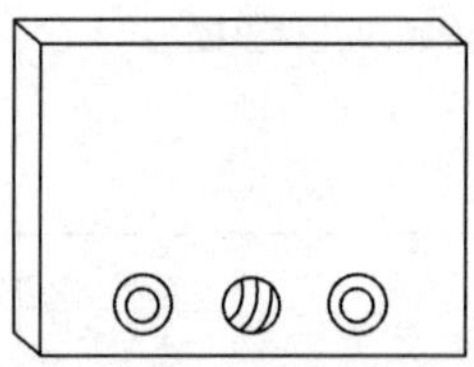 光面基础板 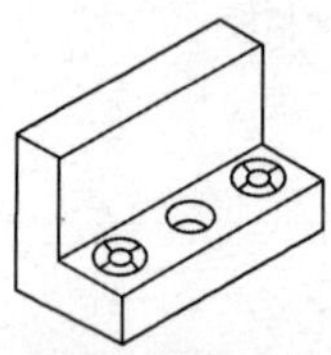 光面基础角铁	预制调整板的长×宽×高尺寸为 198mm×150mm×30mm 预制调整角铁的长×宽×高尺寸为 148mm×75mm×100mm

(5)压紧件

孔系列组合夹具的基础件是调质件，表面硬度不高。因此，在组装孔系列组合夹具的压紧结构时，应尽量避免直接用基础件的螺纹孔组装压紧螺栓，压板的支承螺钉也不要直接压在基础板的表面上。

(6)紧固件

孔系列组合夹具的紧固件有平垫圈、球面垫圈、锥面垫圈、六角螺母、厚螺母、双头螺栓、紧定螺钉和压紧螺钉。

(7)其他件

孔系列组合夹具的其他件如表 4-8 所示。

表 4-8　　　　其他件的结构和在组装中的应用

名称	结构示意图	使用说明
平面、球面和鳞齿支钉		支钉的高度为 30mm
平面、球面和鳞齿支承帽子		支承帽的高度为 25mm
支承环	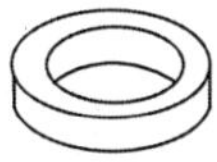	用于调整元件组装尺寸，其外圆直径为 ϕ 28mm，中心孔直径为 ϕ19mm，高度尺寸有 0.5mm、1mm、2mm、3mm、5mm 和 10mm，高度尺寸精度为±0.01mm
连接板	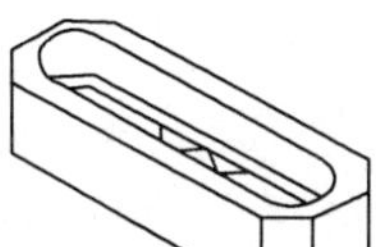	连接板的宽×高尺寸为 45mm×30mm，长度有 140mm 和 160mm 两种
连接柱	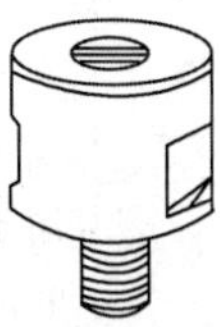	连接柱的外圆直径为ϕ50mm，高度尺寸有 45mm、60mm、90mm、140mm 四种，顶面有螺纹孔，底面有 25mm 的 M16 螺纹
压板支座	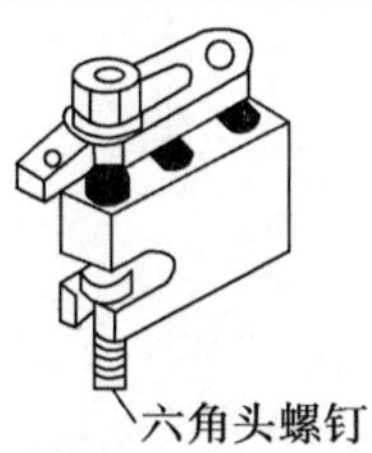	压板支座用于组装压紧机构，其长×宽尺寸为 120mm×40mm，高度有 80mm、100mm 和 125mm 三种
防尘堵、螺纹堵和密封堵	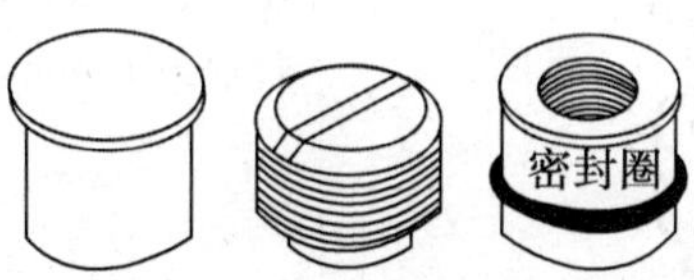	防尘堵和螺纹堵，分别放入基础板中不用的定位孔和螺纹孔，可防止铁屑进入孔内

(8)合件

应用合件可以简化组装结构,但合件占用的空间较大,在组装夹具中受到制约。常用的孔系列组合夹具的定位合件和夹紧合件如表 4-9 所示。

表 4-9　　**合件的结构和在组装中的应用**

名称	结构示意图	使用说明
浮动支承	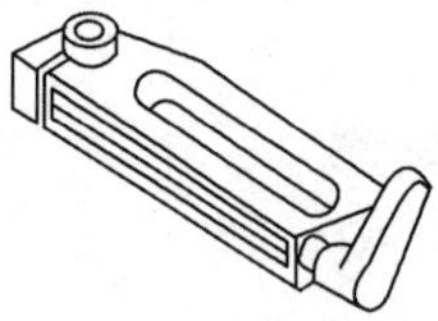	浮动支承用于组装工件的辅助支承,其宽×高尺寸为 55mm×31mm,长度有 125mm 和 165mm 两种
三爪自定心夹紧合件	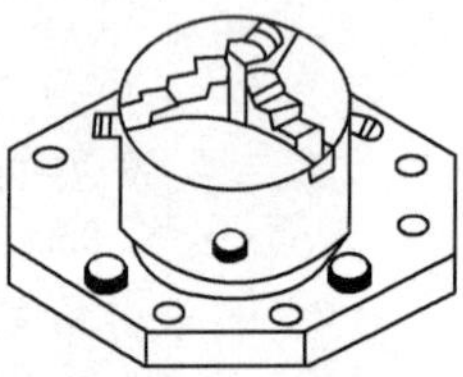	三爪自定心夹紧合件是将ϕ160mm 的三爪自定心卡盘,定位安装在连接板上,并用内六角圆柱螺钉紧固在基础板上。其长×宽×高尺寸为 250mm×250mm×91.5mm
偏心夹紧机构	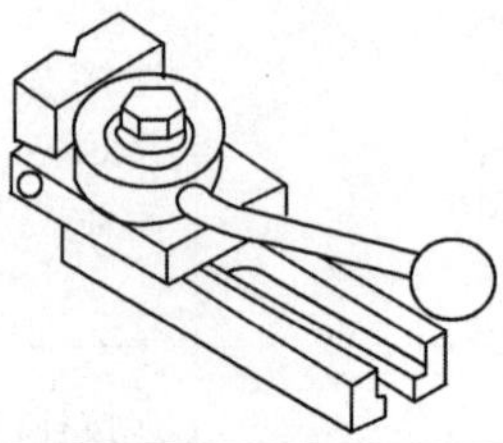	偏心夹紧机构的长×宽×高尺寸为 115mm×48mm×45mm,偏心轮直径为ϕ46mm,偏心距是 2mm
夹紧钳	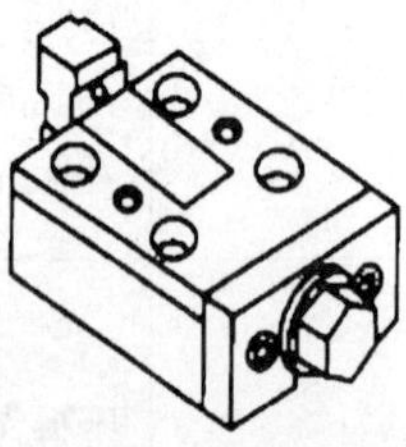	用于侧夹紧工件,长×宽×高尺寸为 95mm×80mm×40mm,夹紧行程为 50mm
钩形组合压板		钩形组合压板的结构紧凑,其圆柱底座的直径为ϕ50mm,高为 80mm,夹紧行程为 10mm,夹紧力小

(9)组装工具

组装孔系列组合夹具的工具除内六角扳手、开口扳手、铜锤外，还有拔销器和磁棒。

4.2.2　孔系列组合夹具的基本结构

孔系列组合夹具主要用于数控机床，零件的加工尺寸精度依靠机床的程序控制保证。孔系列组合夹具通常由基体、支承与定位和夹紧结构组成。

4.2.2.1　基体结构

各种基础件是组装孔系列夹具的基体。可根据机床的工作台面、加工工件尺寸，选用一种基础件作为基体。表 4-10 列出了孔系列组合夹具常用的基体结构。

表 4-10　孔系列组合夹具常用的基体结构

名称	结构示意图	使用说明
左右支承角铁和基础板组装的弯板基体	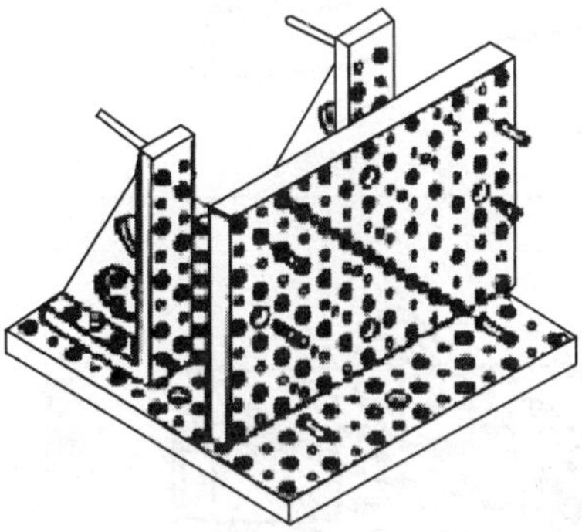	左右支承角铁和基础板组装的弯板基体，结构重量轻
四面支承和宽角铁组装的弯板基体	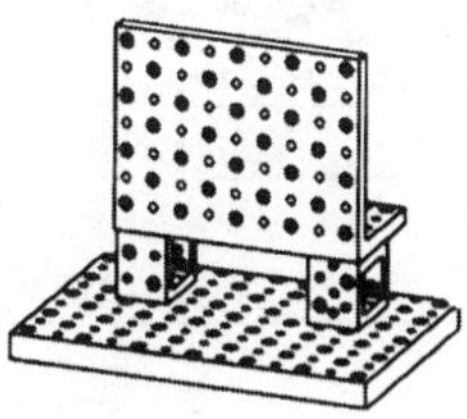	四面支承和宽角铁组装的弯板基体，适合组装小型零件的夹具
五面支承组装的弯板基体	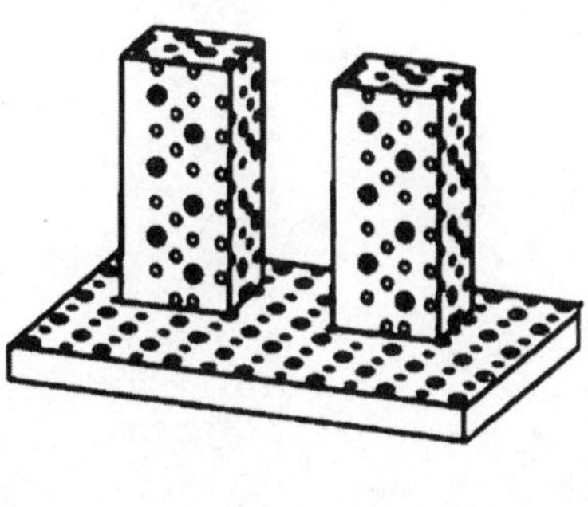	五面支承组装的弯板基体，夹具的组装比较方便

4.2.2.2　支承与定位结构

(1)外圆定位结构

用V形板、V形角铁和V形拼块可以组装工件的外圆定位,如表4-11所示。

表4-11　用V形板、V形角铁和V形拼块组装的外圆定位

名称	结构示意图	使用说明
用V形板和V形角铁组装的外圆定位		更换V形板和角铁之间的垫片,可以调整V形板的轴向尺寸
定位板和定位销组装的外圆定位	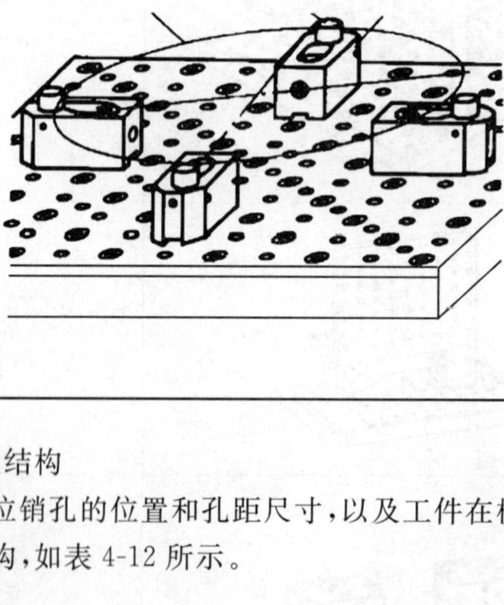	将四个可调定位板插销与基础板定位孔定位,并用螺钉紧固

(2)一面两销定位结构

根据工件两个定位销孔的位置和孔距尺寸,以及工件在机床上的安装位置要求,可以组装一面两销定位结构,如表4-12所示。

表 4-12　　一面两销定位结构

工件的定位销孔在一条直线上，中心距是任意的	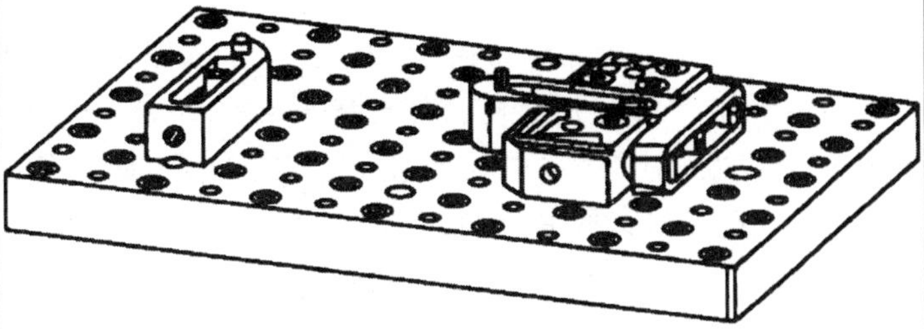	组装一面两销定位结构需要调整两个定位板的距离，保证组装的圆形和菱形销的中心距与工件的尺寸相一致
两个定位销孔对角布置	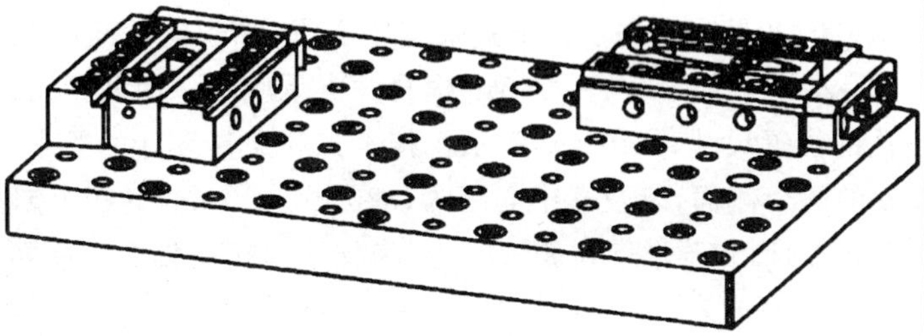	组装对角布置的一面两销定位结构，需要按照工件两销孔的 x 和 y 坐标尺寸，组装圆形和菱形销的位置

4.2.3　孔系列组合夹具在机械加工中的应用实例

4.2.3.1　在卧式加工中心上加工风机壳体的孔系列组合夹具

图 4-2 所示是用长×宽×高为 650mm×360mm×635mm 的双面基础角铁为基体，组装的双工位孔系列组合夹具。它用于在卧式加工中心上加工风机壳体的两个ϕ180H7 与ϕ150mm的台阶孔，以及 12 个ϕ18mm 通孔，风机壳体零件简图如图 4-1 所示，加工时用一面两销定位。按工艺和夹具设计的要求，风机壳体的上下两个平面，以及孔中心距为(600±0.015)mm 的两个ϕ12H7 定位孔已加工，并按定位销孔直径制作ϕ12h5 圆形定位销和菱形定位销各一个。

该夹具用 M16 大型孔系列组合夹具元件组装，在距双面基础角铁顶面 275mm、与中心定位孔相距为 300mm 的左、右两个定位空处，分别将两个 100mm×100mm×25mm 的方形直角台阶支承与两个 105mm×50mm×50mm 的可调定位板插销定位，并用内六角圆柱头螺钉紧固。再把制作好的ϕ12h5 圆形定位销和菱形定位销分别装入左侧和右侧两个可调定位板的定位孔中，并用可调定位板侧面的 M6 紧定螺钉固定，两定位销应高出可调定位板 10mm。然后，在双面基础角铁的四个角上，分别用内六角圆柱头螺钉紧固，组装四个 98mm × 98mm × 25mm 的方形螺孔调整板，每个方形螺孔调整板再组装一个ϕ45mm×50mm 的切边圆柱支承。这四个切边圆柱支承和左右两个可调支承板的顶面构成三点定位，再把风机壳体的两个销孔分别装入用可调定位板组装的圆形销和菱形定位销中，即构成一面两销定位。为了加强支承的刚性，在双面基础角铁的中间位置组装了浮动支承。利用在方形螺孔调整板上组装的四个平压板，可将壳体夹紧，再按下手把锁紧浮动支承，即可加工。

为了便于工件的装夹和避免磕碰两个定位销，组装了工件的初限位。在双面基础角铁的左右角，用内六角圆柱头螺钉紧固，分别组装了两个 120mm×40mm×45mm 的台阶螺孔定位板和ϕ45mm×50mm 的切边圆柱支承。在位于切边圆柱支承侧平面上方的螺孔中拧入 M16×100mm 的压紧螺钉，调整平面支承帽，可确定初限位控制工件安装的位置。

由于风机壳体两个销孔的中心尺寸 600mm 与相应 M16 型孔系列组合夹具元件的定位孔距一致，因此该夹具的一面两销定位的组装相对简单。

4.2.3.2　*在卧式加工中心上加工支承座的孔系列组合夹具*

图 4-5 所示是在长×宽×高为 550mm×550mm×50mm 的方形基础板上，用 M16 大型孔系列夹具元件组装的夹具。它用于在卧式加工中心上，加工支承座的两个ϕ30H7 和ϕ35H7的同轴孔与各孔的外端面，以及六个 M8 螺孔。支承座用一面两销定位，其加工的尺寸和两个定位销孔的位置尺寸，如图 4-6 所示。按工艺和夹具设计的要求，支承座的底面和宽度为 375 mm 的两个侧面，以及孔中心距为(330±0.01)mm 的两个ϕ14H7 定位孔已经加工，并制作ϕ14h5 圆形和菱形定位销各一个，为支承座在夹具上一面两销定位做好准备。

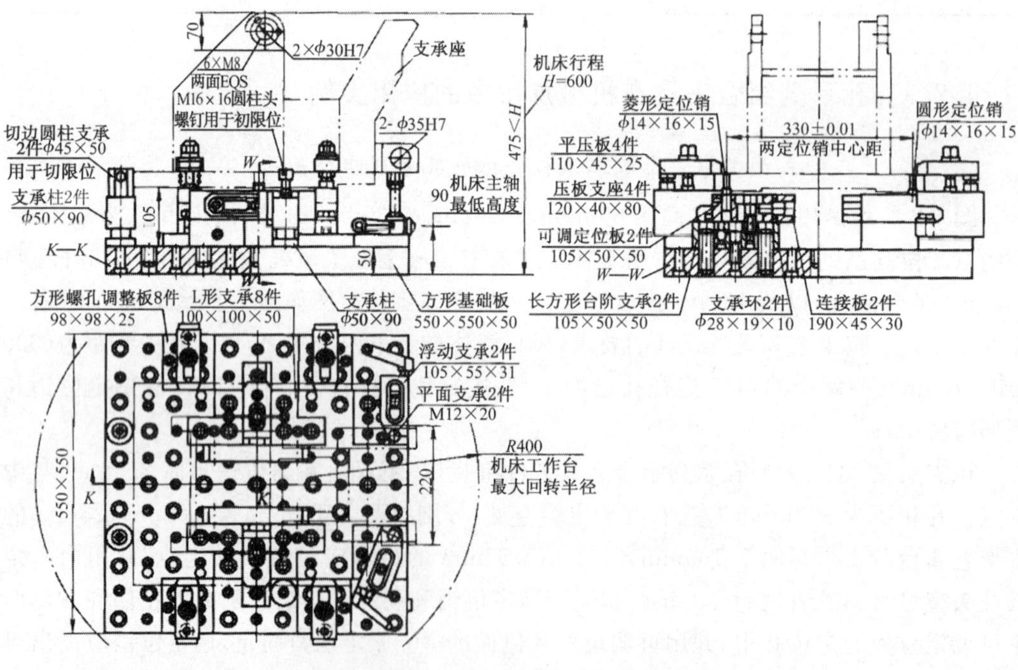

图 4-5　在卧式加工中心上加工支承座的孔系列组合夹具

如图 4-5 夹具俯视图所示，在距基础板中心前、后、左、右为 100mm 的定位孔及其相应位置，将 8 个 L 形支承两个为一组插销定位，并用内六角圆柱头螺钉紧固，每四个 L 形支承在基础板的中间位置，形成一个 长×宽×高为 100mm×50mm×100mm 的定位槽。如图 4-5 中夹具侧视图所示，将两个长×宽×高为 150mm×50mm×50mm 的长方形台阶支承分别放入两个定位槽中，插销定位并用内六角圆柱头螺钉紧固。然后，把两个 105mm×50mm×50mm 的可调定位板放入两个定位槽中，利用 190mm×45mm×30mm 的连接板和 10mm 厚的支承环，确定两个可调定位板的位置，得到两定位销的中心距为 330mm，再用内六角圆柱头螺钉紧固。把预制好的ϕ14h5 圆形和菱形定位销，装入前后可调定位板的定位孔中，并用 M6 紧定螺钉固定，两定位销高出可调定位孔 15mm。在基础板上用内六角圆柱头螺钉紧固，组装四个 98mm×98mm×25mm 的方形螺纹孔调整板，每个方形螺纹孔调整板再组装一个 120mm×40mm×80mm 的压板支座。四个压板支座的顶面构成支承座的三点定位面，把支承座的两个销孔装入可调定位板上的圆形和菱形两个定位销中，即将支承座一面两销定位于夹具上，支承座的定位高度为 105mm。为了加强工件的支承刚性，在基础板右边组装的两个 98mm×98mm×25mm 的方形螺纹孔调整板上，组装了两个 105mm×55mm×31mm 的浮动支承合件。因此，要用 M12 中型孔系列组合夹具的双头螺栓、螺母和平面支承帽组装浮动支承。利用在压板支座上组装四个 110mm×45mm×25mm 的平压板，可将支承座夹紧，再按下手把锁紧浮动支承，即完成支承座的装夹。

在基础板左边和前面分别装上三个ϕ50mm×90mm 的支承柱，在左边两个支承柱上面，用内六角圆柱头螺钉紧固两个ϕ45mm×50mm 的切边圆柱支承，以及紧固在前面支承柱上面的 M16×60mm 的内六角圆柱头螺钉，组装安装支承座的初限位，保证支承座能顺利插入两销定位，避免工件磕碰两个定位销。

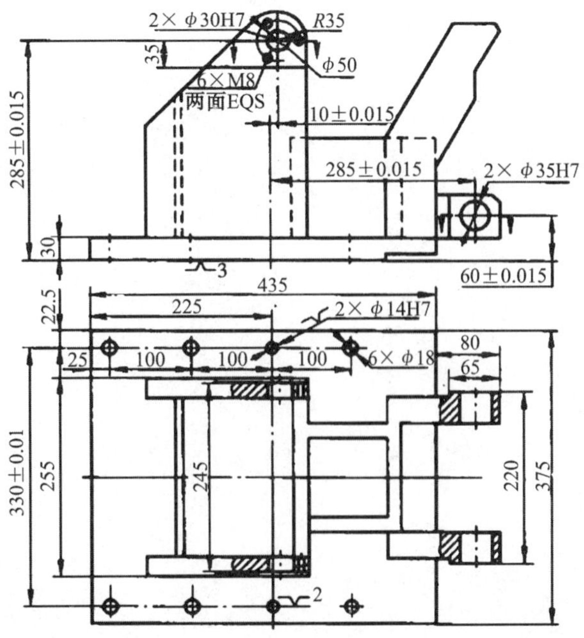

图 4-6　支承座简图

该夹具两个定位销采用与基础板中心对称组装的方法，选用的元件和夹具的总体布局对称。最后，要检测、调准两定位销中心距尺寸(330±0.01)mm，如图 4-6 所示，菱形定位销的长轴要垂直于两定位销的中心连线。首件加工时必须与机床操作者一起检查工件和组装的元件，尤其是浮动支承的锁紧手柄不能超出机床的最大回转半径，不能与刀具的进给发生干涉。还要检查加工最低孔的位置必须高于机床主轴的最低位置，加工的最高位置必须在机床的加工行程以内，仔细确认可行后，才能开机加工。

任务5　液压传动装置的设计

任务导入:液压传动是先通过动力元件(液压泵)将原动机(如电动机)输入的机械能转换为液体压力能,再经密封管道和控制元件等输送至执行元件(如液压缸),将液体压力能又转换为机械能以驱动工作部件。本次任务是设计一台双面钻孔卧式组合机床液压系统。

5.1　液压系统的设计

5.1.1　概述

液压系统是液压设备的一个组成部分,它与主机的关系密切,两者的设计通常需要同时进行。其设计要求是:从实际出发,重视调查研究,注意吸取国内外先进技术,有机地结合各种传动形式,充分发挥液压传动的优点,力求做到设计出的系统质量轻、体积小、效率高、工作可靠、结构简单、操作和维护保养方便、经济性好。

液压系统的设计步骤并无严格的顺序,各步骤间往往要相互穿插进行。一般来说,大致按如下步骤进行:①明确设计要求;②进行工况分析;③制定基本方案,拟定液压系统原理图;④液压元件的选择与计算;⑤液压系统的性能验算;⑥绘制工作图,编制技术文件。

在设计过程中并不一定要严格按照这些步骤进行,有时可以交替进行,有些步骤甚至要反复多次。对某些关键性的参数和性能难以确定的设计,要先经过试验,才能把设计方案确定下来。

5.1.2　明确设计要求

设计要求是进行每项工程设计的依据。在制定基本方案并进一步着手液压系统各部分设计之前,必须把设计要求以及与该设计内容有关的其他方面了解清楚。

(1)主机的概况:用途、性能、工艺流程、作业环境、总体布局等。

(2)液压系统要完成哪些动作,动作顺序及彼此联锁关系如何。

(3)液压驱动机构的运动形式、运动速度。

(4)各动作机构的载荷大小及其性质。

(5)对调速范围、运动平稳性、转换精度等性能方面的要求。

(6)自动化程序、操作控制方式的要求。

(7)对防尘、防爆、防寒、噪声、安全可靠性的要求。

(8)对效率、成本等方面的要求。

5.1.3 进行工况分析

对液压系统进行工况分析,就是要查明它的每个执行元件在各自工作过程中的运动速度和负载的变化规律。这是满足主机规定的动作要求和承载能力所必须具备的。

液压系统承受的负载:①可由主机的规格规定;②可由样机通过试验测定;③可由理论分析确定。

当用理论分析确定系统的实际负载时,必须仔细考虑它所有的组成项目,例如:工作负载(切削力、挤压力、弹性塑性变形拉力、重力等)、惯性负载和阻力负载(摩擦力、背压力)等,并把它们绘成图形。

5.1.3.1 运动分析

运动分析就是分析主机按其工艺要求,以何种运动规律完成一个工作循环,并画出速度循环图。图 5-1、图 5-2 分别为一组合机床动力滑台的工作循环图和速度循环图。

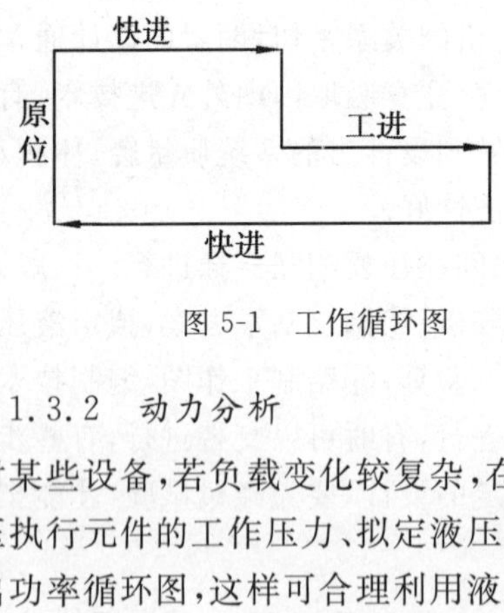

图 5-1 工作循环图

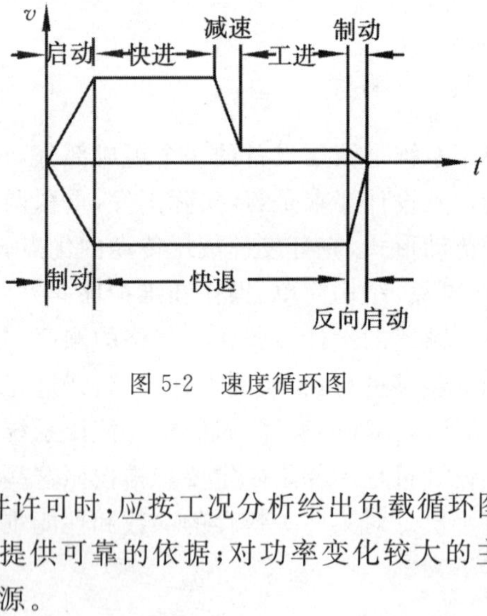

图 5-2 速度循环图

5.1.3.2 动力分析

对某些设备,若负载变化较复杂,在条件许可时,应按工况分析绘出负载循环图,为确定液压执行元件的工作压力、拟定液压系统提供可靠的依据;对功率变化较大的主机,还应作出功率循环图,这样可合理利用液压能源。

5.1.3.3 液压缸的负载分析

(1) 工作阻力 F_t

工作阻力指沿液压缸运动方向的切削分力、重力、挤压力等。

(2) 摩擦阻力 F_m

摩擦阻力是指液压缸工作机构工作时所要克服的机械摩擦力。对于机床来说,即导轨摩擦阻力,它与导轨形状、放置情况以及运动状态有关。

常见的两种导轨形式(见图 5-3)其摩擦阻力计算公式为:

对平导轨:

$$F_m = f(F_G + F'_G)$$

对V形导轨：

$$F_m = \frac{f(F_G + F'_G)}{\sin\frac{\alpha}{2}}$$

式中：F_G——运动部件的总重(N)；

F'_G——对平导轨为垂直于导轨方向上的切削分力；对V形导轨为沿V形导轨横剖面中心线方向作用于导轨上的切削分力(N)；

α——V形导轨的夹角，一般为90°；

f——摩擦系数，它有静摩擦系数 f_j 和动摩擦系数 f_d 之分，在机床滑动导轨上，一般 $f_j \leqslant 0.2 \sim 0.3$，$f_d \leqslant 0.05 \sim 0.1$，启动时按静摩擦系数计算，运动时按动摩擦系数计算。

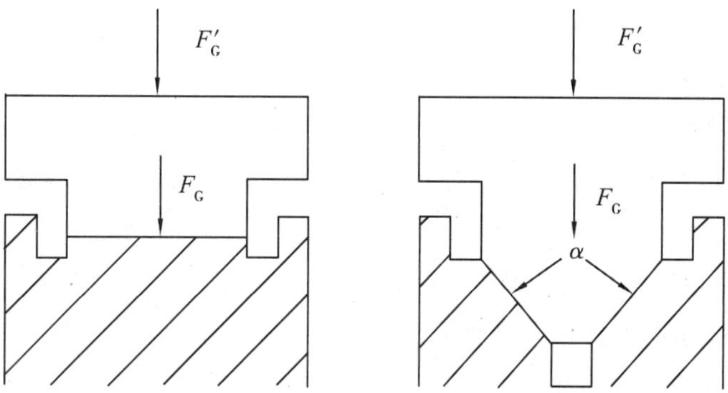

(a)平导轨　　(b)对称V形导轨

图5-3　导轨的受力分析

(3)惯性阻力 F_g

惯性阻力是指工作部件在启动和制动过程中的惯性力，其计算公式为：

$$F_g = ma = \frac{F_G \Delta v}{g \Delta t}$$

式中：a——工作部件的加速度；

Δt——启动加速或减速制动的时间(s)，对一般机床主运动 $\Delta t = 0.25 \sim 0.5$s，进给运动 $\Delta t = 0.1 \sim 0.5$s，磨床 $\Delta t = 0.01 \sim 0.05$s，低速轻载运动部件取较小值，反之取较大值；

Δv——在 Δt 时间内的速度变化量(m/s)。

惯性阻力有正有负，启动时为正，制动时为负。

(4) 重力 F_G

垂直或倾斜放置的工作部件，在没有平衡的情况下，其自重也成为负载。

(5) 密封阻力 F_m

密封阻力是指密封件在相对运动中产生的摩擦阻力。

(6) 背压阻力 F_b

背压阻力是指液压缸回油路上的阻力。

5.1.3.4 机床液压缸在各工作阶段总外负载 $F_{f\Sigma}$ 的计算

(1) 启动阶段

$$F_{f\Sigma}=F_{mj}\pm F_G$$

(2) 加速阶段

$$F_{f\Sigma}=F_{md}+F_g\pm F_G$$

(3) 快进阶段

$$F_{f\Sigma}=F_{md}\pm F_G$$

(4) 工进阶段

$$F_{f\Sigma}=\pm F_t+F_{md}\pm F_G$$

(5) 制动阶段

$$F_{f\Sigma}=\pm F_t-F_g\pm F_G$$

式中：F_{mj}——静摩擦阻力(N)；

F_{md}——动摩擦阻力(N)。

当液压执行元件为液压马达时，对其负载转矩 T 的分析和计算，思考方法与液压缸相同。

5.1.3.5 液压缸负载图的绘制

绘制的液压缸负载图如图 5-4 所示。

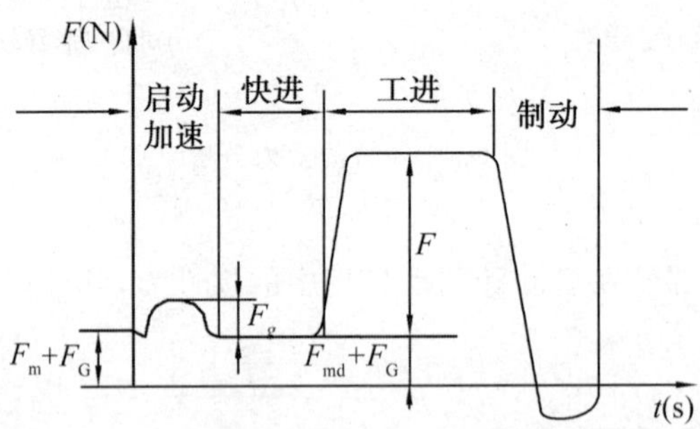

图 5-4 液压缸负载图

5.1.4 确定基本方案，拟定液压系统图

确定液压系统方案，拟定液压系统图，是设计液压系统的关键性一步。系统方案，首先应满足工况提出的工作要求(运动和动力)和性能要求；其次，拟定系统图时，还应力求效率高、发热少、简单、可靠、寿命长、造价低。

5.1.4.1 确定系统方案

通过分析负载循环图，可初步确定最大负载点，并根据工况特点和性能要求，用类比法选用执行元件的工作压力。主机的工况难以类比时，可按负载的大小选取。在选用油泵时，应注意所选用油泵的类型和额定压力，由于管路有压力损失，因此油泵的工作压力应比执行元件的工作压力高，油泵的额定压力应比油泵的工作压力高25%～60%，使泵具有压力储备。压力低的系统，储备量宜取大些，反之则取小些。初选的执行元件的工作压力作为计算执行元件尺寸时的参考压力。然后，在验算系统压力时，确定油泵的实际工作压力。

(1)确定执行元件的类型

执行元件的类型，根据工作部件所需的运动形式、速度、负载的性质和工作环境参考表5-1确定。

表5-1　　执行元件的类型

执行元件的类型		适用工况	应用实例
油缸	双活塞杆	负载不大、双向工作、往复运动速度相等的场合	磨床工作台
	单活塞杆	双向工作、往复运动速度不同或在差动接法(有效工作面积比为2∶1)时，往复速度相等的场合	液压机、拉床、组合机床、工程机械、建筑机械、农业机械等
	柱塞式	负载大、行程较长的场合，成对使用或单向回程靠外力(弹簧或自重等)实现	龙门刨床、工程机械、自卸汽车等
	齿条活塞式	负载不大的摆动运动	机械手、回转工作台、转位夹具等
油马达	齿轮式	负载力矩不大、速度平稳性要求不高、工作环境差(噪声限制不严而尘埃多的场合)	钻床、攻丝、风扇驱动。对体积受限制时选摆线齿轮式
	叶片式	负载力矩不大、噪声要求较小的场合	磨床回转工作台、机床操纵机构
	柱塞式	负载力矩较大、有变速和变力矩要求、低速平稳性要求较高的场合	起重机、绞车、铲车、内燃机车、数控机床等
	低速大扭矩型	负载力矩大、转速低、平稳性要求高的场合	挖掘机、拖拉机、起重机等
	摆动型	往复摆动角小于360°的运动，比齿条活塞式油缸的体积要小	石油机械、机械手、料斗等

注：执行元件的选择由主机的动作要求、载荷轻重和布置空间条件确定。

(2)确定调速方案和选择泵源形式

调速方案和泵源形式，主要取决于主机的功率、调速性能要求和经济性。

液压执行元件确定之后，其运动方向和运动速度的控制是拟定液压回路的核心问题。

方向控制用换向阀或逻辑控制单元来实现。对于一般中小流量的液压系统，大多通过换向阀的有机组合实现所要求的动作。对高压大流量的液压系统，现多采用插装阀与先导控制阀的逻辑组合来实现。

速度控制通过改变液压执行元件输入或输出的流量或者利用密封空间的容积变化来

实现。相应的调整方式有节流调速、容积调速和容积节流调速。

节流调速一般采用定量泵供油,用流量控制阀改变输入或输出液压执行元件的流量来调节速度。此种调速方式结构简单,但由于这种系统必须用节流阀,故效率低,发热量大,多用于功率不大的场合。节流调速又分为进油节流、回油节流和旁路节流三种形式。进油节流启动冲击较小,回油节流常用于有负载的场合,旁路节流多用于高速。节流调速一般采用开式循环形式。在开式系统中,液压泵从油箱吸油,压力油流经系统释放能量后,再排回油箱。开式回路结构简单,散热性好,但油箱体积大,容易混入空气。

容积调速是靠改变液压泵或液压马达的排量来达到调速的目的。其优点是没有溢流损失和节流损失,效率较高。但为了散热和补充泄漏,其需要有辅助泵。此种调速方式适用于功率大、运动速度高的液压系统。容积调速大多采用闭式循环形式。在闭式系统中,液压泵的吸油口直接与执行元件的排油口相通,形成一个封闭的循环回路。其结构紧凑,但散热条件差。

容积节流调速一般是用变量泵供油,用流量控制阀调节输入或输出液压执行元件的流量,并使其供油量与需油量相适应。此种调速回路效率也较高,速度稳定性较好,但其结构比较复杂。

液压系统的工作介质完全由液压源来提供,液压源的核心是液压泵。节流调速系统一般用定量泵供油,在无其他辅助油源的情况下,液压泵的供油量要大于系统的需油量,多余的油经溢流阀流回油箱,溢流阀同时起到控制并稳定油源压力的作用。容积调速系统多数是用变量泵供油,用安全阀限定系统的最高压力。

为节省能源提高效率,液压泵的供油量要尽量与系统所需油量相匹配。对在工作循环各阶段中系统所需油量相差较大的情况,一般采用多泵供油或变量泵供油。对长时间所需油量较小的情况,可增设蓄能器做辅助油源。

(3)确定压力控制方式

液压执行元件工作时,要求系统保持一定的工作压力或在一定压力范围内工作,也有的需要多级或无级连续地调节压力。一般在节流调速系统中,通常由定量泵供油,用溢流阀调节所需压力,并保持恒定。在容积调速系统中,用变量泵供油,用安全阀起安全保护作用。

在有些液压系统中,有时需要流量不大的高压油,这时可考虑用增压回路得到高压,而不用单设高压泵。液压执行元件在工作循环中,某段时间不需要供油,而又不便停泵的情况下,需考虑选择卸荷回路。

在系统的某个局部,工作压力需低于主油源压力时,要考虑采用减压回路来获得所需的工作压力。

(4)确定液流流向控制方式

根据系统中工作循环、动作变换性能和自动化程度的要求,按方向控制回路要求选择结构形式、换向位数、通路数、中间滑阀机能和操作方式。

(5)确定顺序动作控制的方式

对操作不频繁、动作顺序随机的,如工程、建筑、起重运输等作业,常采用手动多路换向阀控制。如果操纵力较大,可用手动伺服控制。行程和速度经常变化时,采用伺服系统。对一般功率不大、换向平稳性要求较低、动作顺序较严格而变化不多的工况，常采用以下三种控制方式：

①行程控制。靠运动部件移动到预定位置(行程)时，发出控制信号，使液压元件动作，实现执行元件速度方向的变化。

②压力控制。利用油路本身压力的变化控制阀门启闭，实现各工作部件依次顺序动作。如利用压力变化的顺序实现多缸顺序动作、快进给工进、低压转增压，或到达一定压力后实现系统卸荷、互锁、安全防护等动作。为了防止压力波引起压力控制元件误动作，调整压力应比所需动作的压力高0.5～0.7MPa。

③时间控制。在动作转换中需要间隔一定时间时，常采用电气时间继电器或延时阀的转换，控制时间的间隔。如在液压机、压铸机、塑料注射机中保压或冷却一定时间后，实现动作的转换。

有时，为了使主机的某一动作更加可靠(如为了使机床定位和夹紧可靠，需要定位行程开关发信，且夹紧后压力继电器也发信，才允许转换动作)，可采用行程和压力联合控制的方式。

此外，还可采用其他物理量的变化实现动作的转换。如在压铸机中加热到规定温度后，通过温度传感器发信，转换下一个顺序动作。有的通过电磁感应、光电感应等发信，转换下一个顺序动作。

5.1.4.2　拟定液压系统图

确定液压系统方案后，可选择和设计液压基本回路，并配置辅助性回路或元件(如滤油器及其回路、压力表及其测压点布置、控制油路或润滑油路等)，即可组成液压系统图。

在拟定液压系统图时，应考虑如下几点：

(1)避免回路之间相互干扰

同一泵源驱动多个执行元件同时动作时，由于负载不同会使执行元件先后动作，或者保压油路上，由于其他执行元件的负载变化，使油路压力下降，会引起速度或压力干扰的现象，这些现象必须加以解决。

对速度的同步精度要求不高的场合，可在各进油路上串接节流阀；对速度同步精度稍有要求时用调速阀；对同步精度有较高要求时，用流量比例阀或分流—集流阀。

出现压力干扰，可采用蓄能器与单向阀，使其与其他动作的油路隔开。如果时间短，可选用泄漏量较小的换向阀，并用单向阀隔断。

对于某一执行元件必须保持一定压力，且允许其他执行元件动作的回路，可采用顺序阀，使工作台回转时不会落下。

对于两个以上需快进与工进的执行元件，为了防止快进对工进的干扰，可采用在高压小流量泵与各换向阀之间都串接一个调速阀，在低压大流量泵与各换向阀之间都串接一个单向阀，当一个或几个执行元件快进时，其余执行元件可继续工进；也可采用快进与工进由低压大流量泵与高压小流量泵分别供油。

(2)防止液压冲击

液压系统中由于工作部件运动速度变换、工作负载突变，常会产生液压冲击，影响系统的正常工作，故必须采取预防措施，如表5-2所示。

表 5-2　防止液压冲击的措施

工作过程	冲击原因	防止冲击的措施	举例
泵启动	带负载启动时压力超调	泵应在空载下启动	组合机床系统
系统中大量高压油突然释放(在换向时)	油的压缩性	采用节流阀,使高压油换向时逐渐降压	液压机
速度换接过程	惯性	用行程节流阀(单向行程调速阀或双联泵系统)使大泵提前卸荷	液压机、组合机床的双泵系统
工进中有速度波动	限压式(或差压式)变量泵变量反应灵敏度不够	加安全阀	组合机床
快进或快退到制动	换向阀关闭瞬时由惯性引起回油路压力剧增	选择换向滑阀机能“H”、“Y”、“P”等,或回油路加安全阀	龙门刨床或组合机床
滑阀换向过程中	换向阀关闭时,管路流量突变	用带阻尼的电液阀代替电磁阀,或用节流阀调节换向速度	组合机床
负载突变	工作负载突然消失,引起前冲现象或冲击性负载	加背压阀或安全阀	冲床、剪床、钻床、挖掘机等

(3)力求控制油路可靠

除高压大流量系统采用单独低压油泵供控制油路外,一般在主油路上直接引出控制油路。此时,引出的控制油应满足液动阀的最低控制压力。当油泵卸荷时,为保证液动阀能换向,在回油路上安装背压阀,或在进油路上安装顺序阀。但应注意,在高压系统中,当采用高压顺序阀在高压下开启时间较长时,由于弹簧疲劳、滑阀“卡紧”而不能复位,易产生误动作。同样,电液换向阀由于控制压力较高,在停留时间较长时,也存在不能复位的问题。因此,采用顺序阀维持开启压力引出的控制油,经减压阀和安全阀限压后,可获得较稳定的低压控制油源。但在高压下工作的可靠性比单独低压泵供油要差些。

(4)力求系统简单

在组合基本回路时,要力求元件少。如当两个油缸不同时工作而工作速度相同时,可采用公用阀的回路,即在回油路上并联节流阀和二位二通阀。

应尽量选用标准元件,品种规格要少。只有在不得已时,才自行设计元件。在连接油管时,尽量要短,接头数量要少。

(5)合理分布测压点

管路内油压变化的大小,是反应系统工作状态的主要参数之一。因此,合理分布测压点,随时了解各段油路的工作状况很重要,可以避免事故发生。测压点一般分布在下列各处:①泵源出口处和执行元件进、出口处;②减压阀或增压器输出油路上;③压力继电器或要求保压的油路上;④顺序阀或背压阀前的油路上;⑤滤油器前的油路上;⑥润滑油油路上。

(6)尽量使液压传动装置的组合通用化

可采用液压动力源装置(油箱、油泵)与压力阀、滤油器、压力表、温度控制装置和相应的电气控制系统组成的液压柜。液压柜已通用化,在柜内还可安装液压控制元件的集成块。

YG 系列液压柜有单泵系统、双泵系统、多泵系统和变量泵系统四种形式。

控制元件组合时,需要考虑通用化。它的配制方式有三种,即单元通油板、集成块和迭合块式。目前,大多采用标准的板式控制元件组合单元通油板或集成块组。集成块的优点是便于回路通用化,结构布局紧凑,更换或追加元件灵活性大,设计、制造和维修等工作大为简化。在大流量系统中采用法兰式安装方式。对于管式控制元件,由于悬空安装,容易造成振动,管路布局繁杂,已不常应用。

5.1.5　液压元件的计算和选择

5.1.5.1　执行元件主要参数的计算

通过负载循环图,初步确定了执行元件的最大外负载和系统的工作压力后,根据选择的执行元件的类型、密封件的形式和回路的组合情况,计算执行元件的主要尺寸。

(1)油缸主要尺寸的计算

油缸有效面积可按油缸受力的平衡关系式计算。

①单活塞杆油缸,以无杆腔为工作腔时:

$$p_1A_1=P+p_2A_2+F_m$$

②单活塞杆油缸,以有杆腔为工作腔时:

$$p_1A_2=P+p_2A_1+F_m$$

③双活塞杆油缸,当 $A_1=A_2=A$ 时:

$$p_1A=P+p_2A+F_m$$

式中:A_1——无杆腔的有效面积(cm^2),其中 $A_1=\pi D^2/4$;

A_2——有杆腔的有效面积(cm^2),其中 $A_2=\pi(D^2-d)^2/4$;

D——活塞直径(cm);

d——活塞杆直径(cm);

P——油缸外负载的最大值(N);

p_1——工作腔进油路压力(MPa);

p_2——回油腔背压力(MPa)。中低压系统或轻载的节流调速系统,p_2 取 0.2～0.5MPa;回油路带背压阀的系统,背压阀的调整压力一般为 0.5～1.5MPa;带调速阀或复杂的回油路系统,$p_2\leqslant 0.5$MPa;拉床、龙门刨床、导轨磨床等,p_2 取 0.8～1.5MPa。高压系统,一般 p_2 可忽略不计。

当工作压力 $p_2<16$MPa 时,密封件引起的摩擦阻力 F_m 的计算公式为:

$$F_m=\Delta p_m\cdot A_1$$

$$或\ F_m=P\Delta\eta_m$$

式中:Δp_m——克服油缸密封件的摩擦阻力所需的空载压力,启动时按表 5-3 选取,运动时取表中数值的 50%；

A_1——进油工作腔的有效面积(cm^2)；

$\Delta\eta_m$——油缸的机械损失率，启动时按表 5-3 选取，运动时，取表中数值的 50%。

表 5-3　空载压力和油缸的机械损失率

密封圈形式	Δp_m(MPa)	$\Delta\eta_m$
O、U、X、Y	<3	<0.04
V	<5	<0.06

注：活塞杆采用 V 形密封圈时，表中数值增大 50%。

油缸活塞(或油缸内径)直径 D 和活塞杆的直径 d 的计算：当活塞杆受拉时，一般取 $d/D=0.3\sim0.5$，即 $A_1/A_2=1.1\sim1.33$；当活塞杆受压时，取 $d/D=0.5\sim0.7$，即 $A_1/A_2=1.33\sim2$。

对某些工况的主机，活塞杆直径可按活塞的往返速比 φ 选取(见表 5-4)。在返回行程不工作时，数值可取大些。但运动部件质量较大时，为了减少不必要的冲击，数值可取小些。在组合机床中，为了获得相同的往返速度，油缸通过差动连接，取 $\varphi=2$(即 $d=0.7D$)。往返都工作(如磨床中单活塞杆油缸)时，取 $\varphi=1.1\sim1.2$(即 $d\leqslant0.3\sim0.4D$)，使往返工作速度相接近。

表 5-4　活塞杆直径的选取

往返速比 $\varphi=\frac{v_2}{v_1}=\frac{A_1}{A_2}$	1.33	1.46	1.61	2
活塞杆直径 d(cm)	$0.5D$	$0.55D$	$0.62D$	$0.7D$

从表中推荐值和关系式求得活塞和活塞杆直径后，按有关液压手册尺寸系列选取标准值。

当油缸活塞的行程 l 与活塞杆直径 d 的比值大于 10 时，应参考相关液压设计手册对活塞杆进行压杆稳定性验算。

当速度要求很低时(如机床中精镗或金刚镗床的进给速度)，还需按最低速度验算油缸尺寸，即油缸有效工作面积 A 应满足：

$$A\geqslant\frac{Q_{min}}{v_{min}}$$

式中：A——油缸有效工作面积(cm^2)；

Q_{min}——流量阀的最小稳定流量(可在产品样本上查得)(mL/min)；

v_{min}——主机要求的最低工作速度(cm/min)。

如果油缸的有效面积 A 不能满足要求，则说明主机不能达到所要求的最低工作速度。这时可采用下述方法加以解决：一是加大油缸活塞的直径；二是采用更小稳定流量的流量阀，如微量节流阀、温度补偿调速阀等；三是采用低速回路，如在进口调速回路的调速阀出油管中，再接一个调速阀进行旁路放油。

此外，由于结构、尺寸的限制等，油缸内径、活塞杆直径事先已确定时，可按油缸最大负载和油缸内径、活塞杆直径确定工作压力。

油缸的壁厚、长度可参考有关公式进行计算。

(2)油马达主要参数的确定

油马达所需的排量，可按下式计算：

$$q=\frac{M\times 10^{-3}}{1.59\Delta p\eta_m}$$

式中：g——油马达的排量(L/r)；

M——油马达的实际输出扭矩(N·m)；

Δp——油马达的进、出口压力差(MPa)；

η_m——油马达的机械效率，按产品样本中指标选取，一般为0.90～0.97。

必要时，还应验算主机的最低转速，则油马达排量应满足：

$$q>\frac{Q_{min}}{n_{min}}\times 10^{-3}$$

式中：Q_{min}——油马达的最小稳定流量(L/min)；

n_{min}——主机要求的最低转速(r/min)。

求得q值后，从产品系列规格中取标准值。

5.1.5.2 执行元件所需流量

通常按执行元件在工作循环中的最大移动速度(或转速)来计算其所需流量。

(1)油缸的最大流量$Q_{缸}$

$$Q_{缸}=\frac{Av_{max}}{10}$$

式中：$Q_{缸}$——油缸的最大流量(L/min)；

A——油缸进油腔的有效工作面积(cm^2)；

v_{max}——油缸活塞的最大移动速度(m/min)。

(2)油马达的最大流量$Q_{马}$

$$Q_{马}=\frac{qn_{max}}{1000}$$

式中：$Q_{马}$——油马达的最大流量(L/min)；

q——油马达的排量(r/min)；

n_{max}——油马达的最高转速(mL/r)。

5.1.5.3 作出执行元件工况循环图

根据计算的执行元件几何尺寸参数和工况循环作出压力循环(p—t)、流量循环(Q—t)和功率循环(N—t)图。

(1)执行元件的工况图

工况图是在执行元件结构参数确定之后，根据设计任务要求，算出不同阶段中的实际工作压力、流量和功率之后作出的，如图5-5所示。

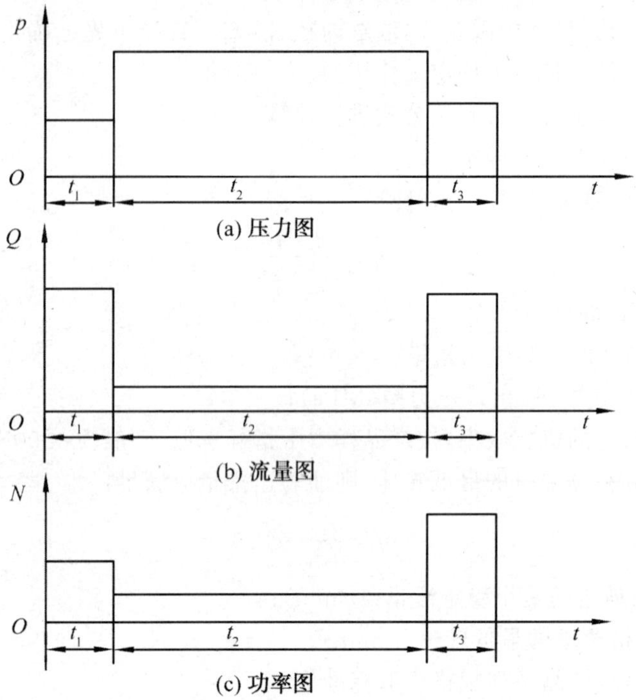

图 5-5　执行元件工况图

t_1—快进时间　t_2—工进时间　t_3—快退时间

工况图的作用是：

①通过工况图找出最大压力点、最大流量点和最大功率点，分析各工作阶段中压力、流量变化的规律，作为选择液压泵和控制阀的依据。

②验算各工作阶段所确定参数的合理性。例如当功率图上各阶段的功率相差太大时，可在工艺情况允许的条件下，调整有关段的速度，以减小系统需用的功率。当系统有多个液压缸工作时，应把各液压缸的功率图按循环要求叠加后进行分析，若最大功率点互相重合，功率分布很不均衡，则同样应在工艺条件允许的情况下，适当调整参数，避开或削减功率“高峰”，增加功率利用的合理性，以提高系统的效率。

③通过对工况图的分析，可以合理地选择系统的主要回路、油源形式和油路循环形式等。如果在一个循环内流量变化很大，则不适宜采用单定量泵，也不宜采用蓄能器，而适宜采用“大小泵”的双泵供油回路或限压式变量泵的供油回路。

以上分析、计算和调整，有利于拟定出较为合理、完善的液压系统方案。

(2)分析工况循环图

①找出最高压力点和最大流量点，分析各工作阶段中压力、流量变化的规律，选用合适的油泵型号和规格。若难以选定，则需修改执行元件的几何尺寸，然后选购相应的油泵型号和规格。

②分析功率变化，找出最大功率点，以便选定电动机的功率。

③验算各工作阶段所确定参数的合理性。如在工况范围内，合理地调整各工作阶段的时间。

通过以上分析、计算和调整，可找出驱动功率小、效率高、工作性能好和经济合理的方案。

5.1.5.4 选定油泵和确定电动机功率

(1)计算油泵的最高工作压力 $p_{泵}$

$$p_{泵} \geqslant p_1 + \Delta p_1$$

式中：$p_{泵}$——泵的最高工作压力(MPa)，对定量泵而言，是溢流阀的调整压力值；

p_1——执行元件在稳态工况下的最高工作压力(MPa)，对压机、夹紧机构等工况，则以行程终点时的压力作为最高工作压力，这时 $p_{泵} \approx p_1$，如是行程过程，则需考虑油液流动阻力损失；

Δp_1——进油路上管路沿程和局部阻力损失(MPa)，初算时，对节流调速及管路简单的系统，Δp_1 取 0.2～0.5MPa；管路复杂、进油路采用调速阀的系统，Δp_1 取 0.5～1.5MPa。

如需准确计算，应在选定液压元件并绘制管路布置图后进行。

(2)确定油泵的最大流量 $Q_{泵}$

$$Q_{泵} \geqslant K \sum Q_{max}$$

式中：$Q_{泵}$——泵的最大流量(L/min)；

K——系统泄漏系数，一般取 1.1～1.3；

$\sum Q_{max}$——执行元件同时工作时系统所需最大流量(L/min)，对作较复杂的系统，将同时工作的执行元件作流量循环图的合成，从中求得 $\sum Q_{max}$；采用差动回路时，应按差动连接的最大流量进行计算。

采用蓄能器的系统，油泵最大流量 $Q_{泵}$ 根据系统在整个工作循环中的平均流量选取，即

$$Q_{泵} \geqslant \frac{K}{T} \sum_{i=1}^{n} V_i \times 60$$

式中：$Q_{泵}$——油泵的最大流量(L/min)；

K——系统泄漏系数，一般取 1.2；

T——主机整个工作循环的周期(s)；

V_i——各执行元件在工作循环周期中的总耗油量(L)；

n——执行元件的个数。

(3)选择油泵规格

参照产品样本，选取额定压力比最高工作压力 $p_{泵}$ 高 25%～60%、流量与系统所需的 $Q_{泵}$ 相当的泵。表 5-5 列举了各种液压泵的技术性能和应用范围。

表 5-5 各种液压泵的技术性能和应用范围

	齿轮泵			螺杆泵	叶片泵		柱塞泵				
	外啮合	内啮合			单作用	双作用	轴向			径向轴配流	卧式轴配流
		楔块式	摆线转子式				直轴端面配流	斜轴端面配流	阀配流		
压力范围(MPa)	≤25.0	≤30.0	1.6～16.0	2.5～10.0	≤6.3	6.3～32.0	≤10.0	≤40.0	≤70.0	10.0～20.0	≤40.0
排量范围(mL/r)	0.3～650	0.8～300	2.5～150	25～1500	1～320	0.5～480	0.2～560	0.2～3600	≤420	20～720	1～250
转速范围(r/min)	300～7000	1500～2000	1000～4500	1000～2300	500～2000	500～4000	600～2200	600～1800	≤1800	700～1800	200～2200
最大功率(kW)	120	350	120	390	30	320	730	2660	750	250	260
容积效率(%)	70～95	≤96	80～90	70～95	85～92	80～94	88～93	88～93	90～95	80～90	90～95
总效率(%)	63～87	≤90	65～80	70～85	64～81	65～82	81～88	81～88	83～88	81～83	83～88
功率质量比(kW/kg)	中	大	中	小	小	中	大	大	大	中	中
最高自吸能力(kPa)	50	40	40	63.5	33.5	33.5	16.5	16.5	16.5	16.5	16.5
流量脉动(%)	11～27	1～3	≤3	<1	≤1	≤1	1～5	1～5	<14	<2	≤14
噪声	中	小	小	小	中	中	大	大	大	中	中
污染敏感度	小	中	中	小	中	中	大	中大	小	中	小
变量能力	不能	能	好								
价格	最低	中	低	高	中	中低	高	高	高	高	高
应用范围	机床、工程机械、农业机械、航空、船舶、一般机械			精密机床,精密机械,食品、化工、石油、纺织等机械	机床、注塑机、液压机、起重运输机械、工程机械、飞机		工程机械、锻压机械、运输机械、矿山机械、冶金机械、船舶、飞机等				

(4)确定油泵电动机的功率

①在恒压系统中,油泵驱动功率 N 的计算公式为:

$$N=\frac{p_{泵}Q_{泵}}{60\eta}$$

式中:N——液压泵的驱动功率(kW);

$p_{泵}$——泵的最高工作压力(MPa);

$Q_{泵}$——在最高工作压力下,泵的最大实际流量(L/min);

η——泵的总效率，齿轮泵一般取 0.60～0.70；柱塞泵取 0.80～0.85，泵的规格大时，取大值，规格小时取小值，对变量泵取小值，定量泵取大值，如表 5-6 所示。

表 5-6　液压泵的总效率

液压缸负载	齿轮泵	螺杆泵	叶片泵	柱塞泵
总效率	0.60～0.70	0.65～0.80	0.60～0.75	0.80～0.85

应该指出，当泵的工作压力为额定压力的 10%～15%时，泵的总效率将显著下降。限压式变量叶片泵的驱动功率，可按实际流量特性曲线的拐点（参考产品样本）进行计算。但应注意，变量泵的流量在公称流量的 1/4～1/3 以下时，η 显著下降。

②对非恒压系统，在工作循环中，泵的压力与流量是变化的，可按各工作阶段的功率进行计算，然后取平均值 N_{av}，计算公式为：

$$N_{av}=\sqrt{\frac{t_1 \cdot N_1^2+t_2 \cdot N_2^2+\cdots+t_n \cdot N_n^2}{t_1+t_2+\cdots+t_n}}$$

式中：$t_1,t_2,\cdots,t_n$——在整个工作循环中各个工作阶段所对应的时间（s）；

$N_1,N_2,\cdots,N_n$——在整个工作循环中各个工作阶段所需的功率（kW）。

在选取驱动泵的电机时，首先比较平均功率与各工作阶段的最大功率。最大功率符合电动机短时超载 30%的范围时，按平均功率选取；否则，应按最大功率选取。

5.1.5.5　选择控制元件

按照系统的最高工作压力和通过该阀的最大流量，选取标准阀类的规格。溢流阀应按油泵的最大流量选取；流量阀应按回路上控制的流量范围选取。阀的公称流量应大于控制调速范围所要求的最大通过流量，最小稳定流量应小于调速范围所要求的最小稳定流量。其他阀类的选择，按接入回路的通过流量选取。必要时，通过流量允许超过该阀公称流量的 20%，但不宜过大，以防止压力损失过大，引起发热、噪声和阀的性能变坏。此外，根据系统性能的要求，选取相应阀的型号。

5.1.5.6　选择辅助元件

（1）选择滤油器

液压油的过滤精度是以滤去杂质的最大颗粒为标准的，一般分为四类：粗的（$d\geqslant 0.1$mm），普通的（d 为 0.1～0.01mm），精的（d 为 0.01～0.005mm），特精的（d 为 0.005～0.001mm）。

对液压油过滤精度的要求与压力有关，如表 5-7 所示。

表 5-7　液压油过滤精度的要求

系统类别	非随动系统			随动系统
压力 p(MPa)	<14	>14	32	21
颗粒大小 d(mm)	≤0.025～0.05	<0.025	<0.01	<0.005

工作压力小于 14MPa 的液压系统中，存在 25～50μm 的杂质，不会影响齿轮泵和叶片泵的寿命，也不会淤塞控制阀（非随动阀）。

滤油器一般可分为网式滤油器、线隙式滤油器、纸芯式滤油器和金属烧结式滤油器四类。

滤油器的布置方法：

①装于油泵吸油管道上，保护泵和整个系统。这时滤油器要有很大的通油能力和很小的阻力(不超过 0.01～0.02)，因此，一般装精度不高的粗滤油器，如网式滤油器。

②装于油泵的压油管道上。这时滤油器能保护除油泵外的其他元件。因滤油器处于高压下工作，故要求滤芯有一定的强度和刚度。为了避免滤芯淤塞而击空，一般将其与安全阀并联。安全阀的开启压力略低于滤油器的最大允许压差。

③装在回油管道上。这种布置法不能直接防止杂质进入系统和各元件中，只能循环地除去系统中的部分杂质。由于回油管压力低，所以可用强度、刚度较低的滤油器，滤油器体积和重量也可小一些。

④装在重要元件，如伺服元件、微量流量阀等的入口处。

(2)选择油管和管接头

①油管类型的选择。油管的类型，根据使用场合和液压系统的最大工作压力进行选择。对两个相对移动的部件，一般可用软管连接，也可用可伸缩的套管连接，橡胶软管分高、低压两种，承受压力随油管内径与钢丝编织层数而异，最高压力可达 35MPa；对两个相对固定的部件，可采用硬管连接；对两个相对转动的部件可通过一个回转接头连接。钢管承受压力随油管内径和管子壁厚而异，具体数值可查阅产品样本，最高压力可达 32MPa。紫铜、黄铜管承受压力随油管内径和管子壁厚而异，具体数值可查阅产品样本，承受压力为 6.3～10MPa。

②油管尺寸的确定。一般可按通过油管的最大流量和管内允许的流速来选择油管的内径；也可按图 5-6 的流量、流速和管道尺寸计算图直接查出油管尺寸，然后按工作压力来确定油管的壁厚或外径。

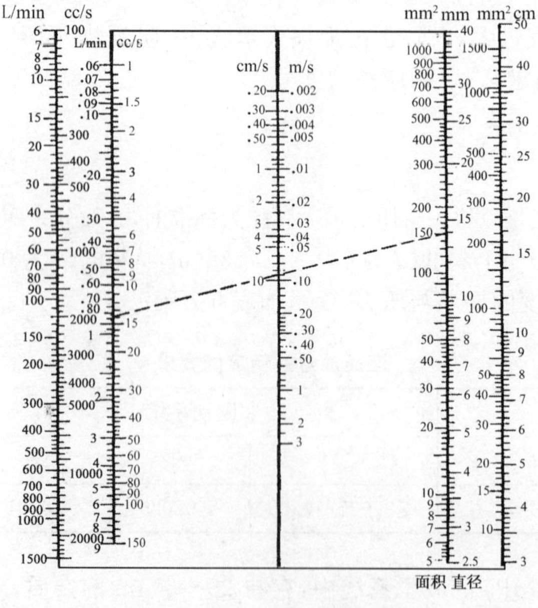

图 5-6　流量、流速和管道尺寸计算图

油管内径 d 的计算公式为：

$$d=4.6\sqrt{\frac{Q}{v}}$$

式中：d——油管内径(mm)；

Q——通过油管的最大流量(L/min)；

v——油管内的允许流速(m/s)，对吸油管道取 1～2m/s，流量大时取上限；对压油管道取 2.5～5m/s。当系统压力高、黏度小、流量较大时油管壁厚 t 应满足：

$$t\geqslant\frac{pd}{2[\sigma]}$$

式中：t——油管壁厚(mm)；

p——油管内最高压力(MPa)；

d——油管内径(mm)；

$[\sigma]$——油管材料的许用应力(MPa)，对于紫铜管，$[\sigma]=25$MPa；对于钢管，$[\sigma]=\frac{\sigma_b}{n}$（$\sigma_b$ 为抗拉强度；n 为安全系数）。当 $p<6.3$MPa 时，n 取 8；当 6.3MPa$\leqslant p<16$MPa 时，n 取 6；当 $p\geqslant16$MPa 时，n 取 4。

③管接头的选择。管接头的形式有直通、三通、变径、直角等多种，可根据油管连接的需要按标准选用。由于油管承受的压力、油管的直径和材料的不同，采用的管接头结构形式也不同。高压卡套式管接头，工作压力为 32MPa，用作钢管的连接，通径为 3～42mm；焊接式管接头，工作压力不高于 32MPa，用作钢管的连接，通径为 3～42mm；扩口薄管式管接头，工作压力不高于 8MPa，用作紫铜管或薄无缝钢管的连接，通径为 3～32mm；法兰连接管接头，工作压力为 32MPa，通径大于 32mm。橡胶软管接头，工作压力为 8～16MPa。若胶管内径为 8～13mm 的接头，最高工作压力可提高到 25MPa。整壳式软管接头，用于胶管内径 8～25mm；壳式软管接头，用于胶管内径 19～38mm。

(3)确定油箱的容量

油箱的主要作用是储油和散热，因此必须有足够的散热面积和储油量。整个液压系统的能量损失，包括压力损失、流量损失和机械损失，均转化为热能，使油温升高，使油氧化变质，影响系统正常工作，故对油温应有一定的允许范围。要保证这一点，首先要合理拟定液压系统，提高系统的效率，减少系统的发热；其次要保证油箱有一定的散热面积，也就是保证油箱有一定的容量。

油箱的有效容量可按下列经验公式概略确定：

在低压系统中：

$$V=(2\sim4)Q$$

在中压系统中：

$$V=(5\sim7)Q$$

在中高压、高压大功率系统中(如锻压、冶金机械)：

$$V=(6\sim12)Q$$

式中：V——油箱的有效容量(L)；

Q——泵的额定流量(L/min)。

对于行走式机械(如工程、建筑机械),系数可取小些,但应对油箱的有效容量进行热平衡验算。

按上述公式概略确定的油箱容积,一般情况下能保证正常工作。但在功率较大而连续工作的工况下,油箱的有效容量需按发热量验算后确定。

油箱结构设计时,应注意以下几点:

①结构上应考虑清洗、换油方便。油箱顶部要有加油孔,底面应有倾斜度,放油孔开在最低处。

②吸油管及回油管应隔开,中间加隔板,以使回油中夹杂的气泡和脏物形成沉淀,不致直接进入吸油管。隔板高度不低于油面到箱底高度的3/4,而油面高度是油箱高度的0.8。

③吸油管离箱底距离不小于$2D$(D为吸油管外径),距箱壁距离大于$3D$;回油管需插入油面以下,距箱底距离不小于$2d$(d为回油管外径),油管切口角为45°,切口面向箱壁。

5.1.6 液压系统的验算

为了判断液压系统工作性能的好坏,正确调整系统的工作压力,常需验算管路的压力损失、发热后的温升。对动态特性有要求的系统,还需验算液压冲击或换向性能。

5.1.6.1 压力损失验算和压力阀的调整压力

选定系统的元件、油管和管接头后,先安排管路的安装图,然后对管路系统总的压力损失进行验算,确定溢流阀的调整压力,并计算其他压力阀(如顺序阀、减压阀)的调整压力。

(1)管路系统的压力损失Δp

$$\Delta p=\sum\Delta p_\lambda+\sum\Delta p_\xi$$

式中:$\sum\Delta p_\lambda$——管路中沿程阻力损失之和(MPa);

$\sum\Delta p_\xi$——管路中管道弯管、接头或通过阀类通道的局部压力损失之和(MPa)。

在公称流量下通过控制元件的局部压力损失,可从产品样本的性能指标中查阅。

(2)确定溢流阀的调整压力$p_{溢}$

$$p_{溢}\geqslant p_1+\Delta p$$

式中:p_1——执行元件工作腔的压力;

Δp——管路压力损失(MPa),进油路为Δp_1,回油路为Δp_2。

由油缸有效面积的计算公式可得,当油缸无活塞杆腔作为工作腔时:

$$p_{溢}\geqslant\frac{P_0}{A_1}+\frac{p_2A_2}{A_1}+\frac{F_m}{A_1}+\Delta p$$

当油缸有活塞杆腔作为工作腔时:

$$p_{溢}\geqslant\frac{P_0}{A_2}+\frac{p_2A_1}{A_2}+\frac{F_m}{A_2}+\Delta p$$

当油缸为双活塞杆时:

$$p_{溢}\geqslant\frac{P_0}{A}+p_2+\Delta p$$

如果验算结果大于所选定油泵的额定压力(应仍有一定压力储备量),需另选油泵型号和规格,并再次验算电动机功率,或者增大油缸、油马达的结构尺寸,降低工作压力。

在验算中应注意管路压力损失对系统工作性能的影响。通常管路压力损失按快速工况计算。若管路压力损失太大,在定量泵系统中,快速工况的压力可能会超过负载工况的压力。此时,若以负载工况的压力作为溢流阀的调整值,快速工况达不到预期的效果。在变量泵或双泵系统中,快速时系统压力可能会超过转换压力,使进入油缸的流量减少,使快速工况达不到预期的效果。因此需根据压力降重新调整元件工作压力,以保证快速工况的要求。在一般系统中,若管路压力损失过大,则需要重新选择管道尺寸、元件规格,以便降低压力损失,或提高泵的工作压力,或增大油缸的结构尺寸,使工作压力降低,从而降低调整压力。

在安全阀限压控制的系统中,安全阀的调定压力应比系统的最高工作压力高,一般取$p_{安} \geqslant (1.05 \sim 1.1) p_{溢}$。

5.1.6.2　系统热量的验算

在液压传动过程中,压力损失和溢流、泄漏的能量损失,绝大部分转为热能,致使系统的油温升高。为了保证系统正常工作,油温升高的允许值应在规定范围内。一般机床和数控机床的正常工作温度为30℃～50℃,最高允许温度为55℃～70℃;冶金机械和液压机械的正常工作温度为40℃～70℃,最高允许温度为60℃～90℃。由于发热和散热的因素复杂,在此只对主要因素做概略计算。发热量主要计算油泵、油缸、油马达和通过溢流阀或其他主要阀件的能量损失所转换的热量。由于管路的发热量和散热量基本平衡,故在此仅计算油箱的散热量。

(1)系统发热量的计算

油泵、油马达单位时间内能量损失所转换的热量H_1(kW)为:

$$H_1 = 3600N(1-\eta)$$

式中:N——驱动油泵或油马达的功率(kW);

η——油泵或油马达的总效率。

若在整个工作循环中有功率变化,则根据各工作阶段的发热量可求出总的平均发热量,即:

$$\sum H_1 = \frac{1}{T}\sum_{i=1}^{n} N_i(1-\eta_i)t_i$$

式中:T——工作循环周期(s);

t_i——第i工作阶段所需时间(s);

η_i——在t_i所对应的工作阶段中油泵或油马达的总效率;

N_i——t_i所对应的工作阶段中油泵或油马达的驱动功率(kW)。

溢流阀单位时间内溢流损失所转换的热量H_2(kW)为:

$$H_2 = 1.6 \times 10^{-3} p_{溢} Q_{溢}$$

式中:$p_{溢}$——溢流阀的调整压力(MPa);

$Q_{溢}$——溢流阀的溢流流量(L/min)。

同理,油液单位时间内通过其他阀的压力损失所产生的热量H_2(kW)为:

$$H_2 = 1.6\times10^{-3}pQ$$

则单位时间内系统的总发热量 H 为：

$$H = H_1 + H_2$$

(2)系统散热量的计算

油箱单位时间的散热量 H'(kW)为：

$$H' = KA(T_1 - T_2) = KA\Delta T$$

式中：K——油箱的散热系数[kW/(m^2 · ℃)](见表 5-8)；

A——油箱的散热面积(m^2)；

T_1——允许的最高油温(℃)；

T_2——环境温度(℃)；

ΔT——系统温升(℃)。

表 5-8 油箱的散热系数 K

冷却条件	kW/(m^2 · ℃)
通风很差	$(8\sim9)\times10^{-3}$
通风良好	$(15\sim17.5)\times10^{-3}$
用风扇冷却	$(20\sim23)\times10^{-3}$
用循环水强制冷却	$(110\sim175)\times10^{-3}$

5.1.7 绘制工作图，编制技术文件

选定液压元件，经必要的验算后，按工况分析和工作性能的要求，反复修改初步拟定的液压系统图，便可绘制正式的液压系统图。图中：

(1)标题栏中应写明液压元件、辅助元件的规格、型号和调整值。

(2)在各执行元件的上方标出工作循环示意图。对复杂的系统，按各执行元件的动作程序绘制动作周期表，应以主机静止状态画出液压系统图。

(3)应绘出电气行程开关布置图，并附电磁铁、压力断电器等动作程序状态表。然后，绘制液压系统的管路布置示意图、泵源装配图(包括油箱、油泵机架)、阀安装总体结构图(包括通油板或集成块)和电气线路图。

最后，编写液压系统设计计算书和液压系统工作原理、操作、使用说明书，其中包括液压系统图。

5.2　液压系统的设计实例

5.2.1　明确设计要求

5.2.1.1　设计内容

设计一台双面钻孔卧式组合机床液压系统。

5.2.1.2　设计要求及参数

(1)设计要求

机床的工作循环要求为：

①左右动力部件同时快进——左右动力部件同时工进——左右动力部件同时快退——左右动力部件原位停止，系统卸载。

②左动力部件快进——Ⅰ工进——Ⅱ工进——右动力部件快进——Ⅰ工进——Ⅱ工进——左右动力部件快退，原位停止，系统卸载。

(2) 各循环工步的选择要求

各循环工步的运动长度选择要求为：快进 205mm，Ⅰ工进 35mm，Ⅱ工进 10mm，快退 250mm。

(3) 钻床的工作参数及要求(见表 5-9)

钻床要用变量泵供油，调速阀调速，且采用非差动连接。

表 5-9　钻床要求的工作参数

动力部件快进、快退摩擦阻力(N)	动力部件切削负载(N)(Ⅰ/Ⅱ)	快进速度 v_1 (m/min)	(Ⅰ/Ⅱ)工进速度 v_2/v_3 (m/min)	快退速度 v_4 (m/min)
900	8000/2500	5.8	0.1～0.5/0.05～0.1	10.4

其中：切削负载含摩擦阻力。

5.2.2　工况分析

负载分析中，暂不考虑回油腔的背压力，液压腔的密封装置产生的摩擦阻力在机械效率中加以考虑。因工作部件是卧式放置，忽略惯性力，主要考虑摩擦阻力和切削负载即可。如果忽略切削力引起的颠覆力矩对导轨摩擦力的影响，并取液压缸的机械效率 η_m 为 0.90，则可以算出液压缸在各工作阶段的总机械负载值，如表 5-10 所示。

表 5-10　液压缸在各工作阶段的负载值

工况	液压缸负载 F(N)	液压缸驱动力 $F_0=F/\eta_m$(N)
快进	900	1000
Ⅰ工进	8000	8889
Ⅱ工进	2500	2778
快退	900	1000

5.2.2.1　作工作循环图

按照要求，作出系统的工作循环图，如图 5-7 所示。

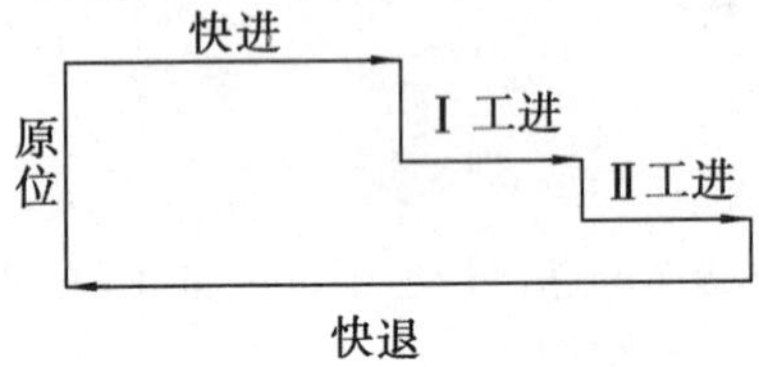

图 5-7　工作循环图

5.2.2.2　作总机械负载图

系统的总机械负载图如图 5-8 所示。

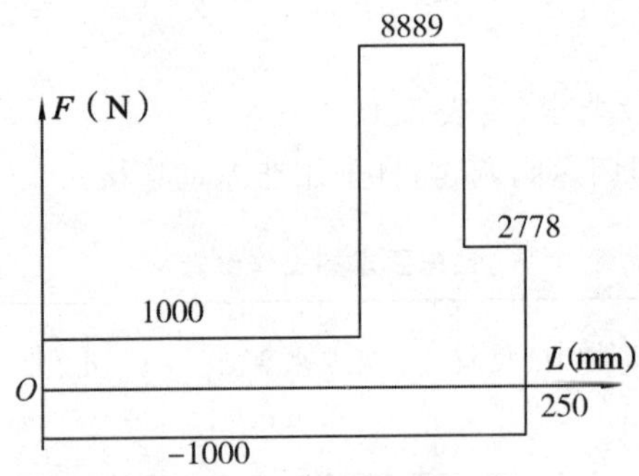

图 5-8　总机械负载图

5.2.2.3　作负载速度图

各工作循环中各工步的速度图如图 5-9 所示。

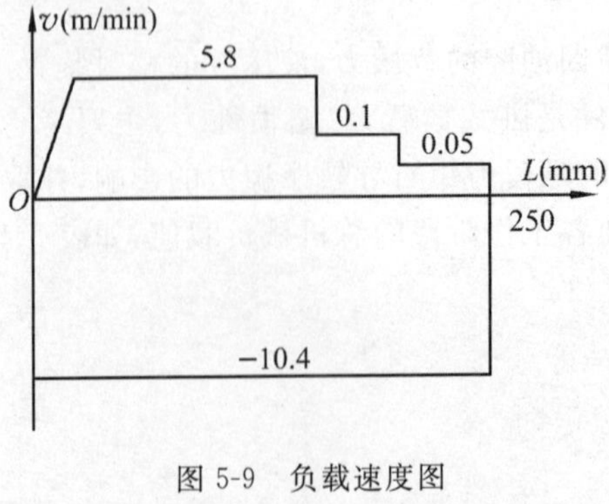

图 5-9　负载速度图

5.2.3　制定基本方案，拟定液压系统原理图

5.2.3.1　确定液压泵类型及调速方式

由速度图以及负载图可知，这台钻床液压系统的功率小，滑台运动速度低，工作负载变化小，可采用进口节流的调速方式。为防止钻孔钻通时滑台突然失去负载向前冲，回油路上设置背压阀，初定背压值为 $p_b=0.5\text{MPa}$。

由于液压系统选用了节流调速的方式，系统中油液的循环必然是开式的。

由流量图可知，最大流量与最小流量的比值约为 116，而快进、快退所需的时间比工进所需时间少得多，因此从提高系统效率、节省能量的角度来看，采用单个定量泵作为油源显然是不合适的，宜采用双泵供油系统，或者采用限压式变量泵加调速阀组成容积节流调速系统。

综上，选用双作用变量叶片泵供油、调速阀进油节流调速的开式回路，溢流阀做定压阀和安全阀，并在回油路上设置背压阀。

5.2.3.2　选用执行元件

因系统动作要求正向快进和工进，反向快退，且快进、快退速度较高，因此选用单活塞杆液压缸，非差动连接。无杆腔面积 A_1 与有杆腔面积 A_2 的比值可根据Ⅰ工进时的压力与阻力的关系计算，先初算 A_1，再结合背压计算 A_2。

5.2.3.3　快速运动回路和速度切换回路的选择

根据设计要求的运动方式，采用非差动连接与双作用变量叶片泵供油、调速阀调速来实现快速运动。

本设计采用两位两通电磁阀的速度换接回路，控制由快进转为工进。与采用行程阀相比，电磁阀可直接安装在液压站上，由工作台的行程开关控制，管路较简单，行程也容易调整。

5.2.3.4　换向回路的选择

本系统对换向的平稳性没有严格要求，所以选用电磁换向阀的换向回路。为方便实现非差动连接，选用三位四通电磁换向阀。

5.2.3.5　组成液压系统

将上述所选定的液压回路进行组合，并根据要求和需要作必要的修改补充，即组成如图 5-10 所示的液压系统图。为便于观察压力，在液压泵的出口处、液压缸无杆腔进油口处和有杆腔的出油口处设置测压点。若设置多点压力表开关，则只需要一个压力表即能观测多点压力。

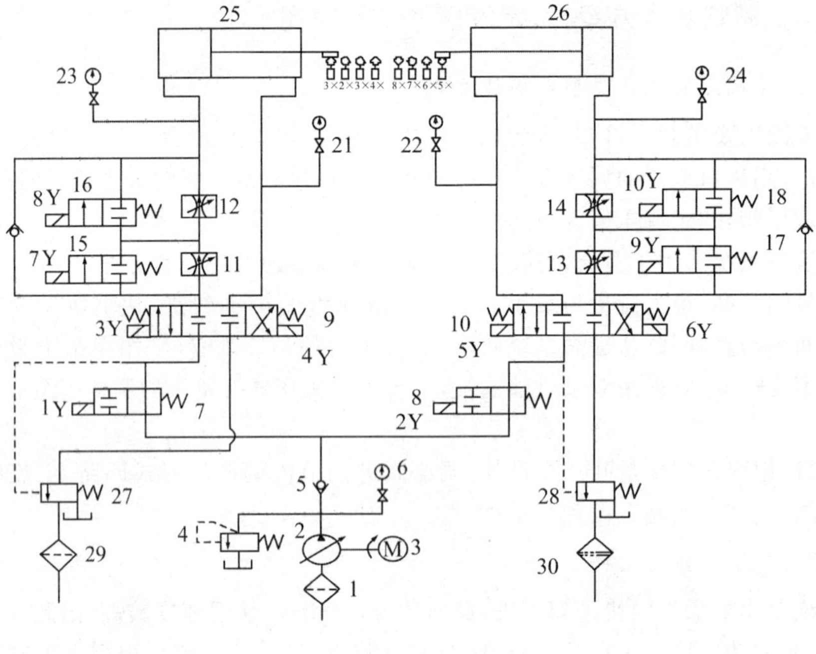

图 5-10　液压系统原理

5.2.4　液压元件的计算与选择

5.2.4.1　液压缸尺寸的确定

从表 5-10 中可以读出，钻床液压系统在Ⅰ工进时的最大负载约为 9000N，则选择液压缸的工作压力为 1.5MPa。液压缸选用单杆式，并在快进时选用非差动连接。不考虑液压缸的背压，由Ⅰ工进时的负载可初步计算 A_1。$A_1=\dfrac{F}{p}=\dfrac{8889}{1.5\times10^6}\text{cm}^2=59.26\text{cm}^2$。

在钻孔加工时，液压缸回油路上必须具有背压 p_2，以防止孔被钻通时滑台突然向前冲，可取 $p_2=p_b=0.8\text{MPa}$，快进时由于油管中有压降 Δp 存在，有杆腔的压力必须大于无杆腔，估算时可取 $\Delta p=0.5\text{MPa}$。快退时回油腔是有背压的，此时 p_2 可按 0.5MPa 估算。

由表 5-10 可知，Ⅰ工进时的液压缸驱动力是最大的，可据此计算液压缸有杆腔的面积 A_2。选择 $p_1=1.9\text{MPa}$，已知 $A_1=59.26\text{cm}^2$，$p_2=0.8\text{MPa}$，由公式 $F/\eta_m=A_1p_1-A_2p_2$ 得，$A_2=29.63\text{cm}^2$，$D=\sqrt{\dfrac{4A_1}{\pi}}=8.69\text{cm}$，$d=\sqrt{\dfrac{4(A_1-A_2)}{\pi}}=6.14\text{cm}$。根据 GB 2822、1981，将这些直径圆整成标准值，得：$D=9\text{cm}$，$d=6.30\text{cm}$。由此求得液压缸两腔的实际有效面积为：$A_1=\pi D^2/4=63.6\text{m}^2$，$A_2=\pi(D^2-d^2)/4=32.4\text{cm}^2$。

5.2.4.2　液压缸各工作阶段的压力、流量和功率

根据计算得到的 D 与 d 值，可估算液压缸在各工作阶段中的压力、流量和功率，如表 5-11 所示（其中Ⅰ工进和Ⅱ工进的速度分别取 $v_1=0.1\text{m/min}$，$v_2=0.05\text{m/min}$）。

表 5-11　**液压缸在各工作阶段的压力、流量和功率**

工况	计算公式	负载 F(N)	回油腔压力 p_2(MPa)	进油腔压力 p_1(MPa)	输入流量 $Q(10^{-4}m^3/s)$	功率 N(W)
快进	$p_2=\Delta p$ $p_1=(F+A_2p_2)/A_1$ $Q=A_1v_1, N=p_1Q$	1000	0.5	0.41	6.15	253.4
Ⅰ工进	$p_2=p_b$ $p_1=(F+A_2p_2)/A_1$ $Q=A_1v_2, N=p_1Q$	8889	0.8	1.81	0.11(0.55)	19.18(95.9)
Ⅱ工进	$p_2=p_b$ $p_1=(F+A_2p_2)/A_1$ $Q=A_1v_3, N=p_1Q$	2778	0.8	0.85	0.053(0.11)	4.48(8.96)
快退	$p_2=\Delta p$ $p_1=(F+A_1p_2)/A_2$ $Q=A_2v_4, N=p_1Q$	1000	0.5	1.29	5.62	725.1

按照最低工进速度验算液压缸尺寸：

$$A_1=63.6\text{cm}^2\geqslant\frac{Q_{\min}}{v_{\min}}=\frac{0.053\times10^{-4}}{0.05/60}\text{m}^2=63.6\text{cm}^2$$

则液压缸尺寸满足要求。

液压缸的进油腔压力、输入流量和功率可分别用图 10-11、图 10-12 和图 10-13 表示(其中各工作阶段的运动时间为：$t_1=2.12$s，$t_2=12$s，$t_4=1.44$s)。

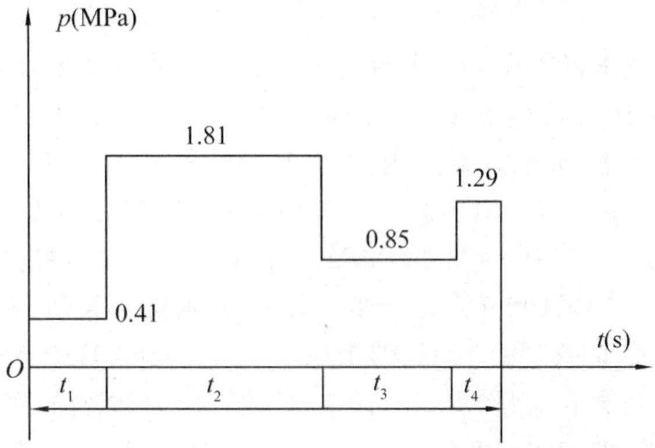

图 5-11　进油腔压力图

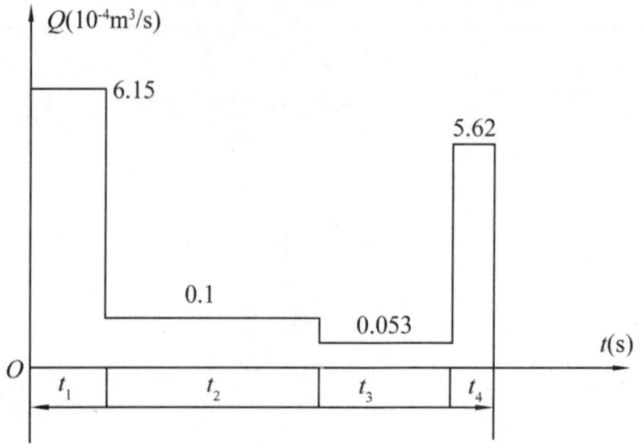

图 5-12 输入流量图

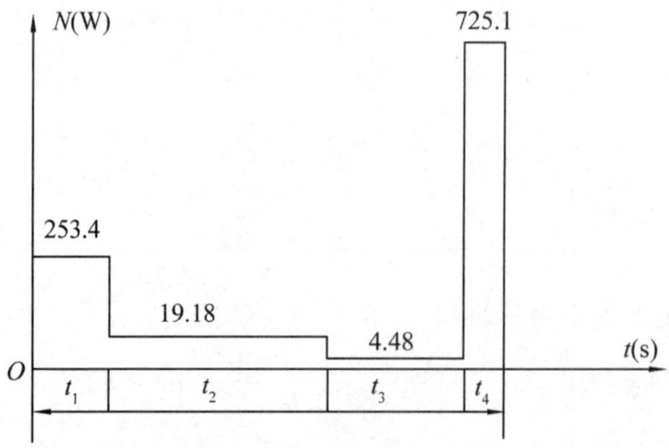

图 5-13 功率图

5.2.4.3 *液压泵及电动机的选择*

(1) 液压泵的选择

由图 5-11 可知，液压系统在Ⅰ工进阶段液压缸的工作压力最大，整个工作循环中最大工作压力为 1.81MPa，系统采用溢流阀进油节流调速，选取进油管压力损失为 0.5MPa，压力继电器可靠动作需要压力差为 0.5MPa，则液压泵最高工作压力可按式 $p_{泵} \geqslant p_1 + \sum \Delta p$ 算出。$p_{泵} \geqslant (1.81+0.5+0.5)$ MPa=2.81MPa，因此泵的额定工作压力可取 $p_r \geqslant (1+30\%) \times 2.81$MPa=3.653MPa。由图 5-12 可知，快进时液压缸所需最大流量 $Q_{max} = 6.15 \times 10^{-4} \times 60 \times 1000$L/min=36.9L/min，则液压泵所需的最大流量为 $Q_{泵} \geqslant K \times \sum Q_{max} = 1.1 \times 2 \times (1+15\%) \times 36.9$L/min=93.4L/min，其中 K 取1.1。

根据上面计算的压力和流量，查产品样本，选用 YBP-100 型的变量叶片油泵，该泵额定压力为 6.3MPa，额定转速为 1000r/min，额定流量为 100L/min，额定功率为 13kW。

(2) 电动机的选择

取泵的机械效率为 $\eta_1 = 0.9$，电机的机械效率为 $\eta_2 = 0.75$，则：

快进时：电机所需功率为 $N_1 = \dfrac{p_{泵_1} Q_1}{\eta_1 \eta_2} = \dfrac{(p_1 + \Delta p_1 + \Delta p_2) Q_1}{\eta_1 \eta_2}$，其中 $\Delta p_1 = 0.5$MPa 是

进油路压力损失，$\Delta p_2=0.5\text{MPa}$ 是压力继电器可靠动作需要的压力差，$Q_1=100\times10^{-3}/60\text{m}^3/\text{s}$，得，$N_1=3488\text{W}$。

Ⅰ工进时：电机所需功率为 $N_2=\dfrac{p_{泵_2}Q_2}{\eta_1\eta_2}=\dfrac{(p_2+\Delta p_1+\Delta p_2)Q_2}{\eta_1\eta_2}$，其中 $\Delta p_1=0.5\text{MPa}$ 是调速阀所需最小压力，$\Delta p_2=0.5\text{MPa}$ 是压力继电器可靠动作需要的压力差，$Q_2=1.1\times2\times(1+0.15)\times0.1\times10^{-4}\text{m}^3/\text{s}=0.253\times10^{-4}\text{m}^3/\text{s}$，得，$N_2=105.3\text{W}$。

Ⅱ工进时：电机所需功率为 $N_3=\dfrac{p_{泵_3}Q_3}{\eta_1\eta_2}=\dfrac{(p_3+2\Delta p_1+\Delta p_2)Q_3}{\eta_1\eta_2}$，其中 $\Delta p_1=0.5\text{MPa}$ 是调速阀所需最小压力，$\Delta p_2=0.5\text{MPa}$ 是压力继电器可靠动作需要的压力差，$Q_3=1.1\times2\times(1+0.15)\times0.053\times10^{-4}\text{m}^3/\text{s}=0.134\times10^{-4}\text{m}^3/\text{s}$，得，$N_3=46.7\text{W}$。

快退时：电机所需功率为 $N_4=\dfrac{p_{泵_4}Q_4}{\eta_1\eta_2}=\dfrac{(p_4+2\Delta p_1+\Delta p_2)Q_4}{\eta_1\eta_2}$，其中 $\Delta p_1=0.5\text{MPa}$ 是回油路压力损失，$\Delta p_2=0.5\text{MPa}$ 是压力继电器可靠动作需要的压力差，$Q_4=100\times10^{-3}/60\text{m}^3/\text{s}=1.67\times10^{-3}\text{m}^3/\text{s}$，得，$N_4=5666\text{W}$。

由以上计算可知，最大功率出现在快退阶段，$N_{max}=5666\text{W}$，则电动机的功率应为 $N_{泵}\geqslant5666\text{W}$。据此查样本选用 Y160M-6 三相异步电动机，电动机额定功率为 7.5kW，额定转速为 970r/min。

5.2.4.4 液压阀、过滤器、油管及油箱的选择

(1) 液压阀及过滤器的选择

根据液压系统的最高工作压力和通过各个阀类元件和辅助元件的最大流量，可选出这些元件的型号及规格，如表 5-12 所示。

表 5-12 液压元件明细表

编号	元件名称	估计通过流量(L/min)	元件型号	规格
1	XU 线隙式滤油器	200	—	2.5MPa
2	变量叶片油泵	90	YBP-100	6.3MPa
3	三相异步电动机	—	Y160M-6	7.5kW
4	溢流阀	20	YF-L20B	5～70MPa
5	单向阀	80	I-100	—
6	弹簧管压力表	—	Y-100	10MPa
7	两位两通换向阀	—	22D-63B	6.3MPa
8	两位两通换向阀	—	22D-63B	6.3MPa
9	三位四通换向阀	—	34D-63B	6.3MPa
10	三位四通换向阀	—	34D-63B	6.3MPa

续表

11	调速阀	0.6	Q-10B	—
12	调速阀	0.6	Q-10B	—
13	调速阀	0.6	Q-10B	—
14	调速阀	0.6	Q-10B	—
15	两位两通换向阀	—	22D-63B	6.3MPa
16	两位两通换向阀	—	22D-63B	6.3MPa
17	两位两通换向阀	—	22D-63B	6.3MPa
18	两位两通换向阀	—	22D-63B	6.3MPa
19	单向阀	33.7	I-40	—
20	单向阀	33.7	I-40	—
21	弹簧管压力表	—	Y-100	10MPa
22	弹簧管压力表	—	Y-100	10MPa
23	弹簧管压力表	—	Y-100	10MPa
24	弹簧管压力表	—	Y-100	10MPa
25	液压缸	36.9	—	—
26	液压缸	36.9	—	—
27	背压阀	—	B-63B	6.3MPa
28	背压阀	—	B-63B	6.3MPa
29	片式滤油器	70	—	5MPa
30	片式滤油器	70	—	5MPa

(2)油管的选择

根据选定的液压阀的连接油口尺寸确定管道尺寸。由于系统在液压缸快进、快退时，流量最大，实际最大流量 Q_{max} 约为 36.9L/min，则泵的流量为额定流量 100L/min，连接液压缸的进出油路油管的直径选择公称通径 20mm。所以，按产品样本标准 JB827-66、JB/Z95-67，选用公称通径为 20mm 的管件。

(3)油箱容积的选择

中压系统的油箱容积一般取液压泵额定流量的 5～7 倍，这里取 6 倍，即 $V=6Q_r$，其中 Q_r 为液压泵每分钟排出压力油的体积，则 $V=600$L。

5.2.4.5　系统压力损失、发热及温升的验算

(1) 系统压力损失的验算

由于系统的具体管路布置尚不清楚，则整个回路的压力损失无法估算，仅阀类元件对压力损失所造成的影响可以看得出来，供调定压力值时参考。由于快进时的油液流量比快退时的流量大，所以其压力损失也比快退时的大，因此必须计算快进时进油路与回油路

的压力损失。假定液压系统选用N32号液压油，考虑最低工作温度为15℃，由手册查出此时油的运动黏度$\nu=1.5st=1.5mm^2/s$，油的密度$\rho=900kg/m^3$，液压元件采用集成块式的配置形式，Q取36.9L/min，即$Q=0.000615m^3/s$。

①判定雷诺数。取$d=20mm$，即$d=0.020m$，代入公式$Re=\dfrac{vd}{\nu}$，得$Re=261<2300$，则进油回路中的流动为层流。

②计算沿程压力损失$\sum\Delta p_\lambda$。选取进油管长度为$l=1.5mm$，则进油路上的流体速度为：$v=\dfrac{Q}{\pi d^2/4}=1.96m/s$，压力损失为：$\sum\Delta p_\lambda=\dfrac{64}{Re}\dfrac{l}{d}\dfrac{\rho v^2}{2}=31792.6Pa=0.03MPa$。

③计算局部压力损失。由于采用集成块式配置的液压装置，所以只考虑进油路上的阀类元件和集成块内油路的压力损失，结果如表5-13所示。

表5-13　各阀的局部压力损失

编号	元件名称	额定流量 Q_s(L/min)	实际流量 Q(L/min)	额定压力损失 Δp_s(MPa)	实际压力损失 Δp_ξ(MPa)
5	单向阀	100	80	0.2	0.128
7	两位两通换向阀	63	40	0.4	0.161
9	三位四通换向阀	63	40	0.4	0.161
15	两位两通换向阀	63	36.9	0.4	0.137
16	两位两通换向阀	63	36.9	0.4	0.137

若取集成块进油路的压力损失$\Delta p_j=0.03MPa$，则进油路的总压力损失为：$\sum\Delta p=\sum\Delta p_\lambda+\sum\Delta p_\xi+\Delta p_j=(0.03+0.128+0.161\times2+0.137\times2+0.03)MPa=0.78MPa$，即$\sum\Delta p<(0.5+0.5)MPa=1.0MPa$。也就是说，初选的进油管压力损失略大于实际油路压力损失。这说明液压系统的油路结构以及元件的参数选择是基本合理的，满足要求。

(2)系统发热量及温升的验算

在整个工作循环中，Ⅰ工进和Ⅱ工进阶段用的时间都较长，而快进、快退时系统的功率较大，所以系统的发热量大小无法判断，故分别计算如下：

快进时：液压泵的输入功率$N_1=3488W$，则液压缸的输出功率$N'_1=F_1v_1=1000\times5.8/60W=97W$，系统的总发热功率：$H_1=N_1-2\times N'_1=3294W$，发热量$Q_{1热}=H_1t_1=3294\times2.12J=6983J$。

Ⅰ工进时：液压泵的输入功率$N_2=105.3W$，而Ⅰ工进时液压缸的输出功率$N'_2=F_2v_2=8889\times0.1/60W=14.8W$，系统的总发热功率：$H_2=N_2-2\times N'_2=75.7W$，发热量$Q_{2热}=H_2t_2=75.7\times21J=1590J$。

Ⅱ工进时：液压泵的输入功率$N_3=46.7W$，则液压缸的输出功率$N'_3=F_3v_3=2778\times0.05/60W=2.3W$，系统的总发热功率$H_3=N_3-2\times N'_3=42.1W$，发热量$Q_{3热}=H_3t_3=42.1\times12J=505J$。

快退时：液压泵的输入功率$N_4=5666W$，则液压缸的输出功率$N'_4=F_4v_4=1000$

$\times 10.4/60\text{W}=173\text{W}$，系统的总发热功率 $H_4=N_4-2\times N'_4=5320\text{W}$，发热量 $Q_{4热}=H_4 t_4=5320\times 1.44\text{J}=7661\text{J}$。

综合以上可知，发热量最大的阶段是快退阶段，$Q_{max}=7661\text{J}$。

假设油箱三个边长的比例为 1∶1∶1～1∶2∶3，且油面高度为油箱高度的 80%时，则其散热面积 A 近似为 $0.065\sqrt[3]{V^2}$，得 $A=4.624\text{m}^2$。假定通风良好，取油箱散热系数 $K=15\times 10^{-3}\text{kW/(m}^2\cdot℃)$，则利用式 $\Delta T=\dfrac{H}{KA}$，可得油液温升为：$\Delta T=76.7℃$。设环境温度为 $T_2=20℃$，则热平衡温度为：$T_1=T_2+\Delta T=96.7℃>[T_1]=55℃\sim 70℃$，所以油箱必须加装专用冷却器散热。

加装专用冷却器后再验算，取 $K=110\times 10^{-3}\text{kW/(m}^2\cdot℃)$，则利用式 $\Delta T=\dfrac{H}{KA}$，可得油液温升为：$\Delta T=10.5℃$。设环境温度为 $T_2=20℃$，则热平衡温度为：$T_1=T_2+\Delta T=30.5℃<[T_1]=55℃\sim 70℃$，所以加装冷却器后油箱工作温度没有超过最高允许油温，散热可以满足要求。

5.2.4.6　绘制工作图，编制技术文件

最终绘制的双面钻孔卧式组合机床液压系统图如图 5-14 所示。

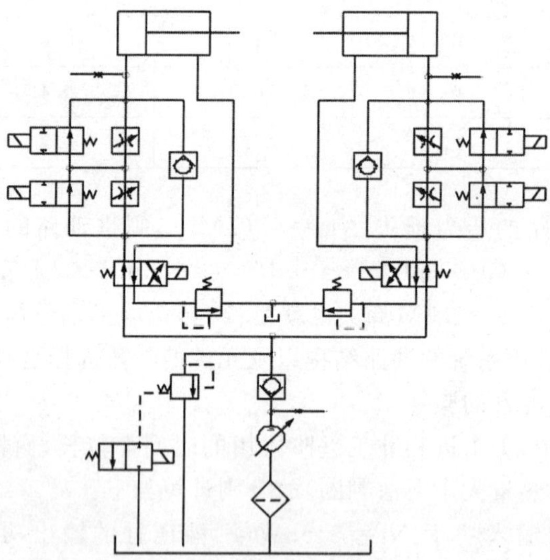

图 5-14　双面钻孔卧式组合机床的液压系统图

附表 5-1 常用液压图形符号(摘自 GB/T786.1-1993)

(1)液压泵、液压马达和液压缸

名称		符号	说明	名称		符号	说明
液压泵	液压泵		一般符号	双作用缸	不可调单向缓冲缸	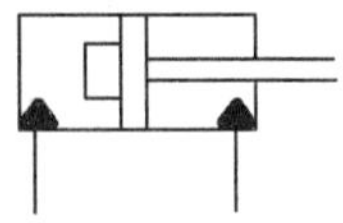	详细符号
	单向定量液压泵	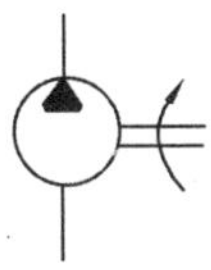	单向旋转,单向流动,定排量			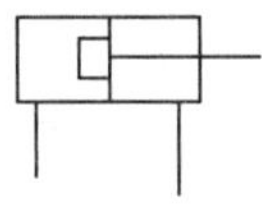	简化符号
	双向定量液压泵	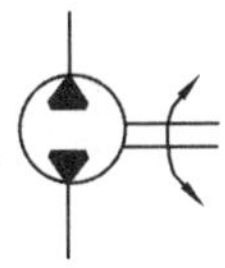	双向旋转,双向流动,定排量		可调单向缓冲缸	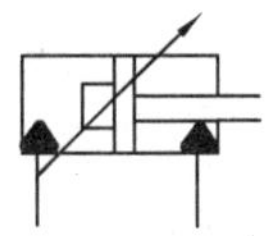	详细符号
	单向定量液压泵	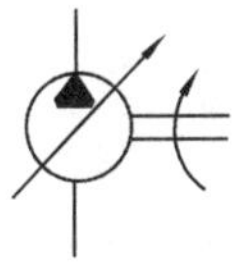	单向旋转,单向流动,变排量			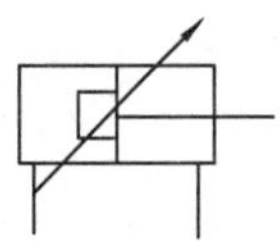	简化符号
	双向定量液压泵	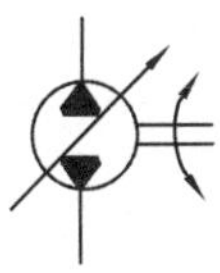	双向旋转,双向流动,变排量		不可调双向缓冲缸	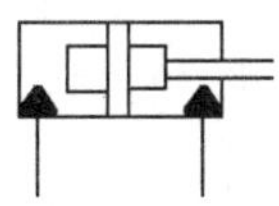	详细符号
液压马达	液压马达		一般符号			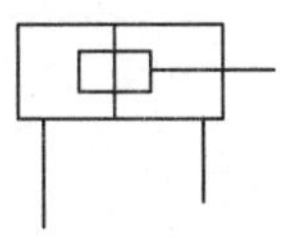	简化符号
	单向定量液压马达		单向旋转,单向流动		可调双向缓冲缸	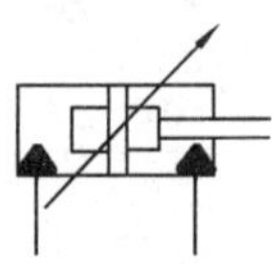	详细符号
	双向定量液压马达		双向旋转,双向流动,定排量			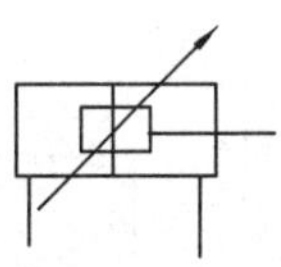	简化符号
	单向变量液压马达	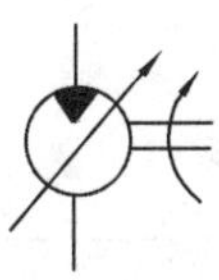	单向旋转,单向流动,变排量		伸缩缸	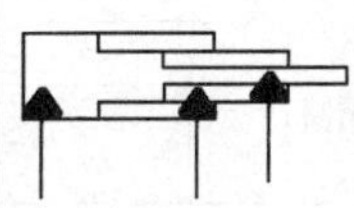	

续表

	双向变量液压马达	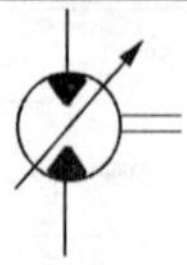	双向流动，双向旋转，变排量	压力转换器	气—液转换器	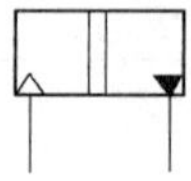	单程作用
	摆动马达	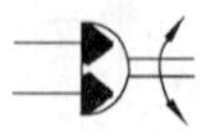	双向摆动，定角度			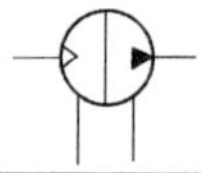	连续作用
泵—马达	定量液压泵—马达		单向流动，单向旋转，定排量		增压器	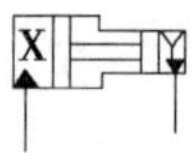	单程作用
	变量液压泵—马达	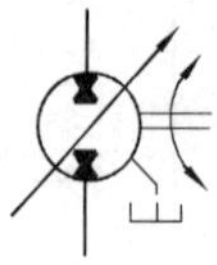	双向流动，双向旋转，变排量，外部泄油			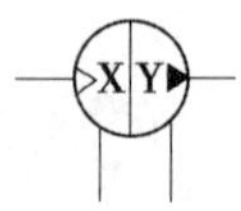	连续作用
	液压整体式传动装置	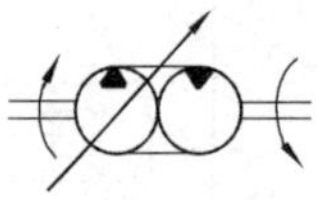	单向旋转，变排量泵，定排量马达	蓄能器	蓄能器		一般符号
单作用缸	单活塞杆缸	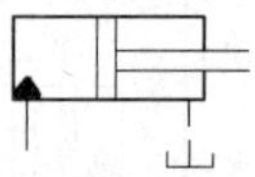	详细符号		气体隔离式	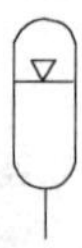	
		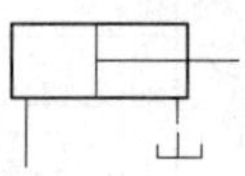	简化符号		重锤式		
	单活塞杆缸(带弹簧复位)	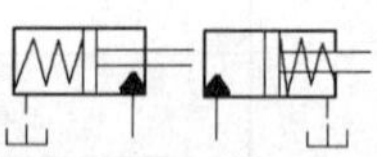	详细符号		弹簧式		
		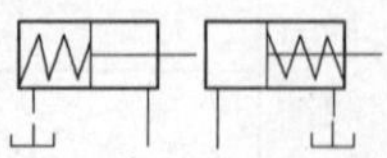	简化符号	辅助气瓶			
	柱塞缸	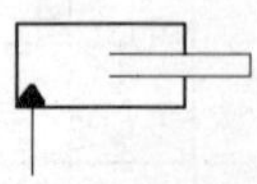		气罐		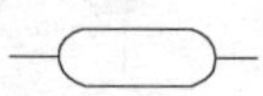	
	伸缩缸	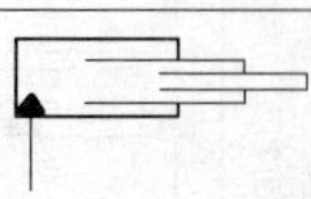		能量源	液压源		一般符号

续表

双作用缸	单活塞杆缸	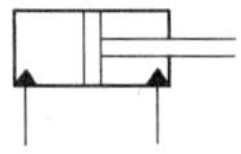	详细符号		气压源		一般符号
		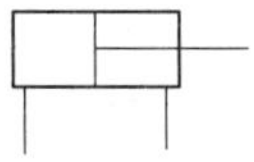	简化符号		电动机	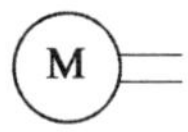	
	双活塞杆缸	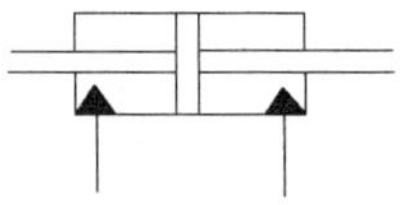	详细符号		原动机	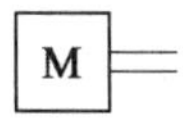	电动机除外
		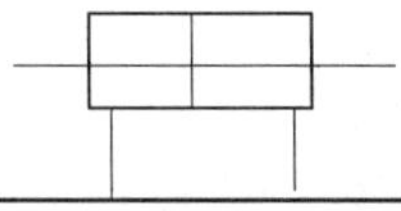	简化符号				

（2）机械控制装置和控制方法

名称		符号	说明	名称		符号	说明
机械控制件	直线运动的杆		箭头可省略	先导压力控制方法	液压先导加压控制	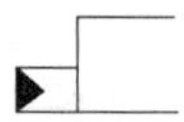	内部压力控制
	旋转运动的轴		箭头可省略		液压先导加压控制	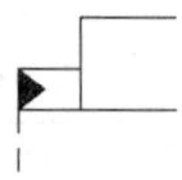	外部压力控制
	定位装置	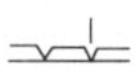			液压二级先导加压控制	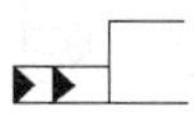	内部压力控制，内部泄油
	锁定装置	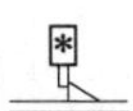	*为开锁的控制方法		气—液先导加压控制	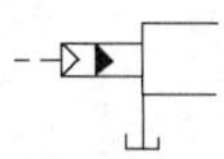	气压外部控制，液压内部控制，外部泄油
	弹跳机构	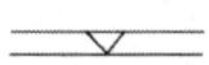			电—液先导加压控制	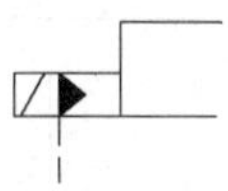	液压外部控制，内部泄油
机械控制方法	顶杆式				液压先导卸压控制	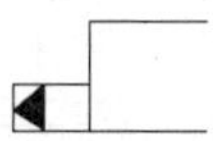	内部压力控制，内部泄油
	可变行程控制式					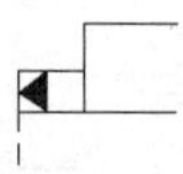	外部压力控制(带摇控泄放口)
	弹簧控制式				电—液先导控制	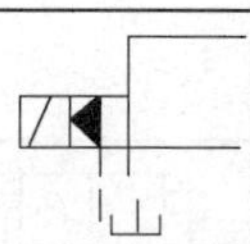	电磁铁控制，外部压力控制，外部泄油

续表

	滚轮式	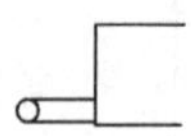	两个方向操作		先导型压力控制阀	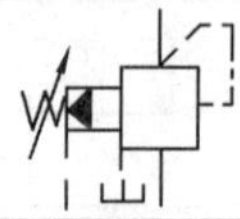	带压力调节弹簧，外部泄油，带遥控泄放口
	单向滚轮式		仅在一个方向上操作，箭头可省略		先导型比例电磁式压力控制阀	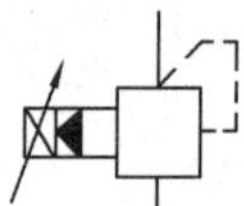	先导级由比例电磁铁控制，内部泄油
人力控制方法	人力控制	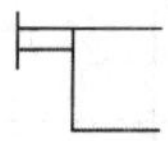	一般符号	电气控制方法	单作用电磁铁	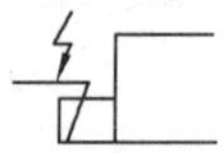	电气引线可省略，斜线也可向右下方
	按钮式	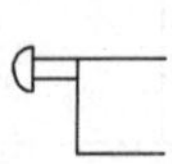			双作用电磁铁	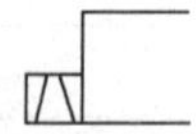	
	拉钮式	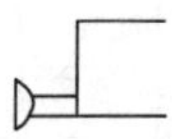			单作用可调电磁铁操作(比例电磁铁，力矩马达等)	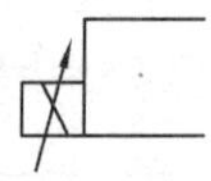	
	按—拉式	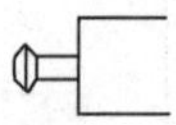			双作用可调电磁铁操作(力矩马达等)	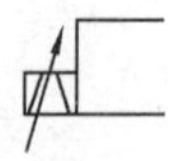	
	手柄式	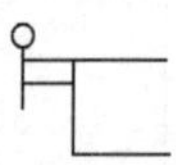			旋转运动电气控制装置	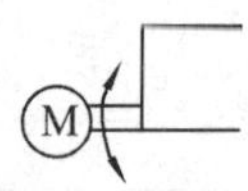	
	单向踏板式	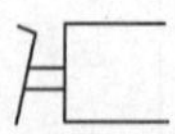		反馈控制方法	反馈控制	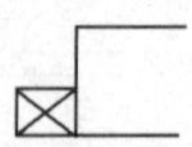	一般符号
	双向踏板式	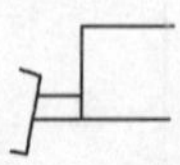			电反馈	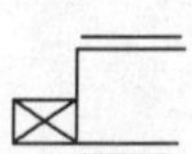	由电位器、差动变压器等检测位置
直接压力控制方法	加压或卸压控制	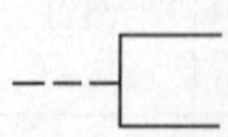			内部机械反馈	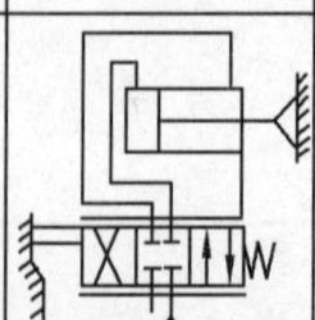	如随动阀仿形控制回路等
	差动控制	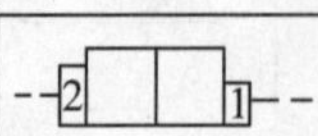					

续表

	内部压力控制	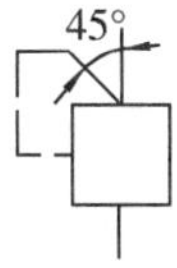	控制通路在元件内部				
	外部压力控制	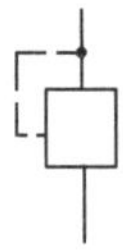	控制通路在元件外部				

（3）压力控制阀

名称		符号	说明	名称		符号	说明
溢流阀	溢流阀	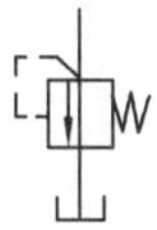	一般符号或直动型溢流阀	减压阀	先导型比例电磁式溢流减压阀	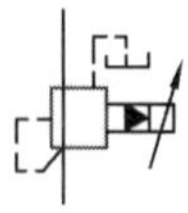	
	先导型溢流阀	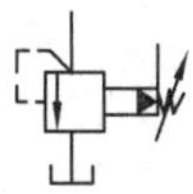			定比减压阀	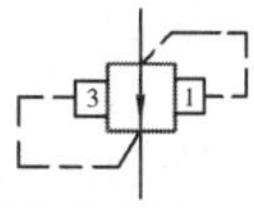	减压比1/3
	先导型电磁溢流阀	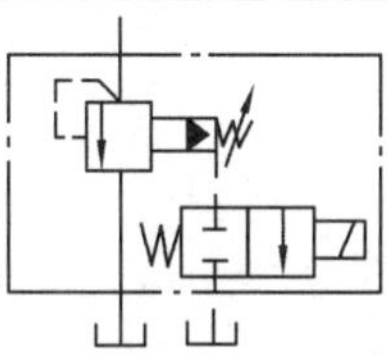	常闭		定差减压阀	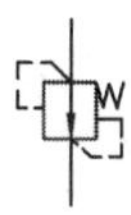	
	直动式比例溢流阀	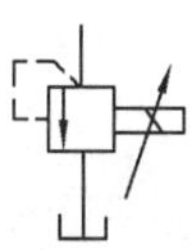		顺序阀	顺序阀	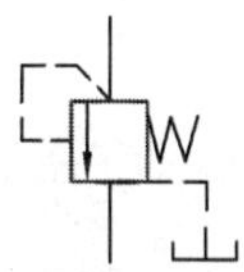	一般符号或直动型顺序阀
	先导比例溢流阀	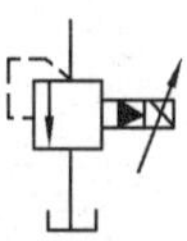			先导型顺序阀	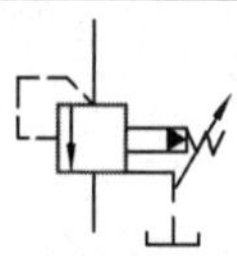	
	卸荷溢流阀	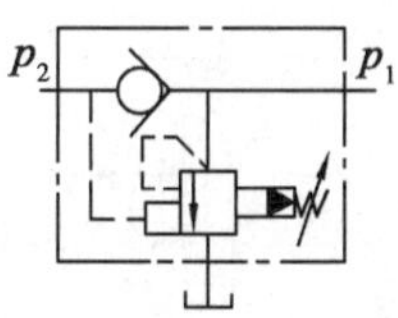	$p_2>p_1$时卸荷		单向顺序阀(平衡阀)	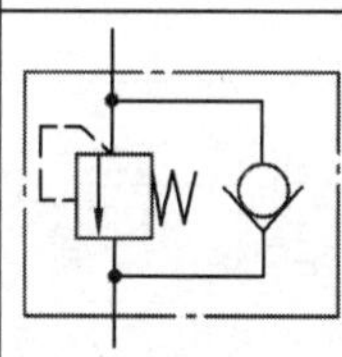	
	双向溢流阀	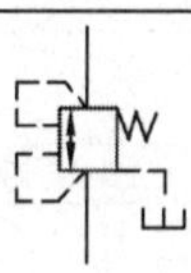	直动式，外部泄油	卸荷阀	卸荷阀	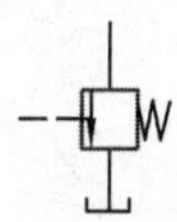	一般符号或直动型卸荷阀

续表

减压阀	减压阀	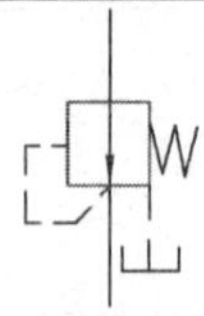	一般符号或直动型减压阀		先导型电磁卸荷阀	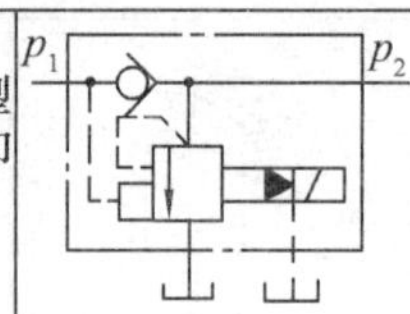	$p_1 > p_2$
	先导型减压阀	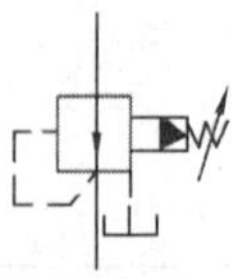		制动阀	双溢流制动阀	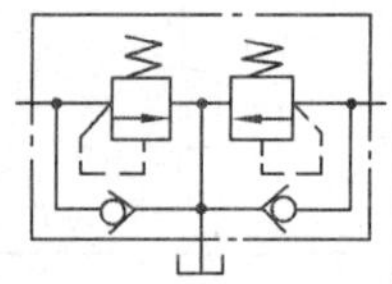	
	溢流减压阀	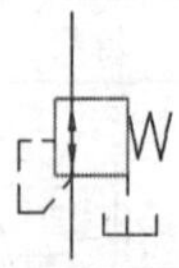			溢流制动阀	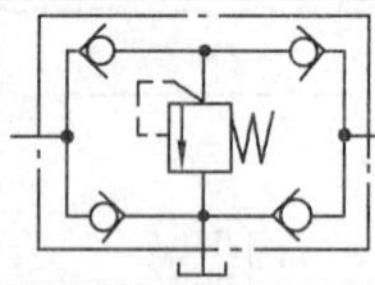	

（4）方向控制阀

名称		符号	说明	名称		符号	说明
单向阀	单向阀	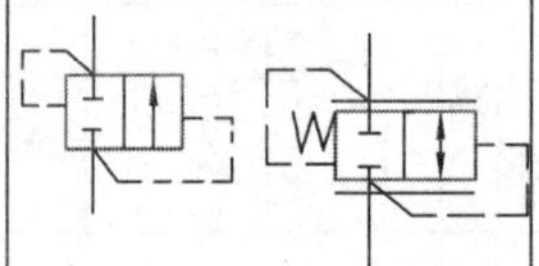	详细符号	换向阀	二位五通液动阀	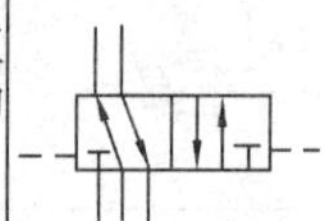	
		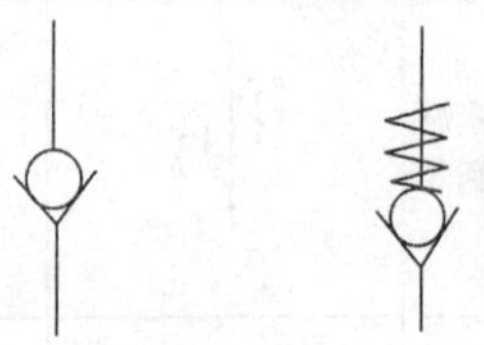	简化符号(弹簧可省略)		二位四通机动阀	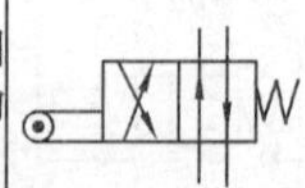	
液压单向阀	液压单向阀	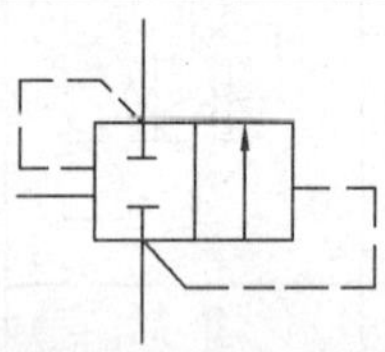	详细符号(控制压力关闭阀)		三位四通电磁阀	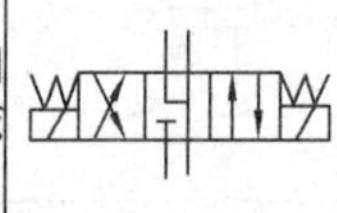	
			简化符号		三位四通电液阀	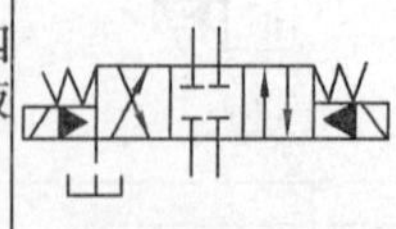	简化符号(内控外泄)
		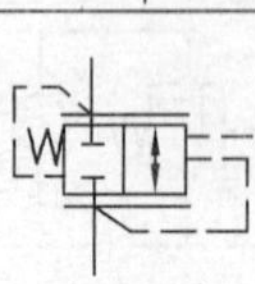	详细符号(控制压力打开阀)		三位六通手动阀	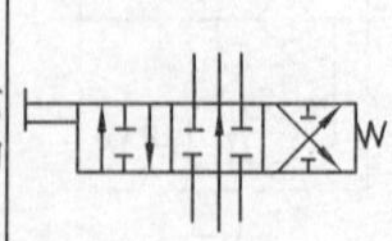	
		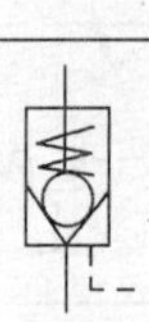	简化符号(弹簧可省略)		三位五通电磁阀		

续表

液压单向阀	双液控单向阀	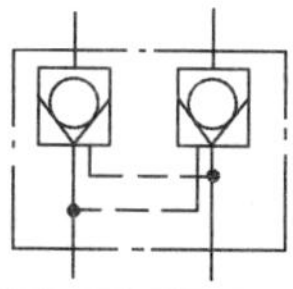			三位四通电液阀	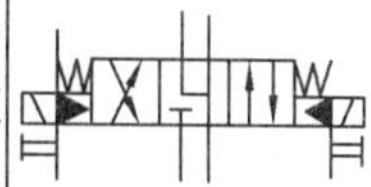	外控内泄(带手动应急控制装置)
梭阀	或门型	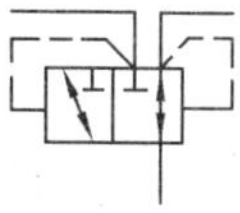	详细符号		三位四通比例阀	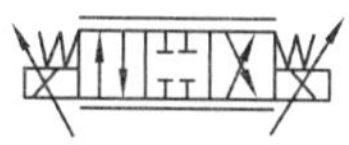	节流型，中位正遮盖
		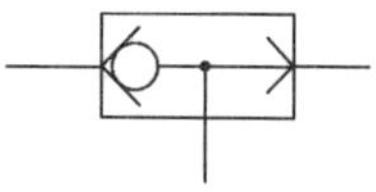	简化符号		三位四通比例阀	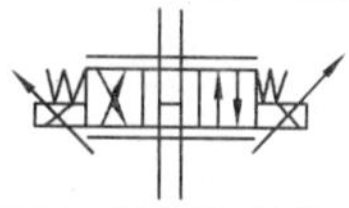	中位负遮盖
换向阀	二位二通电磁阀	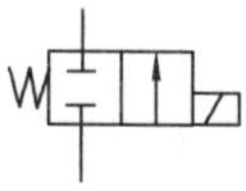	常断		二位四通比例阀	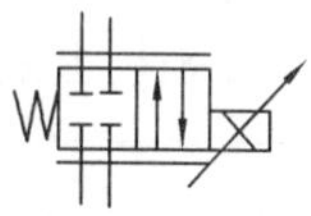	
		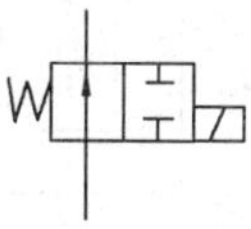	常通		四通伺服阀	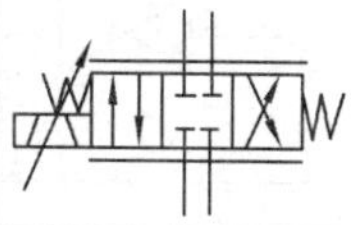	
	二位三通电磁阀	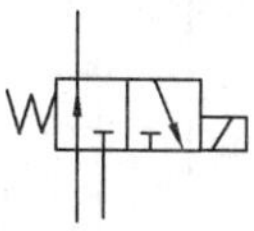			四通电液伺服阀	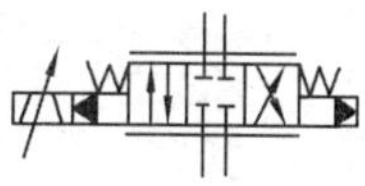	二级
	二位三通电磁球阀	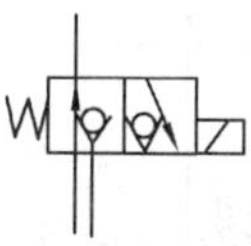				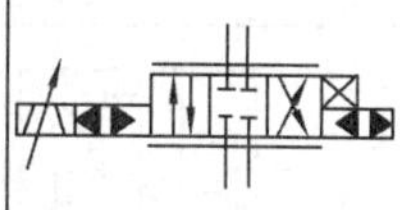	带电反馈三级
	二位四通电磁阀						

(5) 流量控制阀

名称		符号	说明	名称		符号	说明
节流阀	可调节流阀	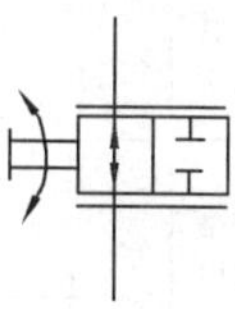	详细符号	调速阀	调速阀		简化符号
			简化符号		旁通型调速阀		简化符号

续表

节流阀	不可调节流阀	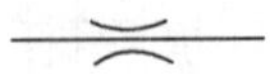	一般符号		温度补偿型调速阀	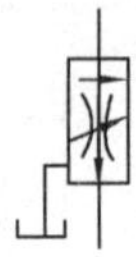	简化符号
	单向节流阀	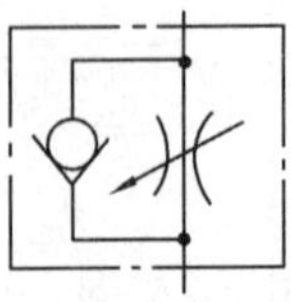			单向调速阀	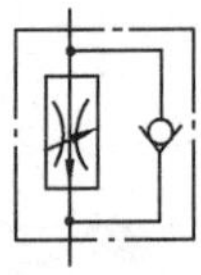	简化符号
	双单向节流阀	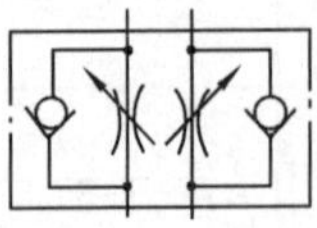		同步阀	分流阀	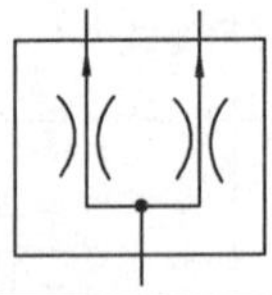	
	截止阀				单向分流阀	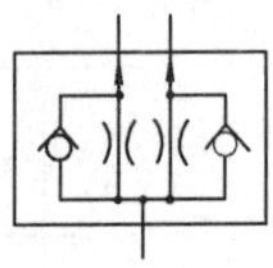	
	滚轮控制节流阀(减速阀)	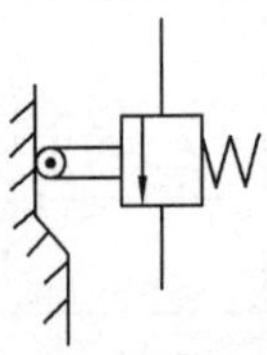			集流阀	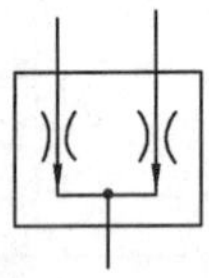	
调速阀	调速阀	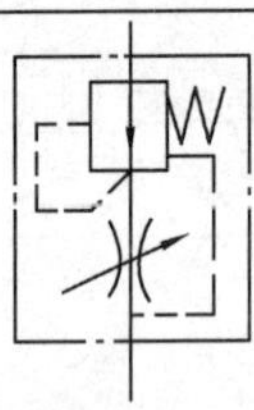	详细符号		分流集流阀	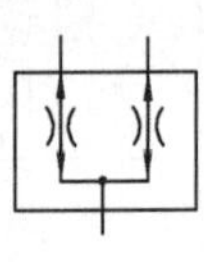	

（6）油箱

名称		符号	说明	名称		符号	说明
通大气式	管端在液面上	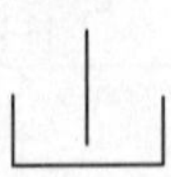		油箱	管端在油箱底部		
	管端在液面下	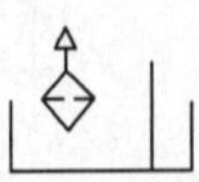	带空气过滤器		局部泄油或回油	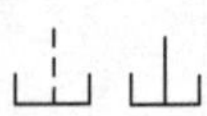	
				加压油箱或密闭油箱		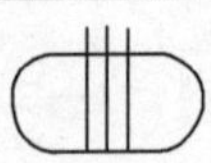	三条油路

续表

（7）流体调节器

名称		符号	说明	名称		符号	说明
过滤器	过滤器	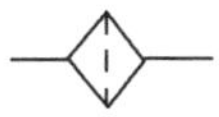	一般符号	空气过滤器		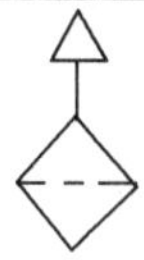	
	带污染指示器的过滤器	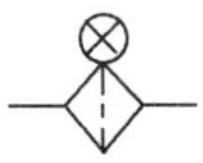		温度调节器			
	磁性过滤器	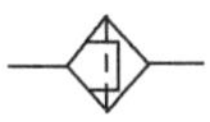		冷却器	冷却器		一般符号
	带旁通阀的过滤器	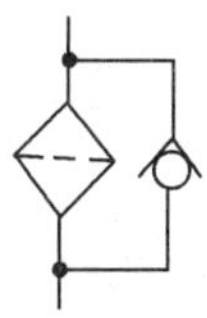			带冷却剂管路的冷却器	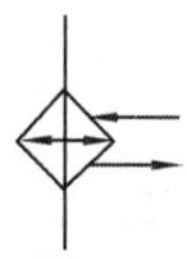	
	双筒过滤器	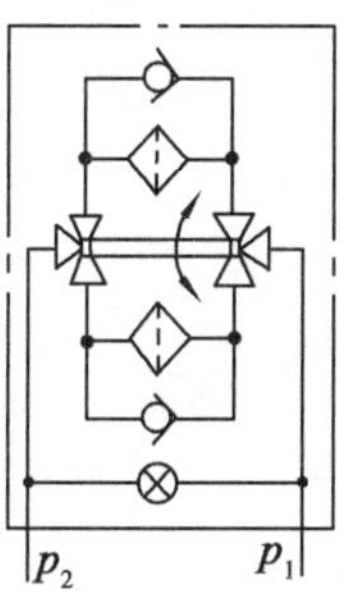	p_1:进油 p_2:回油	加热器			一般符号

（8）检测器、指示器

名称		符号	说明	名称		符号	说明
压力检测器	压力指示器			流量检测器	检流计(液流指示器)		
	压力表（计）				流量计	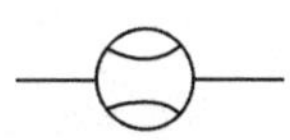	
	电接点压力表(压力显控器)	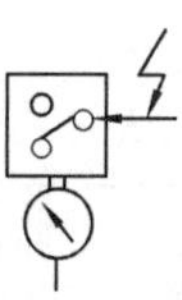			累计流量计	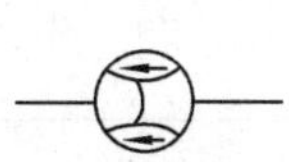	

续表

	压差控制表	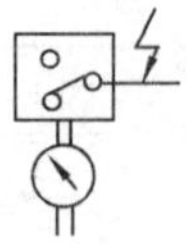		温度计			
液位计				转速仪		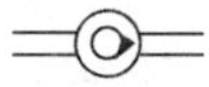	
				转矩仪		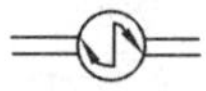	

（9）其他辅助元器件

名称		符号	说明	名称		符号	说明
压力继电器（压力开关）			详细符号	压差开关		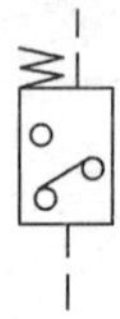	
压力继电器（压力开关）		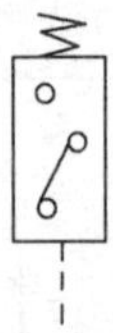	一般符号	传感器	传感器		一般符号
行程开关		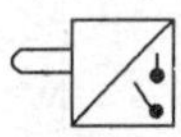	详细符号	传感器	压力传感器	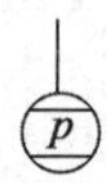	
行程开关		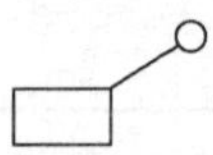	一般符号	传感器	温度传感器		
联轴器	联轴器	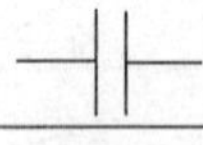	一般符号	放大器			
联轴器	弹性联轴器	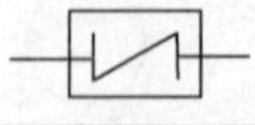					

（10）管路、管路接口和接头

名称		符号	说明	名称		符号	说明
管路	管路		压力管路 回油管路	管路	交叉管路	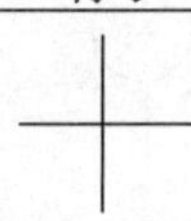	两管路交叉不连接
管路	连接管路	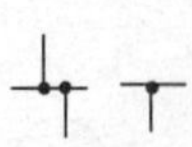	两管路相交连接	管路	柔性管路	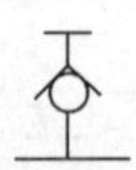	

续表

	控制管路	- - - -	可表示泄油管路		单向放气装置(测压接头)	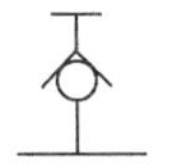	
快换接头	不带单向阀的快换接头	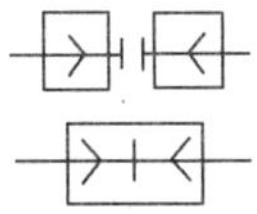		旋转接头	单通路旋转接头	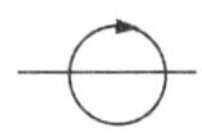	
	带单向阀的快换接头	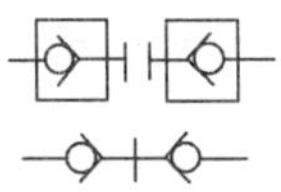			三通路旋转接头	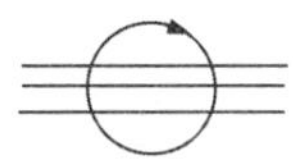	

附表 5-2　　液压气动系统及元件的公称压力系列(摘自 GB/T 2346-2003)　　单位:MPa

0.01	0.1	1.0	10.0	100
—	—	—	12.5	—
0.016	0.16	1.6	16.0	—
—	(0.2)	—	20.0	—
0.025	0.25	2.5	25.0	—
—	—	—	31.5	—
0.04	0.4	4.0	40.0	—
—	—	—	50.0	—
0.063	0.63	6.3	63.0	—
—	(0.8)	(8.0)	80.0	—

注:①括号内公称压力值为非优先选用值。

②公称压力超出 100MPa 时,应按 GB/T 321-1980《优先数和优先数系》中 R10 数系选用。

附表 5-3　　液压泵及马达公称排量系列(摘自 GB/T 2347-1980)　　单位:mL/r

0.1	1.0	10	100	1000
—	—	—	(112)	(1120)
—	1.25	12.5	125	1250
—	—	(14)	(140)	(1400)
0.16	1.6	16	160	1600
—	—	(18)	(180)	(1800)
—	2.0	20	200	2000
—	—	(22.4)	(224)	(2240)

续表

0.25	2.5	25	250	2500
—	—	(28)	(280)	(2800)
—	3.15	31.5	315	3150
—	—	(35.5)	(355)	(3550)
0.4	4.0	40	400	4000
—	—	(45)	(450)	(4500)
—	5.0	50	500	5000
—	—	(56)	(560)	(5600)
0.63	6.3	63	630	6300
—	—	(71)	(710)	(7100)
—	8.0	80	800	8000
—	—	(90)	(900)	(9000)

注：①括号内公称排量为非优先选用值。

②公称排量超出 9000mL/r 时，应按 GB/T 321-2005《优先数和优先数系》中 R10 数系选用。

附表 5-4　　液压缸、气缸内径及活塞杆外径系列(摘自 GB/T 2348-1993)　　单位：mm

(1)液压缸、气缸的缸筒内径尺寸系列

8	40	125	(280)
10	50	(140)	320
12	63	160	360
16	80	(180)	400
20	(90)	200	(450)
25	100	(220)	500
32	(110)	250	

括号内数值为非优先选用值。

(2)液压缸、气缸的活塞杆外径尺寸系列

4	18	45	110	280
5	20	50	125	320
6	22	56	140	360
8	25	63	160	—
10	28	70	180	—
12	32	80	200	—
14	36	90	220	—
16	40	100	250	—

超出本系列 360mm 的活塞杆外径尺寸，应按 GB/T 321-2005《优先数和优先数系》中 R20 数系选用。

附表 5-5　　液压缸、气缸活塞行程系列(摘自 GB/T 2349-1950)　　单位:mm

(1)									
25	50	80	100	125	160	200	250	320	400
500	630	800	1000	1250	1600	2000	2500	3200	4000
(2)									
40	63	90	110	140	180	220	280	360	450
550	700	900	1100	1400	1800	2200	2800	3600	
(3)									
240	260	300	340	380	420	480	530	600	650
750	850	950	1050	1200	1300	1500	1700	1900	2100
2400	2600	3000	3400	3800					

注:①液压缸、气缸活塞行程参数依优先次序按表选用

②缸活塞行程大于 4000mm 时,应按 GB/T321-2005《优先数和优先数系》中 R10 数系选用。如不能满足时,允许按 R40 数系选用。

附表 5-6　　液压元件的油口螺纹连接尺寸(摘自 GB/T 2878-1993)　　单位:mm

M5×0.8	M8×1	M10×1	M12×1.5	M14×1.5
M16×1.5	M18×1.5	M20×1.5	M22×1.5	M27×2
M33×2	M42×2	M50×2	M60×2	—

附表 5-7　　液压泵站油箱公称容量系列(摘自 JB/T 7938-1999)　　单位:L

—	—	—	1250
—	16	160	1600
—	—	—	2000
2.5	25	250	2500
—	—	315	3150
4.0	40	400	4000
—	—	500	5000
6.3	63	630	6300
—	—	800	—
10	100	1000	—

注:油箱公称容量超出 6300L 时,应按 GB/T 321-1980《优先数和优先数系》中 R10 数系选用。

附表 5-8　　液压气动系统用硬管外径和软管内径(摘自 GB/T 2351-2005)　　单位:mm

硬管外径	4,5,6,8,12,(14),16,(18),20,(22),25,(28),32,(34),38,40,(42),50
软管内径	2.5,3.2,5,6.3,8,10,12.5,16,19,20,22,25,31,.5,38,40,50,51

附表 5-9 液压阀油口的标识(摘自 GB/T 17490-1998)

主油口数		2		3	4
阀的类型		溢流阀	其他阀	流量控制阀	方向控制阀和功能块
主油口	进油口	P	P	P	P
	第 1 出油口	—	A	A	A
	第 2 出油口	—	—	—	B
	回油箱油口	T	—	T	T
辅助油口	第 1 液控油口	—	X	—	X
	第 2 液控油口	—	—	—	Y
	液控油口(低压)	V	V	V	—
	泄油口	L	L	L	L
	取样点油口	M	M	M	M

任务6　气压传动装置的设计

任务导入：近20年来，气动技术的应用领域迅速拓宽，尤其是在各种自动化生产线上得到广泛应用。电气可编程控制技术与气动技术相结合，使整个系统自动化程度更高，控制方式更灵活，性能更加可靠。气动机械手、柔性自动生产线的迅速发展，对气动技术提出了更多更高的要求。微电子技术的引入，促进了电气比例伺服技术和现代控制理论的发展，使气动技术从开关控制进入闭环比例伺服控制，控制精度不断提高。由于气动脉宽调制技术具有结构简单、抗污染能力强和成本低廉等特点，国内外都在大力开发研究。本次任务是设计一种气动机械手装置。

6.1　设计任务

6.1.1　设计任务及意义

气动机械手作为机械手的一种，它具有结构简单、重量轻、动作迅速、平稳、可靠、节能和不污染环境等优点。本次任务是设计一种气压传动两维运动机械手，用于生产流水线上物料的搬运。

设计的意义在于：

(1)培养学生综合运用所学的基础理论和专业知识，独立进行机电控制系统(产品)的初步设计工作的能力，并结合设计或试验研究进一步巩固和扩大他们的知识领域。

(2)培养学生搜集、阅读和综合分析参考资料，运用各种标准和工具书籍以及编写技术文件的能力，提高计算、绘图等基本技能。

(3)培养学生掌握机电产品设计的一般程序方法，是学生进行的工程师基本素质的训练。

(4)树立学生正确的设计思想及严肃认真的工作作风。

6.1.2　设计任务明细

6.1.2.1　机械手的功能

将圆柱形物料从位置1自动搬运到位置2，位置1和位置2相距400mm，放下物料后返回原始位置，继续搬运下一个物料，然后一直循环下去，直到搬完或接到停止命令，如图6-1所示。

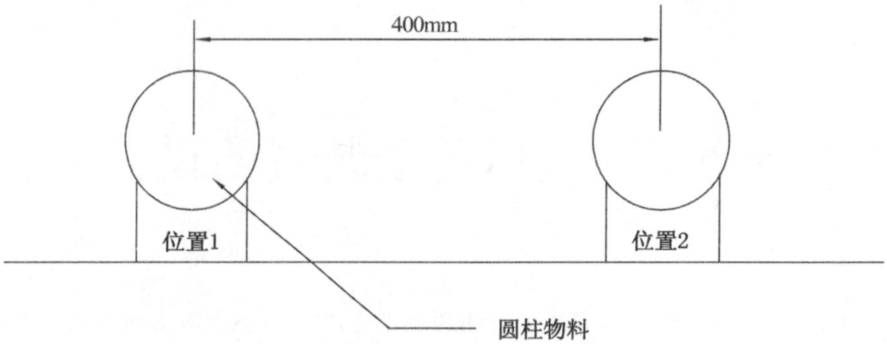

图6-1　搬运任务

6.1.2.2　任务要求

执行元件：气动气缸；运动方式：直角坐标；控制方式：PLC控制；控制要求：速度控制。

6.1.2.3　主要设计参数

气缸工作行程：400mm；运动负载质量：50kg；移动速度：0.2m/s。

6.2　总体方案的设计

6.2.1　总体方案一（见图6-2）

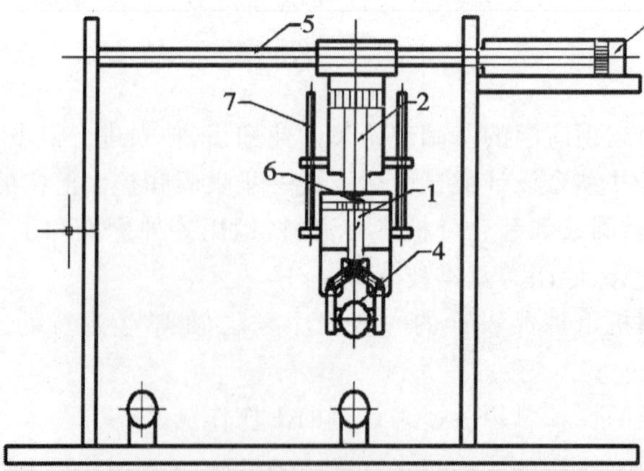

图6-2　方案一示意图

1—夹紧气缸　2—纵向气缸　3—横向气缸　4—常开手部

5—横向导轨（2个）　6—弹簧　7—纵向导轨（2个）

6.2.2　总体方案二(见图 6-3)

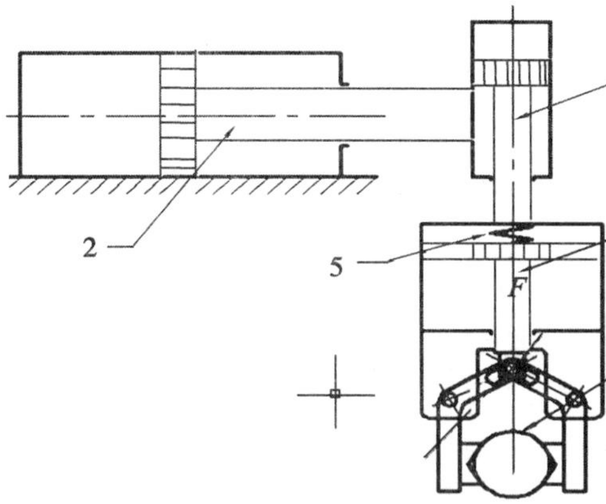

图 6-3　方案二示意图

1—升降气缸　2—水平移动气缸　3—夹紧气缸　4—常开手部　5—弹簧

6.2.3　方案的比较及最终方案的确定

由以上两个方案可以看出:方案一为悬挂式,根据场地情况制作一个固定支架,机械手的所有重量都由固定支架来支撑,支架上方是一个导轨,气缸 3 通过固定设备固定在导轨上,气缸 2 通过与导轨相连,可以在水平方向移动,气缸 1 采用的是靠弹簧恢复的单作用气缸,它与手爪构成了一套常闭式夹紧装置;方案二为地面固定式,气缸 2 固定在地面上的固定台上,其他气缸重量由气缸 2 支撑,气缸 1 与方案一相同。

通过方案比较可知,在负载相同的情况下,方案二中气缸 2 的尺寸将远远大于方案一,浪费原材料,不经济,而且横向气缸活塞杆会承受很大的弯矩,影响装置的使用寿命。综合考虑后,选择方案一。

6.3　机械传动系统的设计

本方案的机械设计重在气缸的设计,气缸 1 的作用是实现物品的抓紧和释放,气缸 2 的作用是实现物料纵向的提升与下降,气缸 3 的作用是实现物料的横向移动。对气缸结构的要求:一是重量尽量轻,以达到动作灵活、运动速度高、节约材料和动力,同时减少运动的冲击;二是要有足够的刚度以保证运动精度和定位精度。

气缸的设计流程如图 6-4 所示。

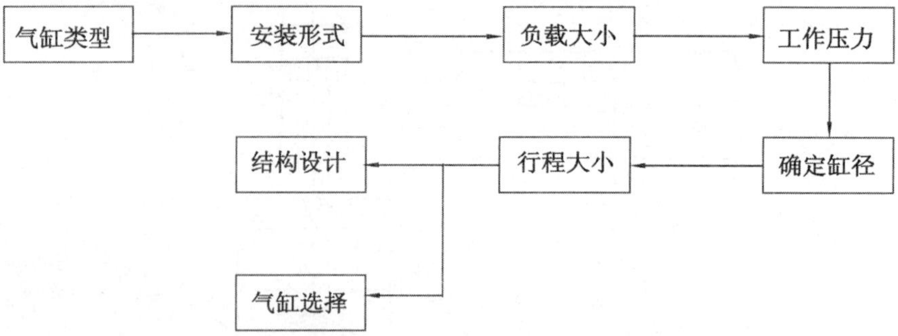

图 6-4　气缸设计流程图

气缸按结构特征的分类如图 6-5 所示。

- 气缸
  - 活塞式
    - 单活塞式
      - 有活塞杆
        - 单出杆
          - 单作用
          - 双作用
        - 双出杆
          - 单作用
          - 双作用
      - 无活塞杆
        - 无杆气缸
        - 磁性气缸
        - 绳索气缸
    - 双活塞式
      - 串联
        - 多位气缸
        - 增力气缸
      - 并联
        - 单出杆
        - 双出杆
  - 膜片式
    - 平膜片
    - 滚动膜片
    - 皮囊
  - 无活塞式——仿生气动“股腱”

图 6-5　气缸的分类

单活塞杆气缸是各类气缸中应用最广的一种气缸。由于它只在活塞的一端有活塞杆，活塞两侧承受气压作用的面积不等，因而活塞杆伸出时的推力大于退回时的拉力。双活塞杆气缸活塞两侧都有活塞杆，两侧受气压作用的面积相等，活塞杆伸出时的推力和退回时的拉力相等。

单作用气缸是由一侧气口供给气压驱动活塞运动，依靠弹簧力、外力或自重等作用返回；而双作用气缸是由两侧供气口交替供给气压使活塞做往复运动。结合设计的方案，夹紧气缸 1 选择单作用气缸，依靠弹簧力恢复；纵向气缸 2 选择双作用气缸，靠重力恢复；横向气缸 3 选择双作用气缸。

6.3.1　手指气缸的设计

手指气缸的结构图如图 6-6 所示。

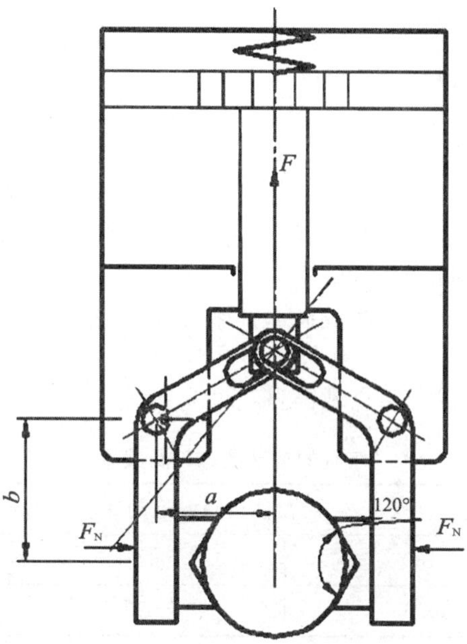

图 6-6　手指气缸结构图

6.3.1.1　夹紧力的计算

手指加在工件上的夹紧力，是设计手部的主要依据，必须对其大小、方向和作用点进行分析、计算。一般来说，夹紧力必须克服工件重力所产生的静载荷以及工件运动状态变化所产生的动载荷(惯性力或惯性力矩)，以使工件保持可靠的夹紧状态。

手指对工件的夹紧力可按下式计算：

$$F_N \geqslant K_1 K_2 K_3 G$$

式中：K_1——安全系数，通常取 1.2～2.0；

K_2——工作情况系数，主要考虑惯性力的影响，$K_2=1+\frac{a}{g}$；

a——运载工件时重力方向的最大加速度(m/s²)；

g——重力加速度(m/s²)；

K_3——方位系数，根据手指与工件形状以及手指与工件位置不同进行选定，

$$K_3=0.5\frac{\tan\theta}{(1+f\tan\theta)}；$$

f——摩擦系数，取 0.1～0.2；

θ——作用力夹角(°)；

G——选取工件所受的重力(N)。

设 K_1 为 1.5，则

$$K_2=1+\frac{a}{g}=1+\frac{0.2/0.5}{9.8}=1.04$$

取 $f=0.1$，$\theta=60°$，则 $K_3=0.74$。

将已知条件代入得：

$$F_N=1.5\times1.04\times0.74\times490\text{N}=566\text{N}$$

6.3.1.2 气缸内径的确定

根据手指的几何关系得：

$$F=\frac{2b}{a}\cos^2\alpha F_N=\frac{40}{18}\times\cos^2 30\times2566\text{N}=943\text{N}$$

由设计任务可以知道，要驱动的负载大小为 100kg，考虑到气缸未加载时实际所能输出的力受气缸活塞和缸筒之间的摩擦、活塞杆与气缸之间的摩擦的影响，在研究气缸性能和确定气缸缸径时，常用到负载率 β：

$$\beta=\frac{\text{气缸的实际负载 }F}{\text{气缸的理论负载 }F_0}\times100\%$$

由表 6-1 气缸的运动状态与负载率，取 $\beta=0.45$。

表 6-1 气缸的运动状态与负载率

阻性负载(静负载)	惯性负载的运动速度 v(mm/s)		
	<100	100～500	>500
$\beta=0.8$	$\beta\leqslant0.65$	$\beta\leqslant0.5$	$\beta\leqslant0.3$

根据气缸的结构得：

$$F=\frac{\pi}{4}(D^2-d^2)p\beta-F_t$$

式中：D——活塞直径(m)；

d——活塞杆直径(m)；

p——使用压力(MPa)；

F_t——弹簧反作用力(N)

估算时取 $d=0.3\text{m}$，$F_t=40\text{N}$，$p=0.5\text{MPa}$，根据表 6-2 进行圆整，取 $D=80\text{mm}$。

表 6-2 气缸内径尺寸系列(摘自 GB/T 2348-1993) 单位：mm

8	40	125	(280)
10	50	(140)	320
12	63	160	(360)
16	80	(180)	400
20	(90)	200	(450)
25	100	(220)	500
32	(110)	250	

注：括号内的公称压力值为非优先采用值。

6.3.1.3 活塞杆直径的确定

由 $d=0.3D$ 估取活塞杆直径 $d=25\text{mm}$。

6.3.1.4　缸筒长度的确定

缸筒长度的计算公式为：

$$S=L+B+20$$

式中：L——活塞行程（mm）；

B——活塞厚度（mm）。

由活塞厚度 $B=0.20D=0.20\times80\text{mm}=16\text{mm}$，气缸的行程 $L=200\text{mm}$，得 $S=L+B+20=236\text{mm}$。

6.3.1.5　气缸筒壁厚的确定

由《液压气动技术速查手册》知：一般气缸缸筒壁厚与内径之比 $\delta/D\leqslant1/10$。壁厚通常按薄壁筒公式计算：

$$\delta=Dp_p/2\sigma_p$$

式中：p_p——试验压力，一般取 $p_p=1.5p$（p 为气缸工作压力）（MPa）；

σ_p——缸筒材料的许用压力（MPa），$\sigma_p=\sigma_b/s$；

σ_b——材料的抗拉强度（MPa）；

s——安全系数，$s\geqslant6\sim8$。

通常计算出的壁厚往往很薄，考虑机械加工工艺性，往往将缸筒壁厚适当加厚，且尽量选用标准内径和壁厚的钢管与铝合金管。表 6-3 所列气缸筒壁厚可供参考。

表 6-3　**气缸缸筒壁厚**　单位：mm

材料	气缸缸筒内径 D							
	50	80	100	125	160	200	250	320
	壁厚 δ							
铸铁 HT150	7	8	10	10	12	14	16	16
Q235A、45、20 无缝钢管	5	6	7	7	8	8	10	10
铝合金	8～12		12～14			14～17		

假设所选材料为无缝钢管，则由表知 $\delta=6\text{mm}$。

6.3.1.6　气缸耗气量的计算

气缸的耗气量是指气缸往复运动时所消耗的压缩空气量。耗气量大小与气缸的性能无关，但它是选择空压机排气量的重要依据，计算公式为：

$$Q_{\max}=0.047D^2S\frac{p+0.1}{0.1}\times\frac{1}{t}$$

式中：$Q_{\max}$——最大耗气量（L/min）；

D——缸径（cm）；

S——气缸行程（cm）；

t——气缸一次往复行程所需的时间（s）；

p——工作压力（MPa）。

代入有关参数得 $Q_{\max}=5.7\text{L/min}$。

6.3.1.7 气缸的进、排气口直径的计算

通常气缸的进、排气口的直径大小与气缸速度有关，根据 ISO-15552、ISO-7180，气缸的进、排气口的直径如表 6-4 所示。

表 6-4 气缸进、排气口的直径 单位：mm

气缸直径	32	40	50	63	80
气口尺寸	M10×1(G1/4)	M14×1.5(G1/4)	M14×1.5(G1/4)	M18×1.5(G3/8)	M18×1.5(G3/8)
气缸直径	100	125	150	200	250
气口尺寸	M22×1.5(G1/2)	M22×1.5(G1/2)	M27×2(G3/4)	M33×2(G1)	M33×2(G1)
气缸直径	320	—	—	—	—
气口尺寸	M33×2(G1)	—	—	—	—

查此表可知，气缸的进、排气口的规格为 M18×1.5(G3/8)。

6.3.2 纵向气缸的设计

由设计方案二可知，纵向气缸 1 不仅要承受负载 50kg 的重量，还要承受气缸 3 及手指部分的重量，假设此重量为负载的十分之一，即 5kg，则纵向气缸实际的负载 $F=539\text{N}$，理论负载 $F_0=F/\beta=539/0.45\text{N}=1198\text{N}$。

6.3.2.1 气缸内径的确定

由公式 $F=\frac{\pi}{4}(D^2-d^2)p\beta-F_t$，得：$D=58\text{mm}$，查表 6-2 取 $D=63\text{mm}$。

6.3.2.2 活塞杆直径的确定

由 $d=0.3D$ 估取活塞杆直径 $d=18.9$ mm，参考表 6-2 取 $d=20\text{mm}$。

6.3.2.3 缸筒长度的确定

由活塞厚度 $B=0.20\times65\text{mm}=13\text{mm}$，气缸的行程 $L=400\text{mm}$，得 $S=L+B+20=433\text{mm}$。

6.3.2.4 气缸筒壁厚的确定

假设选用无缝钢管为材料，查表 6-3 得：$\delta=5.5\text{mm}$。

6.3.2.5 气缸耗气量的计算

由公式 $Q_{max}=0.047D^2S\frac{p+0.1}{0.1}\times\frac{1}{t}$，得 $Q_{max}=3.5\text{L/min}$。

6.3.2.6 气缸的进、排气口直径的计算

查表 6-4 可知，气缸的进、排气口的规格为 M18×1.5(G3/8)。

6.3.3　横向气缸的设计

6.3.3.1　气缸内径的确定

根据机械手结构关系得：

$$F=\mu F_N=\mu(50+10+5)g$$

代入相关参数得，$F=130\text{N}$，则：

$$F_0=\frac{F}{\beta}=\frac{130}{0.45}\text{N}=288.8\text{N}\approx 290\text{N}$$

根据气缸的结构得：

$$F_0=\frac{\pi}{4}(D^2-d^2)p$$

估算时取 $d=0.3D$，$p=0.5\text{MPa}$。代入上式得：$D\approx 44.7\text{mm}$，按照 GB/T 2348-1993 标准进行圆整，取 $D=50\text{mm}$。

6.3.3.2　活塞杆直径的确定

由 $d=0.3D$ 估取活塞杆直径 $d=15\text{mm}$，参考表 6-2 取 $d=16\text{mm}$。

6.3.3.3　缸筒长度的确定

由活塞厚度 $B=0.20\times 50\text{mm}=10\text{mm}$，气缸的行程 $L=400\text{mm}$，得 $S=L+B+20=430\text{mm}$。

6.3.3.4　气缸筒壁厚的确定

假设所选材料为无缝钢管，则由表 6-3 知 $\delta=5\text{mm}$。

6.3.3.5　气缸耗气量的计算

由公式 $Q_{max}=0.047D^2S\dfrac{p+0.1}{0.1}\times\dfrac{1}{t}$，得 $Q_{max}=2.2\text{L/min}$。

6.3.3.6　气缸的进、排气口直径的计算

查表 6-4 可知，气缸的进、排气口的规格为 M18×1.5(G3/8)。

6.4　气动回路的设计

由设计任务知，系统控制要求是速度控制，即物料在运输过程中的速度要保持在一定数值，所以设计的气动回路为调速回路。

6.4.1　单作用气缸的调速回路

在设计方案一中，升降气缸 2 和夹紧气缸 1 均为单作用气缸，气缸 2 通过重力恢复，而气缸 1 通过弹簧力恢复，其调速回路如图 6-7 所示。该回路由左右两个单向节流阀来分别控制活塞杆的升降速度。

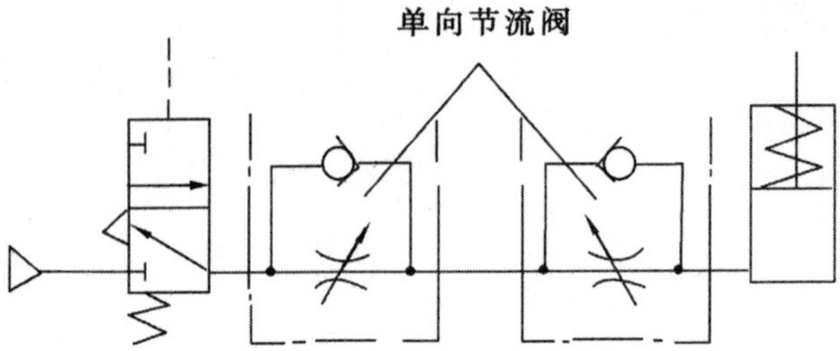

图 6-7　单作用气缸调速回路

6.4.2　双作用气缸的调速回路

在设计方案一中，气缸 3 为双活塞杆双作用气缸，其作用是使物料水平移动。双作用气缸的调速回路主要有进气节流和排气节流回路，一般多采用排气节流，如图 6-8(a)所示。图 6-8(b)也是排气节流回路，在换向阀的排气口安装排气节流阀，实现速度控制。这种方法比较简单，也较常用。但是要注意所选用的二位五通换向阀是否允许后接排气节流阀，以免引起动作失常。图 6-8(c)是进气节流回路，该回路由于进气流量小而排气流量大，进气腔压力上升缓慢，当进气和排气两腔压差达到刚好克服各种反力时，活塞就突然前进，使进气腔容积突然增大，进气腔压力下降，活塞就停止前进。气缸活塞这种"忽走忽停"的现象称为气缸的爬行，这种调速方法较少采用。

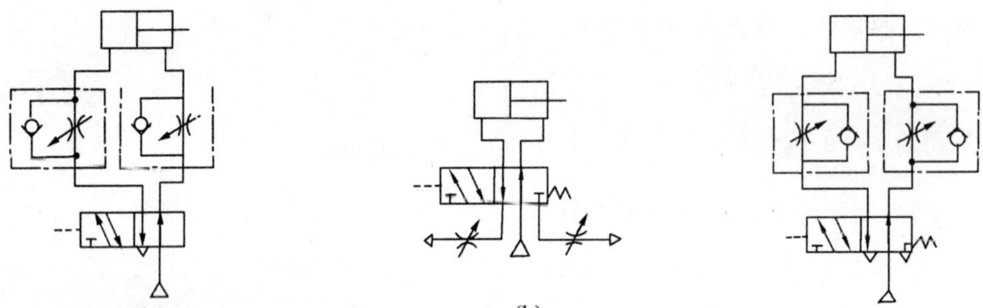

(a)　(b)　(c)

图 6-8　双作用气缸的调速回路

6.4.3　主要元件的选择设计

6.4.3.1　节流阀

节流阀是依靠改变阀的流通面积来调节流量的。节流阀流量的调节范围较宽，能进行微小流量调节，调节精确，性能稳定，阀芯开度与通过的流量成正比。可适用于不同的使用场合，节流阀的结构有多种，图 6-9 为常用的典型节流阀结构。

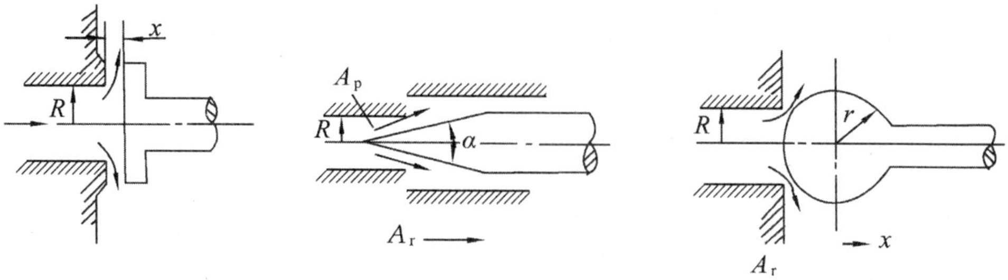

(a)平板阀　　(b)针阀　　(c)球阀

图 6-9　常用的节流阀结构

由方案可知,系统中的速度调节靠普通的节流阀无法实现,应该使用单向节流阀,它是由单向阀和节流阀组合而成的流量控制阀,常用作气缸的速度控制,又称为速度控制阀。这种阀仅对一个方向的气流进行节流控制,旁路的单向阀关闭;在相反方向上气流可以通过开启的单向阀自由流过(满流)。

一般地,单向节流阀的流量调节范围为管道流量的 20%～30%。对于要求能在较宽范围里进行速度控制的场合,可采用单向阀开度可调的速度控制阀。

图 6-10 所示为单向节流阀和双单向节流阀的结构图。

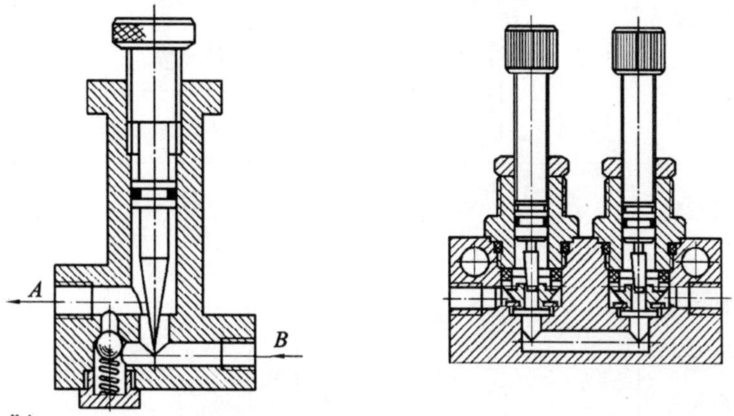

(a)单向节流阀　　(b)双单向节流阀

图 6-10　节流阀

6.4.3.2　换向阀

按控制方式分类,常用的换向阀有气压控制、电磁控制、人力控制和机械控制四类。根据方案,选择电磁控制方式。PLC 控制利用继电器 KM,进而控制电磁线圈中电流的通断,达到换向的目的。

按方案要求,此系统中需两个三位三通电磁换向阀和一个三位五通电磁换向阀。

附表 6-1 气动元件常见图形符号

类别		名称	符号
管路、管路接口和接头		工作管路 电气线路 控制供给管路	
		控制管路 排气管路	
		连接管路	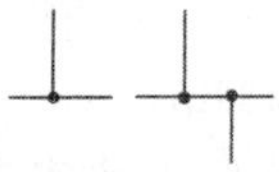
		交叉管路	
		柔性管路	
	排气口	不带连接螺纹	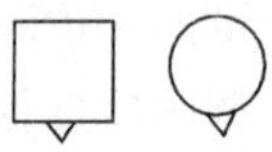
		带连接螺纹	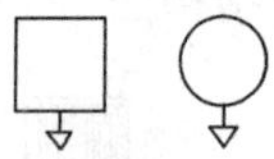
	放气装置	封闭气口	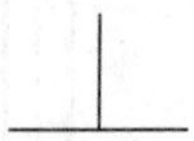
		连续放气	
		间断放气	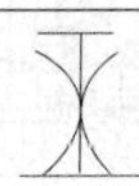
		单向放气	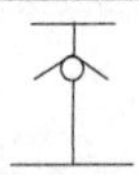
	快换接头	不带单向阀	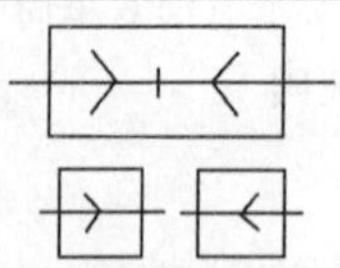

类别		名称	符号
管路、管路接口和接头	快换接头	带单向阀	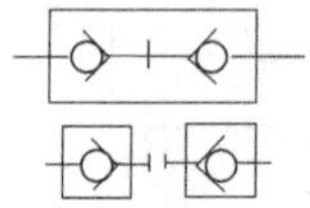
	旋转接头	单通路	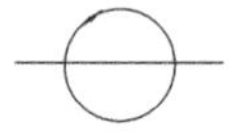
		三通路	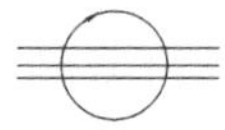
机械控制件		杆	
		轴(旋转运动)	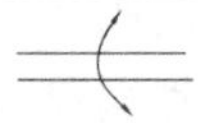
		定位装置	
		锁定装置(＊为开锁的控制方法符号)	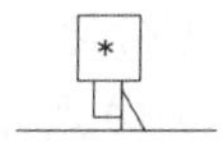
		弹跳机构	
控制方法	人力控制	人力控制	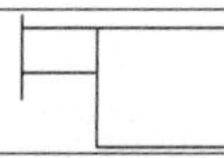
		按钮式	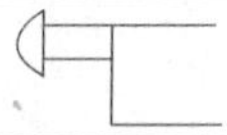
		拉钮式	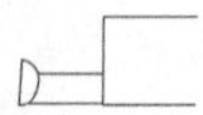
		按一拉式	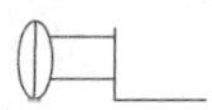
		手柄式	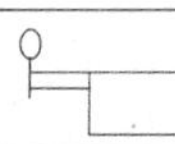
		单向踏板式	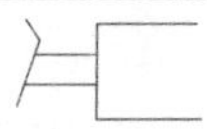
		双向踏板式	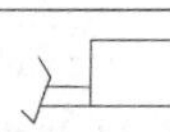

续表

类别			名称	符号
控制方法	机械控制		顶杆式	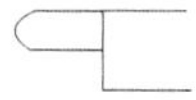
			可变行程控制式	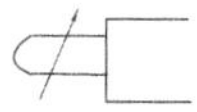
			弹簧控制式	
			滚轮式	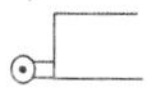
			单向滚轮式	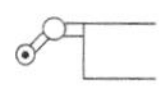
	电气控制		单作用电磁铁（电气引线可省略）	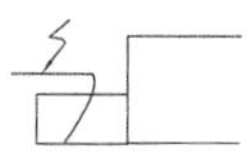
			双作用电磁铁	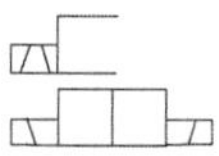
	压力控制	直接控制	加压或卸压控制	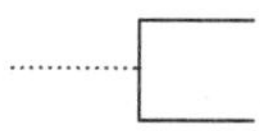
			差动控制	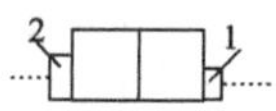
			内部压力控制	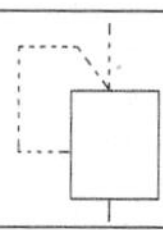
			外部压力控制	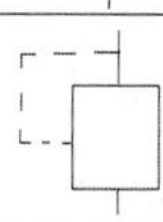
		先导控制	气压先导控制	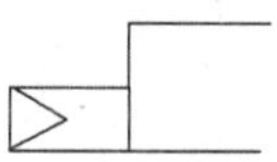
			液压先导卸压控制	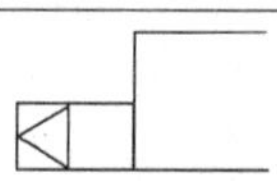
控制方法	压力控制	先导控制	气压—液压先导控制	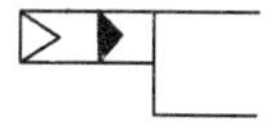
			电磁—气压先导控制	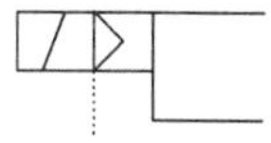
	选择控制			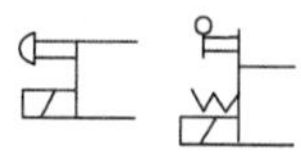
泵和马达	气泵			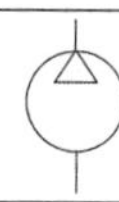
	定量马达		单向	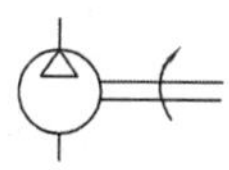
			双向	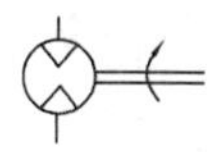
	变量马达		单向	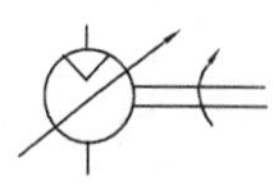
			双向	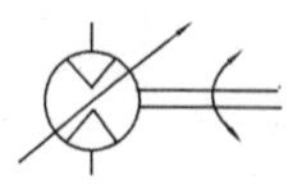
	摆动马达			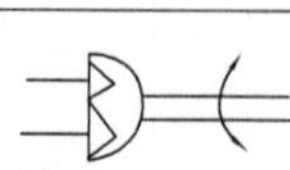

续表

气缸	单作用气缸	不带弹簧			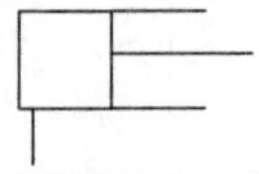
		带弹簧	弹簧压出		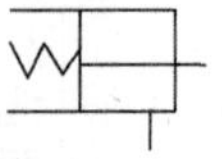
			弹簧压回		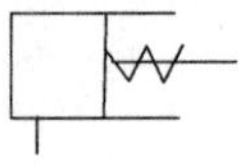
		伸缩缸			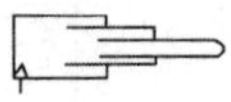
	双作用气缸	单活塞杆			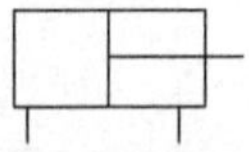
		双活塞杆			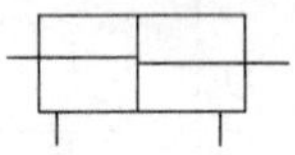
		缓冲气缸	不可调	单向	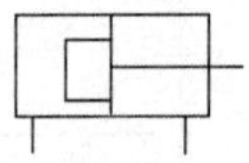
				双向	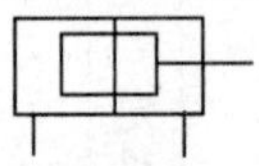
			可调	单向	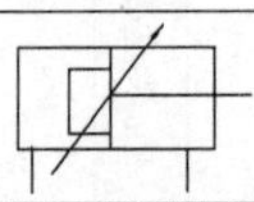
				双向	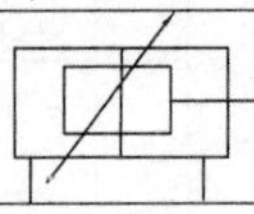
		伸缩缸			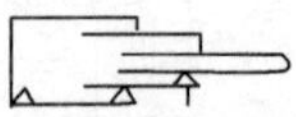
		增压缸			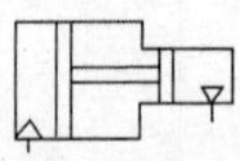
		气液增压缸			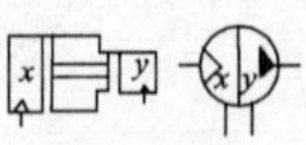

压力控制阀	溢流阀	直动型	内部压力控制	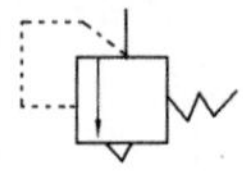
			外部压力控制	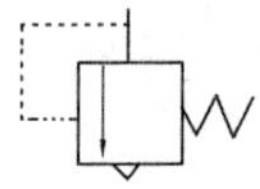
		先导型		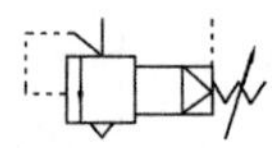
	减压阀	直动型	不带溢流	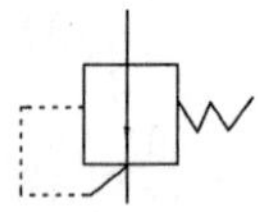
			带溢流	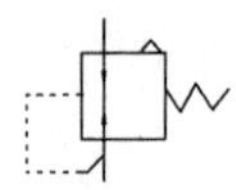
		先导型		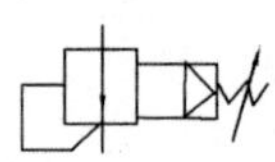
	顺序阀	直动型	内部压力控制	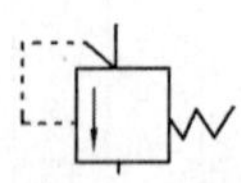
			外部压力控制	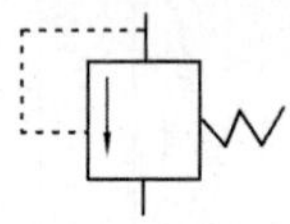
	单向顺序阀			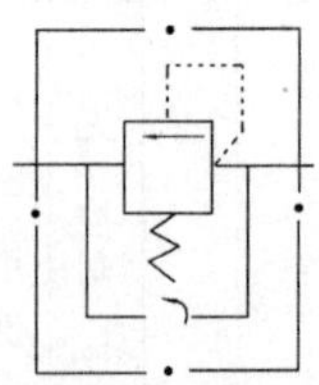

续表

类别	名称		符号
流量控制	截止阀		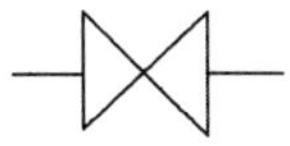
	节流阀	不可调	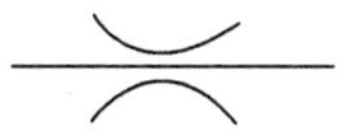
		可调	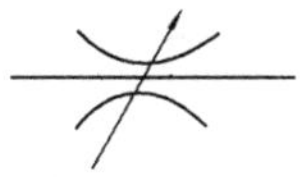
	减速阀		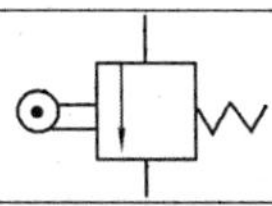
	可调单向节流阀		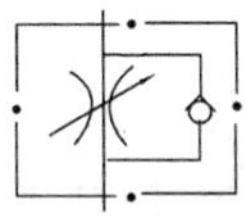
	带消声器的节流阀		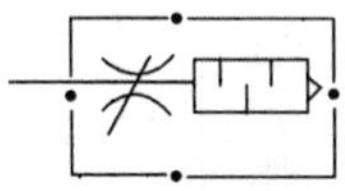
方向控制阀	单向阀		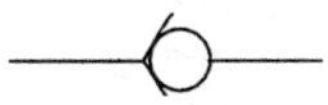
	气控单向阀		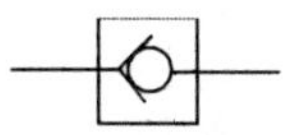
	梭阀	或门型	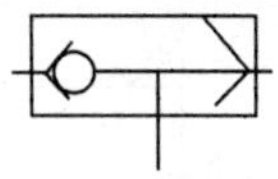
		与门型	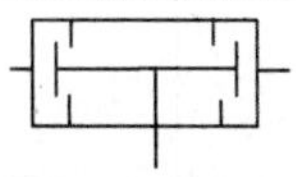
	快速排气阀		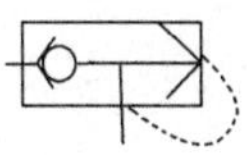
	二位二通	常通	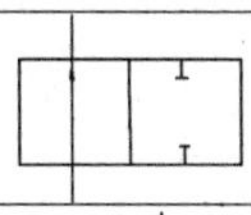
		常断	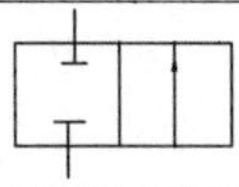
方向控制阀	三位三通	常通	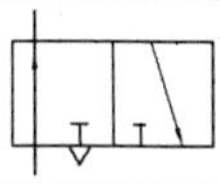
		常断	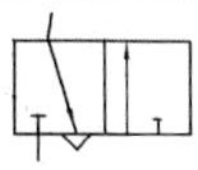
	二位四通		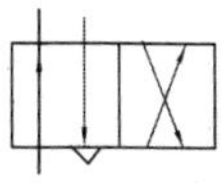
	三位四通	中间封闭式	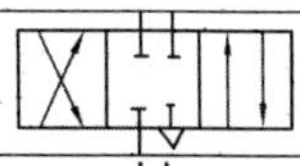
		中间加压式	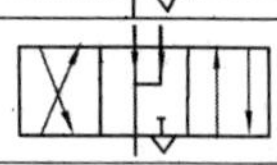
		中间卸压式	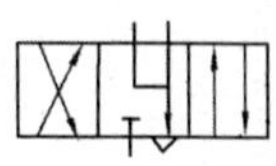
	二位五通		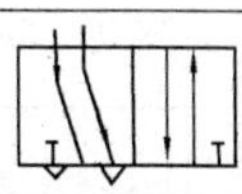
	三位五通	中间封闭式	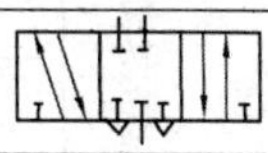
		中间加压式	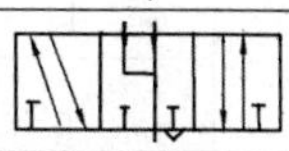
		中间卸压式	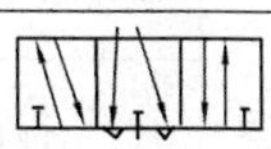
	电气伺服阀		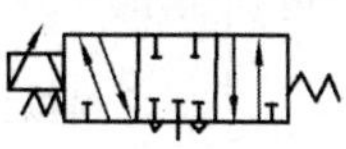
气动辅助元件及其他	气压源		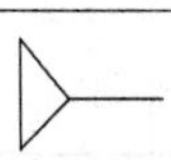
	气罐		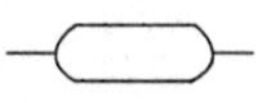
	蓄能器		
	冷却器		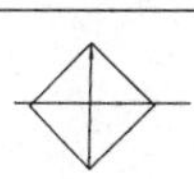

续表

类别	名称		符号
气动辅助元件及其他	过滤器		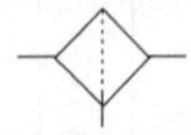
	空气过滤器	人工排出	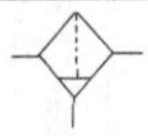
		自动排出	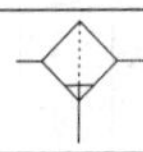
	除油器	人工排出	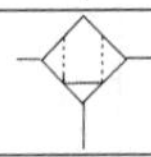
		自动排出	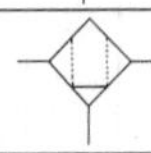
	空气干燥器		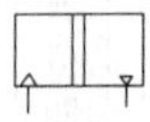
	油雾器		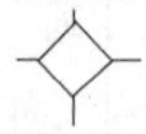
	气动三联件(简化符号)		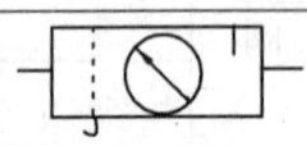
	气液转换器	单程作用	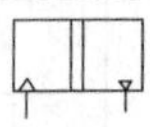
		连续作用	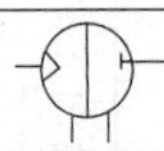
	压力继电器		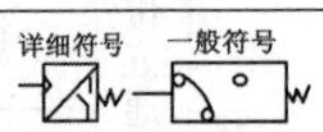
	行程开关		
	模拟传感器		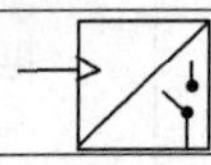
	消声器		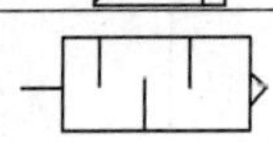
气动辅助元件及其他	报警器		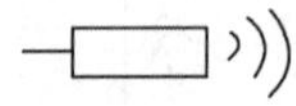
	压力指示器		
	压力计		
	压差计		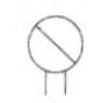
	脉冲计数器	输出电信号	
	脉冲计数器	输出电信号	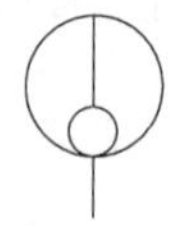
	温度计		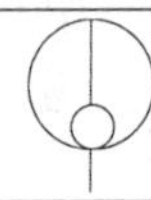
	流量计		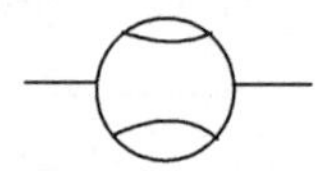
	累计流量计		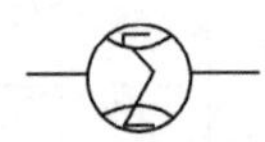
	电动机		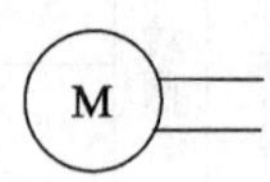

任务 7　PLC 应用系统的设计

任务导入:可编程控制器是 20 世纪 70 年代发展起来的控制设备,是集微处理器、储存器、输入/输出接口与中断于一体的器件,已经被广泛应用于机械制造、冶金、化工、能源、交通等各个行业。计算机在操作系统、应用软件、通行能力上的飞速发展,大大加强了可编程控制器的通信能力,丰富了可编程控制器的编程软件和编程技巧,增强了 PLC 的过程控制能力。因此,无论是单机还是多机控制,是流水线控制还是过程控制,都可以采用可编程控制器。推广和普及可编程控制器的使用技术,对提高我国工业自动化生产及生产效率都有十分重要的意义。本次任务是设计一套基于 PLC 的水塔水位控制系统。

7.1　PLC 的结构和基本工作原理

可编程控制器(Programmable Controller)也可称逻辑控制器(Programmable Logic Controller),是一种以微处理器为核心的工业自动控制通用装置,是计算机家族的一名成员,简称 PC。为了避免与个人电脑(也简称 PC)相混淆通常将可编程控制器称为 PLC。

PLC 由于其自身的特点,在工业生产的各个领域得到了愈来愈广泛的应用。而作为 PLC 的用户,要正确地应用 PLC 去完成各种不同的控制任务,首先应了解其组成结构和工作原理。

7.1.1　PLC 的基本结构

可编程控制器实施控制的实质就是按一定算法进行输入/输出变换,并将这个变换予以物理实现。输入/输出变换、物理实现可以说是 PLC 实施控制的两个基本点,同时物理实现也是 PLC 与普通微机的区别之处。物理实现要求 PLC 的输入应能排除干扰信号适应于工业现场,而输出应放大到工业控制的水平,能为实际控制系统方便使用。根据 PLC 实施控制的基本点的分析,PLC 采用了典型的计算机结构,主要是由微处理器(CPU)、存储器(RAM/ROM)、输入/输出接口(I/O)电路、通信接口及电源组成,如图 7-1 所示。

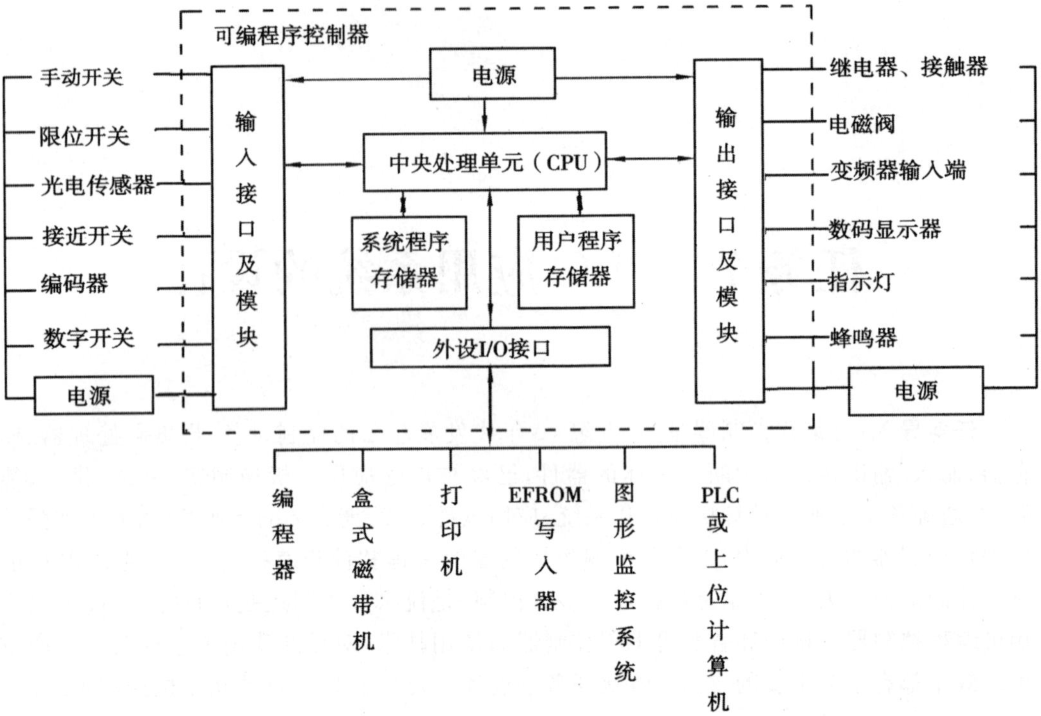

图 7-1　PLC 的结构图

7.1.1.1　中央处理单元(CPU)

中央处理单元 (CPU)是 PLC 的控制核心。它按照 PLC 系统程序赋予的功能，接收并存储用户程序和数据；检查电源、存储器、I/O 以及警戒定时器的状态，并能诊断用户程序中的语法错误。当 PLC 投入运行时，它首先以扫描的方式采集现场各输入装置的状态和数据，并分别存入 I/O 映像寄存区，然后从用户程序存储器中逐条读取用户程序，经过命令解释后按指令的规定执行逻辑或算术运算并将结果送入 I/O 映像寄存区或数据寄存器内，等所有的用户程序执行完毕之后，最后将 I/O 映像寄存区的各输出状态或输出寄存器内的数据传送到相应的输出装置，如此循环直到停止运行。为了进一步提高 PLC 的可靠性，近年来对大型 PLC 还采用双 CPU 构成冗余系统，或采用三 CPU 的表决式系统。这样，即使某个 CPU 出现故障，整个系统仍能正常运行。

7.1.1.2　存储器

可编程控制器的存储器分为系统程序存储器和用户程序存储器。存放系统软件(包括监控程序、模块化应用功能子程序、命令解释程序、故障诊断程序及其各种管理程序)的存储器称为系统程序存储器；存放用户程序的存储器称为用户程序存储器。

虽然各种 PLC 的 CPU 的最大寻址空间各不相同，但是根据 PLC 的工作原理，其存储空间一般包括以下三个区域：①系统程序存储区；②系统 RAM 存储区(包括 I/O 映像寄存区和系统软设备等)；③用户程序存储区。

7.1.1.3　输入接口电路

输入/输出信号有开关量、模拟量、数字量三种，在此我们主要介绍开关量接口电路。

可编程控制器的优点之一是抗干扰能力强，这也是其 I/O 设计的优点之处。由于经过电气隔离后，信号才送入 CPU 执行，故可防止现场的强电干扰进入。如图 7-2 所示就是采用光电耦合器(一般由反光二极管和光电三极管组成)的开关量输入接口电路。

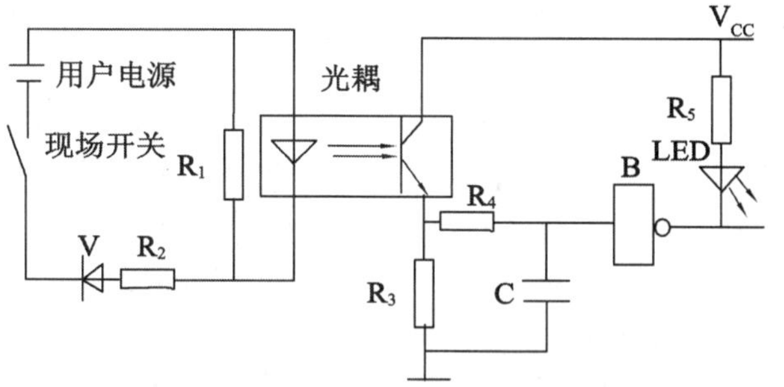

图 7-2　光电耦合器的开关量输入接口电路

7.1.1.4　输出接口电路

可编程控制器有继电器输出(M)、晶体管输出(T)和晶闸管输出(SSR)三种输出形式。

三种输出形式的输出接口电路如图 7-3 所示。

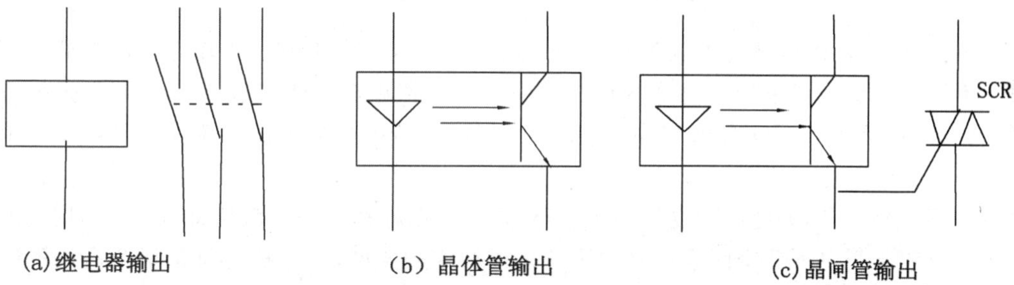

图 7-3　输出接口电路

输出接口电路的主要技术参数有：

(1)响应时间

响应时间是指 PLC 从 ON 状态转变成 OFF 状态或从 OFF 状态转变成 ON 状态所需要的时间。继电器输出型响应时间平均约为 10ms；晶闸管输出型响应时间为 1ms 以下；晶体管输出型在 0.2ms 以下，为最快。

(2)输出电流

继电器输出型具有较大的输出电流，AC250V 以下的电路电压可驱动纯电阻负载 2A/1 点、感性负载 80VA 以下(AC100V 或 AC200V)及灯负载 100W 以下(AC100V 或 200V)的负载；Y0、Y1 以外每输出 1 点的输出电流是 0.5A，但是由于温度上升的原因，每输出 4 合计为 0.8A 的电流，输出晶体管的 ON 电压约为 1.5V，因此驱动半导体元件时，请注意元件的输入电压特性。Y0、Y1 每输出 1 点的输出电流是 0.3A，但是对 Y0、Y1 使用定位指令时需要高速响应，因此使用 10～100mA 的输出电流；晶闸管输出电流也比较小，FX1S 无晶闸管输出型。

(3)开路漏电流

开路漏电流是指输出处于 OFF 状态时，输出回路中的电流。继电器输出型输出接点 OFF 是无漏电流；晶体管输出型漏电流在 0.1mA 以下；晶闸管的漏电流较大，主要由内部 RC 电路引起，需在设计系统时注意。

7.1.1.5 电源

PLC 的电源在整个系统中起着十分重要的作用。如果没有一个良好的、可靠的电源系统是无法正常工作的，因此 PLC 的制造商对电源的设计和制造十分重视。如果交流电压的波动范围在±10%(±15%)内，可以不采取其他措施而直接将 PLC 连接到交流电网上去。如 FX1S 额定电压为 AC100～240V，而电压允许范围为 AC85～264V。电源瞬时停电在 10ms 以下时系统能继续工作。

一般小型 PLC 的电源输出分为两部分：一部分供 PLC 内部电路工作；一部分向外给现场传感器等提供工作电源。因此，PLC 对电源的基本要求是：①能有效地控制、消除电网电源带来的各种干扰；②电源发生故障不会导致其他部分产生故障；③允许较宽的电压范围；④电源本身的功耗低，发热量小；⑤内部电源与外部电源完全隔离；⑥有较强的自保护功能。

7.1.2 PLC 的工作原理

虽然 PLC 是以微处理器为核心，具有微机的许多特点，但它的工作方式却与微机有很大不同。微机一般采用等待命令的工作方式，如常见的键盘扫描方式或 I/O 扫描方式，若有键按下或有 I/O 变化，则转入相应的子程序，若无则继续扫描等待。PLC 则是采用循环扫描的工作方式。对每个程序，CPU 从第一条指令开始执行，直至遇到结束符后再返回第 ·条指令，如此周而复始不断循环，每一个循环称为一个扫描周期。扫描周期的长短主要取决于以下几个因素：一是 CPU 执行指令的速度；二是执行每条指令占用的时间；三是程序中指令条数的多少。一个扫描周期主要可分为三个阶段。

7.1.2.1 输入刷新阶段

在输入刷新阶段，CPU 扫描全部输入端口，读取其状态并写入输入状态寄存器。完成输入端刷新工作后，将关闭输入端口，转入程序执行阶段。在程序执行期间即使输入端状态发生变化，输入状态寄存器的内容也不会改变，而这些变化必须等到下一工作周期的输入刷新阶段才能被读入。

7.1.2.2 程序执行阶段

在程序执行阶段，CPU 根据用户输入的控制程序，从第一条开始逐步执行，并将相应的逻辑运算结果存入对应的内部辅助寄存器和输出状态寄存器，当最后一条控制程序执行完毕后，即转入输入刷新阶段。

7.1.2.3 输出刷新阶段

当所有指令执行完毕后，CPU 将输出状态寄存器中的内容，依次送到输出锁存电路

(输出映像寄存器),并通过一定输出方式输出,驱动外部相应执行元件工作,这才形成 PLC 的实际输出。

由此可见,输入刷新、程序执行和输出刷新三个阶段构成 PLC 的一个工作周期,三个阶段循环往复,因此称 PLC 的工作方式为循环扫描工作方式。由于输入刷新阶段是紧接输出刷新阶段后马上进行的,所以亦将这两个阶段统称为 I/O 刷新阶段。实际上,除了执行程序和 I/O 刷新外,PLC 还要进行各种错误检测(自诊断功能)并与编程工具通信,这些操作统称为"监视服务",一般在程序执行之后进行。综上所述,PLC 的扫描工作过程如图 7-4 所示。

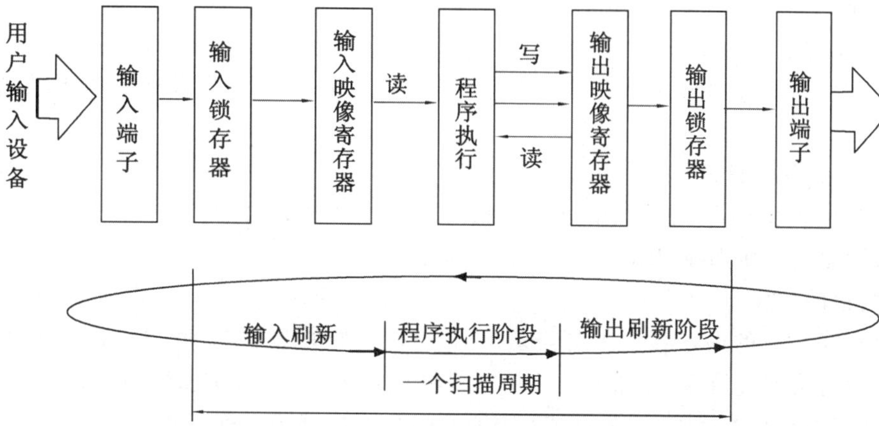

图 7-4　PLC 的扫描工作过程

显然,扫描周期的长短主要取决于程序的长短。扫描周期越长,响应速度越慢。由于每个扫描周期只进行一次 I/O 刷新,即每一个扫描周期 PLC 只对输入、输出状态寄存器更新一次,所以系统存在输入/输出滞后现象,这在一定程度上降低了系统的响应速度。但由于其对 I/O 的变化每个周期只输出刷新一次,并且只对有变化的进行刷新,这对一般的开关量控制系统来说是完全允许的,不但不会对系统造成影响,还会提高系统的抗干扰能力。这是因为,输入采样阶段仅在输入刷新阶段进行,PLC 在一个工作周期的大部分时间是与外设隔离的,而工业现场的干扰常常是脉冲、短时间的,误动作将大大减小。

总之,PLC 采用扫描的工作方式,是其区别于其他设备的最大特点之一,我们在学习和使用 PLC 当中应加强注意。

7.2　PLC 应用系统的设计概述

在了解了 PLC 的基本工作原理和指令系统之后,可以结合实际进行 PLC 的设计。PLC 的设计包括硬件设计和软件设计两部分,设计的基本原则是:①充分发挥 PLC 的控制功能,最大限度地满足被控制的生产机械或生产过程的控制要求;②在满足控制要求的前提下,力求使控制系统经济、简单、维修方便;③保证控制系统安全可靠;④考虑到生产发展和工艺的改进,在选用 PLC 时,在 I/O 点数和内存容量上要适当留有余地;⑤编写程序时，要求程序结构清楚，可读性强，程序简短，占用内存少，扫描周期短。

7.2.1 PLC应用系统的设计步骤

7.2.1.1 工艺分析

深入了解控制对象的工艺过程、工作特点、控制要求，并划分控制的各个阶段，归纳各个阶段的特点和各阶段之间的转换条件，画出控制流程图或功能流程图。

7.2.1.2 选择合适的PLC类型

在选择PLC机型时，主要考虑下面几点：

(1)功能的选择

对于小型的PLC主要考虑I/O扩展模块、A/D与D/A模块以及指令功能(如中断、PID等)。

(2)I/O点数的确定

统计被控制系统的开关量、模拟量的I/O点数，并考虑以后的扩充(一般加上10%～20%的备用量)，从而选择PLC的I/O点数和输出规格。

(3)内存的估算

用户程序所需的内存容量主要与系统的I/O点数、控制要求、程序结构长短等因素有关。一般可按下式估算：存储容量＝开关量输入点数×10＋开关量输出点数×8＋模拟通道数×100＋定时器/计数器数量×2＋通信接口个数×300＋备用量。

7.2.1.3 分配I/O点

分配PLC的I/O出点，编写I/O分配表或画出I/O端子的接线图，接着就可以进行PLC程序设计，同时进行控制柜或操作台的设计和现场施工。

7.2.1.4 程序设计

对于较复杂的控制系统，根据生产工艺要求，画出控制流程图或功能流程图，然后设计出梯形图，再根据梯形图编写语句表程序清单，对程序进行模拟调试和修改，直到满足控制要求为止。

7.2.1.5 控制柜或操作台的设计和现场施工

设计控制柜及操作台的电器布置图及安装接线图；设计控制系统各部分的电气互锁图；根据图纸进行现场接线，并检查。

7.2.1.6 应用系统整体调试

如果控制系统由几个部分组成，则应先进行局部调试，然后再进行整体调试；如果控制程序的步序较多，则可先进行分段调试，然后连接起来总调。

7.2.1.7 编制技术文件

技术文件应包括：可编程控制器的外部接线图等电气图纸、电器布置图、电器元件明细表、顺序功能图、带注释的梯形图和说明。

PLC 应用系统的设计流程如图 7-5 所示。

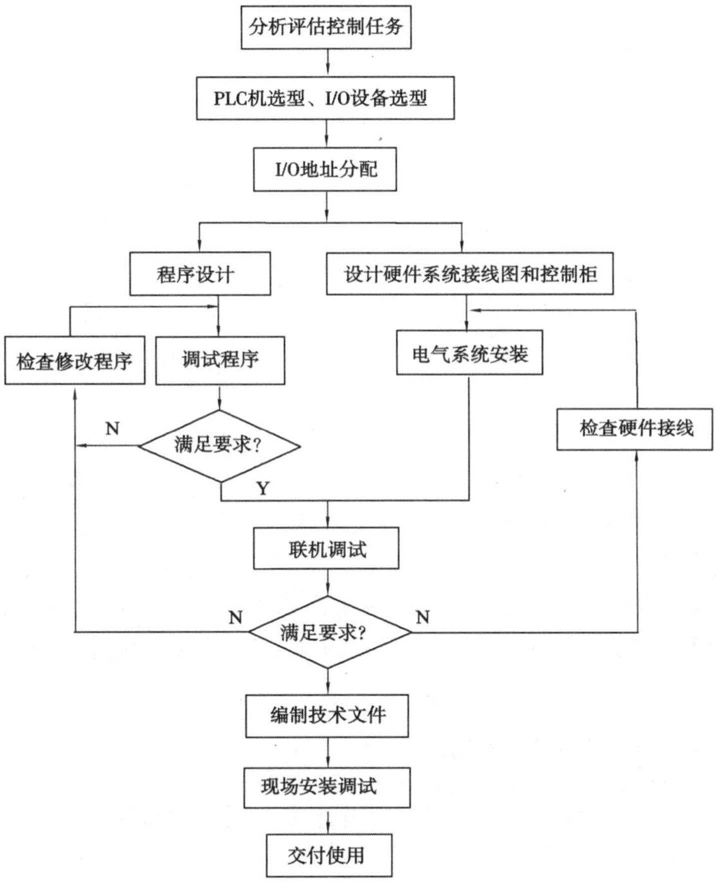

图 7-5　PLC 应用系统的设计流程

7.2.2　PLC 的硬件设计和软件设计及调试

7.2.2.1　PLC 的硬件设计

PLC 的硬件设计包括：PLC 及外围线路的设计、电气线路的设计和抗干扰措施的设计等。

选定 PLC 的机型和分配 I/O 点后，硬件设计的主要内容就是电气控制系统的原理图的设计、电气控制元器件的选择和控制柜的设计。电气控制系统的原理图包括主电路和控制电路。控制电路的设计包括 PLC 的 I/O 接线和自动、手动部分的详细连接等。电器元件的选择主要是根据控制要求选择按钮、开关、传感器、保护电器、接触器、指示灯、电磁阀等。

7.2.2.2　PLC 的软件设计

软件设计包括系统初始化程序、主程序、子程序、中断程序、故障应急措施和辅助程序的设计，小型开关量控制一般只有主程序。设计时，首先根据总体要求和控制系统的具体情况，确定程序的基本结构，画出控制流程图或功能流程图，简单的系统可以用经验法设计，复杂的系统一般用顺序控制设计法设计。

7.2.2.3 软件、硬件的调试

调试分模拟调试和联机调试。

软件设计好后一般先进行模拟调试。模拟调试可以通过仿真软件来代替 PLC 硬件在计算机上调试程序。如果有 PLC 硬件，可以用小开关和按钮模拟 PLC 的实际输入信号(如启动、停止信号)或反馈信号(如限位开关的接通或断开)，再通过输出模块上各输出位对应的指示灯，观察输出信号是否满足设计的要求。需要模拟量信号输入/输出时，可用电位器和万用表配合进行。在编程软件中可以用状态图或状态图表监视程序的运行或强制某些编程元件。

硬件部分的模拟调试主要是对控制柜或操作台的接线进行测试。可在操作台的接线端子上模拟 PLC 外部的开关量输入信号，或操作按钮的指令开关，观察对应 PLC 输入点的状态。用编程软件将输出点强制打开或关闭，观察对应的控制柜内 PLC 负载(指示灯、接触器等)的动作是否正常，或对应的接线端子上的输出信号的状态变化是否正确。

联机调试时，把编制好的程序下载到现场的 PLC 中。调试时，主电路一定要断电，只对控制电路进行联机调试。通过现场的联机调试，还会发现新的问题，还可对某些控制功能进行改进。

7.2.3 PLC 程序设计常用的方法

PLC 程序设计常用的方法主要有经验设计法、继电器控制电路转换为梯形图法、逻辑设计法、顺序控制设计法等。

7.2.3.1 经验设计法

经验设计法即在一些典型的控制电路程序的基础上，根据被控制对象的具体要求，进行选择组合，并多次反复调试和修改梯形图，有时需增加一些辅助触点和中间编程环节，才能达到控制要求。这种方法没有规律可遵循，设计所用的时间和设计质量与设计者的经验有很大的关系，所以称为经验设计法。经验设计法用于较简单的梯形图设计。应用经验设计法必须熟记一些典型的控制电路，如起保停电路、脉冲发生电路等。

7.2.3.2 继电器控制电路转换为梯形图法

继电器接触器控制系统经过长期的使用，已有一套能完成系统要求的控制功能并经过验证的控制电路图，而 PLC 控制的梯形图和继电器接触器控制电路图很相似，因此可以直接将经过验证的继电器接触器控制电路图转换成梯形图。主要步骤如下：

(1)熟悉现有的继电器控制线路。

(2)对照 PLC 的 I/O 端子接线图，将继电器电路图上的被控器件(如接触器线圈、指示灯、电磁阀等)换成接线图上对应的输出点的编号，将电路图上的输入装置(如传感器、按钮开关、行程开关等)触点都换成对应的输入点的编号。

(3)将继电器电路图中的中间继电器、定时器，用 PLC 的辅助继电器、定时器来代替。

(4)画出全部梯形图,并予以简化和修改。

这种方法对简单的控制系统是可行的,比较方便,但对较复杂的控制电路,就不适用了。

7.2.3.3　逻辑设计法

逻辑设计法以布尔代数为理论基础,根据生产过程中各工步之间的各个检测元件(如行程开关、传感器等)状态的变化,列出检测元件的状态表,确定所需的中间记忆元件,再列出各执行元件的工序表,然后写出检测元件、中间记忆元件和执行元件的逻辑表达式,再转换成梯形图。该方法在单一的条件控制系统中,非常好用,相当于组合逻辑电路,但在和时间有关的控制系统中很复杂。

7.2.3.4　顺序控制设计法

顺序控制设计法是根据功能流程图,以步为核心,从起始步开始一步一步地设计下去,直至完成。此法的关键是画出功能流程图。设计时首先将被控制对象的工作过程按输出状态的变化分为若干步,并指出各工步之间的转换条件和每个工步的控制对象。这种工艺流程图集中了工作的全部信息。在进行程序设计时,可以用中间继电器M来记忆工步,一步一步地顺序进行,也可以用顺序控制指令来实现。

7.2.4　PLC程序设计的步骤

PLC程序设计一般分为以下几个步骤:

7.2.4.1　程序设计前的准备工作

程序设计前的准备工作就是要了解控制系统的全部功能、规模、控制方式、输入/输出信号的种类和数量、是否有特殊功能的接口、与其他设备的关系、通信的内容与方式等,从而对整个控制系统建立一个整体的概念,接着进一步熟悉被控对象。可把控制对象和控制功能按照响应要求、信号用途或控制区域分类,确定检测设备和控制设备的物理位置,了解每一个检测信号和控制信号的形式、功能、规模及它们之间的关系。

7.2.4.2　设计程序框图

根据软件设计规格书的总体要求和控制系统的具体情况,确定应用程序的基本结构,按程序设计标准绘制出程序结构框图,然后再根据工艺要求,绘出各功能单元的功能流程图。

7.2.4.3　编写程序

根据设计出的框图逐条地编写控制程序。编写过程中要及时给程序加注释。

7.2.4.4　程序调试

调试时先从各功能单元入手,设定输入信号,观察输出信号的变化情况。各功能单元调试完成后,再调试全部程序,调试各部分的接口情况,直到满意为止。程序调试可以在实验室进行,也可以在现场进行。如果在现场进行测试,需将可编程控制器系统与现场信号隔离,切断输入/输出模板的外部电源,以免引起机械设备动作。程序调试过程中先发现错误,后进行纠错,基本原则是"集中发现错误,集中纠正错误"。

7.2.4.5 编写程序说明书

在说明书中通常对程序的控制要求、程序的结构、流程图等给以必要的说明，并且给出程序的安装操作使用步骤等。

7.3 基于PLC的水塔水位控制系统设计

7.3.1 水塔水位控制要求

水塔水位控制系统如图7-6所示。

(1)保持水池的水位在S3与S4之间，当水池水位低于下限液位开关S3时，此时S3为ON，电磁阀打开，开始往水池里注水，当4s以后，若水池水位没有超过水池下限液位开关S3，则系统发出警报；若系统正常运行，此时水池下限液位开关S3为OFF，表示水位高于下限水位。当液面高于上限水位S4时，则S4为ON，电磁阀关闭。

(2)保持水塔的水位在S1与S2之间，当水塔水位低于水塔下限水位开关S2时，则水塔下限液位开关S2为ON，驱动水泵电机M开始工作，向水塔供水。当S2为OFF时，表示水塔水位高于水塔下限水位。当水塔液面高于水塔上限水位开关S1时，则S1为ON，电机M停止抽水。

当水塔水位低于下限水位时，同时水池水位也低于下限水位时，电机M不能启动。

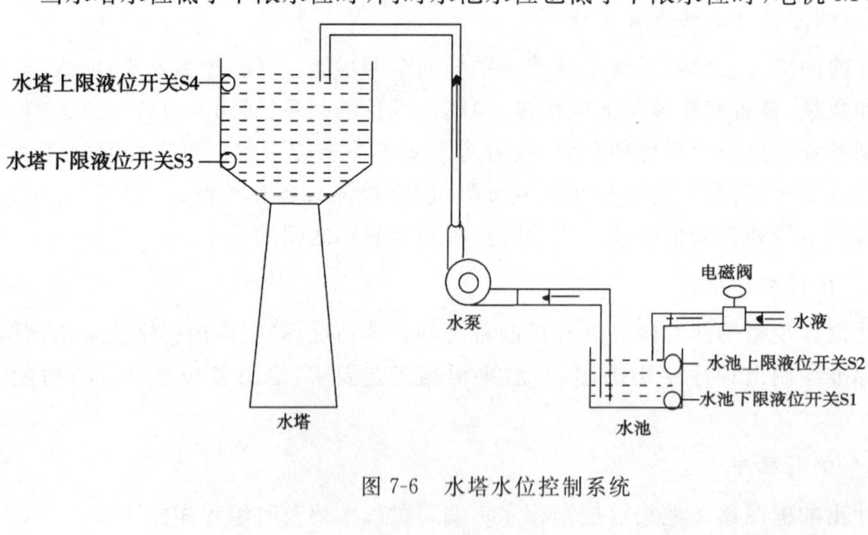

图7-6 水塔水位控制系统

7.3.2　输入/输出分配

水塔水位系统 PLC 的输入/输出接口分配如表 7-1 所示。

表 7-1　水塔水位系统 PLC 的输入/输出接口分配表

输入继电器	输入变量名	输出继电器	输出变量名
X0	控制开关	Y0	电磁阀
X1	水塔上限液位开关	Y1	电机 M
X2	水塔下限液位开关	Y2	水池下限指示灯 a1
X3	水池下限液位开关	Y3	水池上限指示灯 a2
X4	水池上限液位开关	Y4	水塔下限指示灯 a3
—	Y5	水塔上限指示灯 a4	—
—	Y6	报警指示灯 a5	—

7.3.3　工作过程

设水塔、水池初始状态都是空着的，4 个液位指示灯全亮。当水池液位低于水池下限位时，电磁阀打开，开始往水池里进水，如果进水超过 5s，而水池液位没有超过水池下限位，说明系统出现故障，系统就会自动报警。若 4s 后，水池液位按预定超过水池下限位，说明系统在正常地工作，水池下限位的指示灯 a1 灭。此时，水池的液位已经超过了下限位，当系统检测到此信号时，由于水塔液位低于水塔水位下限，电机 M 开始工作，向水塔供水。当水池的液位超过水池上限液位时，水池上限指示灯 a2 灭，电磁阀关闭，但是水塔现在还没有装满，可此时水塔液位已经超过水塔下限水位，则水塔下限指示灯 a3 灭，电机 M 继续工作，向水塔供水。当水塔抽满时，水塔液位超过水塔上限，水塔上限指示灯 a4 灭，但刚刚给水塔供水的时候，电机 M 已经把水池的水抽走了，此时水池液位已经低于水池上限，水池上限指示灯 a2 亮。此次给水塔供水完成。

7.3.4　程序流程图

水塔水位控制系统的 PLC 控制流程图如图 7-7 所示。

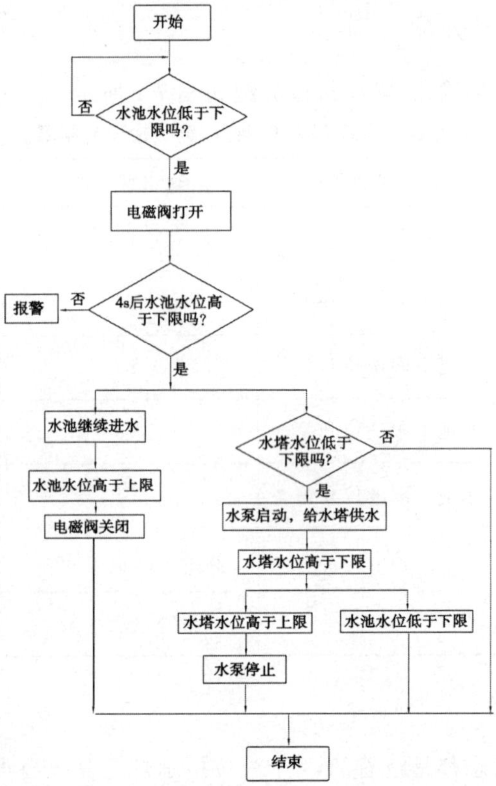

图 7-7　水塔水位控制系统的 PLC 控制流程图

7.3.5　梯形图

根据程序流程图设计的梯形图如图 7-8 所示。

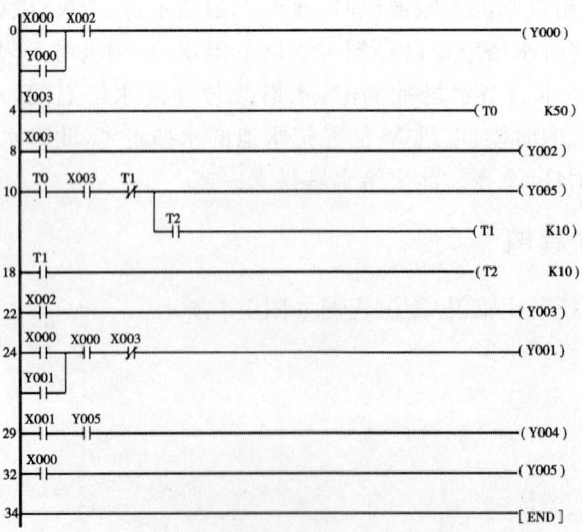

图 7-8　水塔水位控制系统梯形图

附表 7-1　FX2N 系列可编程控制器功能指令表

FX2N 应用指令一览表

类别	功能号	指令助记符	功能
程序流程	00	CJ	条件跳转
	01	CALL	调用子程序
	02	SRET	子程序返回
	03	IRET	中断返回
	04	EI	开中断
	05	DI	关中断
	06	FEND	主程序结束
	07	WDT	监视定时器
	08	FOR	循环区开始
	09	NEXT	循环区结束
传送与比较	10	CMP	比较
	11	ZCP	区间比较
	12	MOV	传送
	13	SMOV	移位传送
	14	CML	取反
	15	BMOV	块传送
	16	FMOV	多点传送
	17	XCH	数据交换
	18	BCD	求 BCD 码
	19	BIN	求二进制码
四则运算与逻辑运算	20	ADD	二进制加法
	21	SUB	二进制减法
	22	MUL	二进制乘法
	23	DIV	二进制除法
	24	INC	二进制加一
	25	DEC	二进制减一
	26	WADN	逻辑字与
	27	WOR	逻辑字或
	28	WXOR	逻辑字与或
	29	ENG	求补码

续表

循环与转移	30	ROR	循环右移
	31	ROL	循环左移
	32	RCR	带进位右移
	33	RCL	带进位左移
	34	SFTR	位右移
	35	SFTL	位左移
	36	WSFR	字右移
	37	WSFL	字左移
	38	SFWR	FIFO 写
	39	SFRD	FIFO 读
数据处理	40	ZRST	区间复位
	41	DECO	解码
	42	ENCO	编码
	43	SUM	求置 ON 位的总和
	44	BON	ON 位判断
	45	MEAN	平均值
	46	ANS	标志位置
	47	ANR	标志复位
	48	SOR	二进制平方根
	49	FLT	二进制整数与浮点数
高速处理	50	REF	刷新
	51	REFE	滤波调整
	52	MTR	矩阵输入
	53	HSCS	比较置位(高速计数器)
	54	HSCR	比较复位(高速计数器)
	55	HSZ	区间比较(高速计数器)
	56	SPD	脉冲密度
	57	PLSY	脉冲输出
	58	PWM	脉宽调制
	59	PLSR	带加速、减速的脉冲输出

续表

方便指令	60	IST	状态初始化
	61	SER	查找数据
	62	ABSD	绝对值式凸轮控制
	63	INCD	增量式凸轮控制
	64	TTMR	示教定时器
	65	STMR	特殊定时器
	66	ALT	交替输出
	67	RAMP	斜坡输出
	68	ROTC	旋转工作台控制
	69	SORT	列表数据排序
外部设备I/O	70	TKY	十键输入
	71	HKY	十六键输入
	72	DSW	数字开关输入
	73	SEGD	七段译码
	74	SEGL	带锁存七段码显示
	75	ARWS	方向开关
	76	ASC	ASCII 码转换
	77	PR	ASCII 码打印输出
	78	FROM	读特殊功能模块
	79	TO	写特殊功能模块
外部设备SER	80	RS	串行通信指令
	81	PRUN	八进制位传送
	82	ASCI	将十六进制数转换成 ASCII 码
	83	HEX	ASCII 码转换成十六进制数
	84	CCD	校验码
	85	VRRD	模拟量读出
	86	VRSC	模拟量区间
	87		
	88	PID	PID 运算
	89		

续表

浮点数运算	110	ECMP	二进制浮点数比较
	111	EZCP	二进制浮点数区间比较
	118	EBCD	二进制—十进制浮点数变换
	119	EBIN	十进制—二进制浮点数变换
	120	EAAD	二进制浮点数加法
	121	ESUB	二进制浮点数减法
	122	EMUL	二进制浮点数乘法
	123	EDIV	二进制浮点数除法
	127	ESOR	二进制浮点数开方
	129	INT	二进制浮点—二进制整数转换
	130	SIN	浮点数正弦函数
	131	COS	浮点数余弦函数
	132	TAN	浮点数正切函数
	147	SWAP	上下位变换
时钟运算	160	TCMP	时钟数据比较
	161	TZCP	时钟数据区间比较
	162	TADD	时钟数据加法
	163	TSUB	时钟数据减法
	166	TRD	时钟数据读出
	167	TWR	时钟数据写入
格雷	170	GRY	格雷码转换
	171	GBIN	格雷码逆转换

续表

触点比较	224	LD＝	(S1)＝(S2)
	225	LD＞	(S1)＞(S2)
	226	LD＜	(S1)＜(S2)
	228	LD＜＞	(S1)≠(S2)
	229	LD＜＝	(S1)⩽(S2)
	230	LD＞＝	(S1)⩾(S2)
	232	AND＝	(S1)＝(S2)
	233	AND＞	(S1)＞(S2)
	234	AND＜	(S1)＜(S2)
	236	AND＜＞	(S1)≠(S2)
	237	AND＜＝	(S1)⩽(S2)
	238	AND＞＝	(S1)⩾(S2)
	240	OR＝	(S1)＝(S2)
	241	OR＞	(S1)＞(S2)
	242	OR＜	(S1)＜(S2)
	244	OR＜＞	(S1)≠(S2)
	245	OR＜＝	(S1)⩽(S2)
	246	OR＞＝	(S1)⩾(S2)

参考文献

[1]朱耀祥,蒲林祥主编.现代夹具设计手册.北京:机械工业出版社,2011

[2]柳青松主编.机床夹具设计与应用.北京:化学工业出版社,2011

[3]李名望主编.机床夹具选用简明手册.北京:化学工业出版社,2012

[4]成大先主编.机械设计手册.北京:化学工业出版社,2002

[5]宋学义主编.袖珍液压气动手册.北京:机械工业出版社,1995

[6]左建民主编.液压与气压传动.北京:机械工业出版社,2007

[7]谢群,崔广臣,王建主编.液压与气压传动.北京:国防工业出版社,2011

[8]陈福恒,孔凡杰主编.机械制造工艺学基础.济南:山东大学出版社,2004